本书受江苏省社会科学基金资助出版

冯小茫 著

Niebuhr's Thoughts on
尼布尔
的
社会伦理思想
SOCIAL ETHICS

社会科学文献出版社
SOCIAL SCIENCES ACADEMIC PRESS (CHINA)

• 目 录 •

导　论 / 1

第一章　尼布尔社会伦理思想的理论渊源 / 40
　　第一节　超越"主义"之争 / 41
　　第二节　尼布尔思想方法论的三个要素 / 49

第二章　人性论：社会伦理的理论起点 / 65
　　第一节　尼布尔对以往人性论的批判 / 67
　　第二节　"个性"概念：尼布尔的新人性论 / 76
　　第三节　超越孤独个体：社会个体的确立 / 107

第三章　罪论：伦理意识、行为和责任的根源 / 121
　　第一节　罪从何来：人的道德境遇 / 122
　　第二节　原义论：人的道德责任 / 146

第四章　群体道德与社会伦理／160
　　第一节　群体的形成与特征／161
　　第二节　群体的道德境遇／174
　　第三节　迈向社会伦理／190

第五章　爱论：社会伦理的统摄原则／214
　　第一节　历史中的道德完善／215
　　第二节　爱与互爱：伦理的典范／234
　　第三节　不可能的可能性：爱的理想与现实／244

第六章　正义论：道德完善的现实途径／259
　　第一节　正义的形成与内容／260
　　第二节　爱与正义的关系／274
　　第三节　社会正义与民主／287

结语　尼布尔的社会伦理思想简评／309

参考文献／316

导 论

莱因霍尔德·尼布尔（Reinhold Niebuhr, 1892-1971）是美国20世纪最具声誉和影响力的思想家和社会活动家之一。[①] 他对20世纪美国的思想、社会等领域产生了深远的影响，这种影响甚至超出了美国的范围，波及众多北美及亚非拉的政治家、社会活动家和知识分子。[②]

在思想领域，尼布尔被誉为自爱德华兹（Jonathan Edwards）以来美国最重要的神学家。他对现代工业和技术文明所造成的严酷社会现实强烈不满，又深感主流基督教自由主义神学与严

[①] Charles C. Brown, *Niebuhr and His Age: Reinhold Niebuhr's Prophetic Role in the Twentieth Century*, Philadelphia: Trinity Press International, 1992, p. 3. See Robin Lovin, "Reinhold Niebuhr in Contemporary Scholarship", in *Journal of Religious Ethics*, 2003, 31(3), pp. 489-505.

[②] Amanda Porterfield, *Religion in American History*, New York: Wiley-Blackwell, 2009, pp. 115, 231.

酷现实相脱节，故主张客观地考察人类本性与其历史命运，因此他与欧洲的卡尔·巴特（Karl Barth）并称基督教新正统主义的代表人物。尼布尔以基督教信仰为立场，以神学人类学为理论方法，注重理论与现实的结合，形成了以伦理学为核心的思想体系，被称为"基督教现实主义"（Christian Realism），他因此被认为扭转了美国思想界盲目的乐观、进步的一代风气。①

在社会活动方面，在20世纪中叶长达半个世纪的时间里，尼布尔前后参加和创建了一百多个组织团体，几乎参与了这段时期美国大多数主要的社会活动，如抵制麦卡锡主义、支持黑人民权运动、呼吁民权立法等。与此同时，尼布尔笔耕不辍，他创办杂志，并为多家报刊执笔，向社会大众宣扬自己的主张。

尼布尔的思想影响了包括美国民权领袖马丁·路德·金，以及著名政治学家摩根索（Hans Morgenthau）、历史学家小施莱辛格（Arthur Schlesinger Jr.）等美国一代学者。摩根索将尼布尔誉为"美国当世最伟大的政治哲学家，自卡尔霍恩（John C. Calhoun）以后美国最具创造性的政治思想家"。② 1948年，尼布尔被选为《时代》杂志25周年封面人物，声誉达到顶峰。"9·11"事件之后，尼布尔的著作被重新发掘出来，为新保守主义者们所倚重，尼布尔也因此被称为"新保守主义神学之父"，继续对美国社会福利、制度改革等问题产生影响。③

---

① *Reinhold Niebuhr: His Religious, Social and Political Thought*, ed., Charles W. Kegley, New York: Pilgrim Press, 1984, pp. 3, 32; *Reinhold Niebuhr: A Prophetic Voice in Our Time*, ed., H. R. Landon, Greenwich: The Seabury Press, 1962, p. 58.
② H. Morgenthau, "The Influence of Reinhold Niebuhr in the American Life and Thought", in *Reinhold Niebuhr: A Prophetic Voice in Our Time*, p. 109.
③ 参见欧阳肃通《美国基督教界的"新保守派之父"尼布尔的复活》，《宗教学研究》2004年第4期，第171~176页。

第一节 尼布尔的生平与著述

现代文明在19、20世纪之交的最大特征是自由主义思潮泛滥，它波及宗教、政治、经济等领域。自由主义在新教神学中形成了一种崭新形态的神学体系，这种神学体系因反对神学独断论，重视人本主义观念，赞同对《圣经》进行不带先入之见的批判性研究而与正统神学相对，被称为"现代神学"；因主张不拘泥于传统定论，在肯定基本教义和神学的前提下，对社会问题和神学的探讨抱以自由主义态度而被称为"自由主义神学"；因主张调节世人与上帝、理性与信仰之间的关系而被称为"中介神学"；因主张调和信仰与科学之间的矛盾，对人类的科学和技术、道德和文明的发展抱有乐观和进步的态度而被称为"进步神学"和"乐观神学"。[1]

这种乐观主义和人本主义的神学在西方近代历程中虽然受到了其他神学理论的反驳或攻击，却长期保持旺盛的发展势头：在欧洲，自由主义神学在里奇尔（Albrecht Ritschl）和哈纳克（Adolf von Harnack）师徒那里达到高潮。在他们看来，基督教信仰使人的内心世界发生了巨变，它树立起对天国神意的确信，以爱的诫命和耶稣的模范来指导自己的道德行为和社会存在，使人在日常生活中实现永恒价值，获得拯救和永生。因此，他们乐观地相信历史的进步和人类的完善，认为信仰并非形而上的教义信条，而是现实中的宗教道德；天国不在彼岸世界而是立于人的内心，只要人类悉心倾听耶稣的福音教诲、归向上帝"慈父般的恩惠仁爱"，就能成为真正的义

---

[1] 卓新平：《当代西方新教神学》，上海三联书店，1998，第4~5页。

人,在人间建立起梦寐以求、向往已久的上帝之国。①

这份乐观和自信在1914年后被击得粉碎:1914年8月第一次世界大战爆发,哈纳克在当月4日亲自为德国皇帝威廉二世起草了其对全国人民的号召书,并在几天后与其他92位德国著名思想家、艺术家一起在一份所谓的"知识界声明"上签字,表示对威廉二世的绝对忠诚及对其战争政策的服从和拥护。这充分表明了自由主义神学家对文明前途的短视、对文明危机的毫无主见和束手无策,而只能听凭社会政治权威的摆布。这一声明让人们大失所望,遭到各界的批评和唾弃,标志着19世纪欧洲资产阶级理想主义的彻底破产,很多思想敏锐的学者由此感受到了一个时代的终结,巴特是其中代表性的一员。

1919年,巴特发表《〈罗马书〉注释》,对危机进行了深刻的反思,从而标志着"危机神学"的诞生。由于他反对自由主义神学和神学的世俗化、人文化,主张要科学地、历史地、忠实地把基督的言行、纯洁的福音、古代的神学作为宣传教义的基础,因此他的思想也被称为"新正统主义神学"(Neo Oxthodoxsm)。巴特的思想被称为"人类思想史上一次哥白尼式的转变",他也由此与保罗、奥古斯丁、阿奎那等人并列为基督教思想发展史上的里程碑式人物。②

通过被称为"美国宗教自由主义之父"的神学家布什内尔(Horace Bushnell)的辛勤工作,自由主义神学于19世纪下半叶起在美国成长发展。由于美国本土远离欧洲战场,20世纪美国的社会、政治和经济状况相对稳定,没有经历欧洲那样的大起大落,所以自由主义神学在美国并没有像在欧洲战后那样遭受灭顶之灾,而

---

① 卓新平:《当代西方新教神学》,第19页。
② 参见汉斯·昆《基督教大思想家》,包利民译,社会科学文献出版社,2001,第190~198页。

是深入发展并演化出两个分支。

一支是现代派自由神学,以麦金托什(Douglas Clyde Macintosh)、马修斯(Shailer Mathews)和维曼(H. N. Wieman)为代表,注重哲理意义上的思辨性讨论。这种神学试图调和神学、哲学和科学,主张把认识论的一般问题与具体的宗教认识联系起来,从而提倡一种以归纳为方法、将哲学实在论与自由主义神学整合重构而成的"科学经验主义神学"。现代派自由神学认同和维护基督教信仰传统,同时又积极向科学方法与理论论证靠拢,从而表现出一定的开放性和灵活性,然而它也因为注重论证导致过分烦琐、强调思辨而脱离实践生活,因此无论是影响力还是持久性都不强,在第二代人物维曼之后就逐渐衰亡了。

另一支是福音派自由神学,以劳申布什(Walter Rauschenbusch)、福斯迪克(H. E. Fosdick)和布朗(W. A. Brown)为代表,他们将目光从具体神学理论转向社会伦理问题,致力于以耶稣基督为榜样,化解信仰与科学、教会与政治、民主与宗教以及教义与社会福音之间的对立矛盾,从而达到一种整体一致、有机共存,实现公正、和平、幸福、团结和道德的基督教理想社会。① 同现代派自由神学一样,福音派自由神学的最大问题就是盲目乐观,容易被社会繁荣的表象所迷惑,正如劳申布什所言,"在我国出现的快速发展已经证实人类本性中潜存着臻于完善的无限可能性"。② 这种乐观理论与一战后的美国社会现状严重脱节,逐渐走向脱离实际的宗教人道主义和和平主义乌托邦的极端模式,因此屡遭诟病与诘难,最终在二战前夕彻底终结。

尽管总体情况要好于欧洲,但随着对同盟国的宣战,美国也开始感受到了危机的来临:战场的惨烈,战后的灾难、凋敝、贫困和

---

① 卓新平:《当代西方新教神学》,第33页。
② Walter Rauschenbusch, *Christianity and the Social Gospel*, New York: Macmillan, 1969, p. 6.

饥荒都与自由主义神学所宣扬的美好、幸福的人间大相径庭。除此之外，美国还有着自己独特的危机：由于在战争前期保持中立，向交战双方倒卖物资和军火，积累了大量的财富，工商业由此得到迅猛发展，而带来的却是投机倒把、恶性竞争、阶级对立、道德败坏、黑帮横行、贫富分化加剧，狄更斯的名言更适合此时的美国——"这是最好的时代，也是最坏的时代"。一切不安定的因素在1929年开始的经济危机中得到了总爆发。这是比欧洲更持久更深刻的危机，也是自由主义现代派神学和福音派神学的危机，因为它们都无法对此做出恰当的回答，更谈不上做出实质性的行动。

不管是欧洲还是美国，自由主义神学的式微造成思想领域的真空，各种学说思潮纷纷涌现。总之，基督教信仰的地位虽然不是岌岌可危，但人们面对战乱和动荡已不再满足基督教的传统回答，因此，神学也需要与时俱进，需要现代化，需要"表现出其全新的政治学与社会学之关注"，同时鼓励人们与现代世俗化世界的相遇，投身于社会洪流，对现实中的不义与强暴表示抵制和反抗——正如莫尔特曼所言："神学的'现代化'不能仅为适应现代精神，亦应参与这个时代的磨难。"[①] 现在欧洲有了巴特，美国怎么办？

正如巴特以一个乡村牧师的身份独立开启了一个新的神学范式，莱因霍尔德·尼布尔则以一个工厂牧师的身份揭开了美国思想史的新篇章。

1892年6月21日，莱因霍尔德·尼布尔出生于美国密苏里州赖特城（Wright City）的一个德国移民家庭，他的父亲古斯塔夫·尼布尔是基督教德国路德教会福音教派的一名牧师。由于父亲古斯塔夫所在的教会属于新教自由派，尼布尔从小就受到家庭式的自由主义基督教教育。尼布尔先后在艾尔姆赫斯特学院（Elmhurst College）和伊顿

---

① 转引自卓新平《当代西方新教神学》，第2页。

神学院（Eden Seminary）接受神学教育，1913年毕业后进入耶鲁大学神学院。1915年，尼布尔在耶鲁取得神学硕士学位后，来到中部城市底特律担任贝特尔福音教会（Bethel Evangelical Church）的牧师。这份工作持续了13年，直到他于1928年离开底特律赴纽约任教。

底特律牧师生活的前几年正值第一次世界大战，北美所有的德裔都被怀疑"双重效忠"，因此遭到监视甚至隔离。尼布尔不停地宣扬和劝告德裔美国人要热爱和效忠美国，因此获得美国社会广泛的赞誉。① 一战期间，尼布尔还担任美国"战时福利委员会"的秘书职务——在那个特定的历史环境中，一般德裔很难取得美国公众如此的信任。1923年，尼布尔访问欧洲，虽然此行的主要目的是与欧洲知识分子和神学家交往，但给尼布尔留下深刻印象的却是法国占领区的德国人民潦倒凄凉的生活状况。尽管此时的尼布尔还是一个反战人士，但在思想深处，他已经超越了纯粹的和平主义，试图在现实主义的视域下构建一种全新的伦理秩序；在这种视域下，妥协与战争都是可取的，因为这是为了和平而妥协，为了正义而斗争。② 底特律是当年著名的汽车城，其发展模式和速度堪称现代工业城市的典范。尼布尔曾回忆道："由此（底特律的发展）而来的各种事件对我的发展的决定性意义远远超过了我所读过的任何书籍。"③ 为了更好地了解尼布尔身处的社会现实，在此列举福特汽车公司所施行的对人类历史产生重大影响的两项举措。一是1913年汽车装配流水线的设立；二是1914年"最低工资标准"概念的确定。

---

① See Richard Wightman Fox, *Reinhold Niebuhr: A Biography*, San Francisco: Harper & Row, 1987, Chapter 3.
② See William G. Chrysta, "Reinhold Niebuhr and the First World War", *Journal of Presbyterian History*, 1977, 55(3), pp. 285–298.
③ 尼布尔:《思想自传》，载尼布尔《光明之子与黑暗之子》，孙仲译，道风书社，2007，第125~126页。

这两项举措带来的直接现实后果是:自动化的发展导致大批产业工人失业,同时随着最低工资标准的确立,贫富两极分化开始加剧。面对工人因失业导致的生活状况日益恶化以及实业界只顾追求生产效率和利润的冷漠无情,尼布尔开始反思自己在耶鲁所接受的自由主义神学观点,他感慨道:"迅速扩张的工业社区中的社会现实迫使我重新思考我几乎当作基督教信仰来接受的那些自由主义的和强烈道德主义的信条。不是那时还很遥远的战争,而是底特律的社会现实,更为严重地动摇了我的青年期乐观主义。"①

1926年他发表了文章《我们的世俗文明》(Our Secularized Civilization),开始反省自由主义新教神学。1927年,即尼布尔离开牧职的前一年,他出版了自己的第一本专著《文明需要宗教吗?》(*Does Civilization Need Religion?*)。在这本书里,他以一名牧师的立场与视野,反思工业文明的社会病态,提出重建工业社会的道德是基督教义不容辞的责任。1928年,尼布尔进入纽约协和神学院,教授伦理学和宗教哲学。在这里,他与蒂利希(Paul Tillich,或译蒂里希)、布吕纳(Emil Brunner)成为同事,还结识了朋霍费尔(Dietrich Bonhoeffer)。1929年,在离开底特律一年后,尼布尔将自己过去十三年的日记编辑成集出版,即《一个节制的现实主义者札记》(*Leaves from the Notebook of a Tamed Cynic*)。这是一部类似"心路历程"的著作,作者全面总结了牧职时期目睹之现状,痛斥工业资本家的贪婪与冷漠,"他对资本主义的抨击引起巨大的反响,也为他赢得了全国范围的声誉"。② 根据尼布尔晚年在《思想自传》中的回忆,他"最初的兴趣主要还不是挑战主导我们社会的自由放任

---

① 尼布尔:《思想自传》,载尼布尔《光明之子与黑暗之子》,第125~126页。
② See Richard Wightman Fox, *Reinhold Niebuhr: A Biography*, Chapter 4–5.

主义哲学,而是'揭发'亨利·福特的道德伪善"。① 但不能否认,严酷的社会现实使尼布尔与乐观、进步的自由主义神学之间的隔阂越来越深,思想的转向已经不可避免。

总而言之,底特律的十三年教牧生活留给尼布尔最深刻的记忆是大工业时代严酷的社会现实,有的研究者据此认为尼布尔此后的思想和工作都在试图解答他在底特律遇到的问题。② 虽然此时的尼布尔自认为还属于自由主义神学的阵营,但实际上思想的巨大转向已经出现:他在思想上已经与自由主义神学彻底决裂,新的路向已经出现,只是需要时间逐渐发展。

尼布尔所在的教会属于新教路德宗,由于路德把上帝的意志看作唯一的道德规则,提倡"因信称义",视个人的信仰状态为得救的唯一标准,于是导致了"神之国"与"人之国"的严格区分。路德主张世俗世界应该由世俗君主来管理,基督徒应该完全服从世俗君主的统治,这就等于放弃了基督教对社会现实的道德关注。这种新教神学无法为世俗社会进行指导和批判,更对解决社会问题束手无策。在底特律的十三年教牧生活中,尼布尔每天接触的是社会最底层的产业工人及其家属,严酷的社会现实倒逼他去反思旧有观点,寻找可行出路。此时的尼布尔开始自觉地寻找另外一条道路,这条道路一方面"能够正确处理道德资源、人性的可能性以及各种潜在的道德能力",另一方面也要"考虑到人性的有限性,特别是表现于群体行为的人性的有限性",并且能够"将所有那些无法纳入固定规范的社会和政治要素,尤其是自我利益和权力要素考虑在内"。③

---

① 尼布尔:《思想自传》,载尼布尔《光明之子与黑暗之子》,第125~126页。
② *Paths of American Thought*, eds., A. M. Schlesinger, Jr., and Mortonwhite, Boston: Houghton – Mifflin, 1963, p. 27.
③ 莱茵霍尔德·尼布尔:《道德的人与不道德的社会》,蒋庆、阮炜等译,贵州人民出版社,2009,第6页。

这条道路以个人与社会的有机联系、社会中的利益冲突、社会正义的实现方式等一系列现实问题为路标，其初步成果体现在1932年的《道德的人与不道德的社会》（*Moral Man and Immoral Society*）中，它是尼布尔第一部在思想史上具有里程碑意义的著作。在这部书里，尼布尔对人类社会现实进行分析，得出人类群体道德状况堪忧的结论，并根据现实情况总结出应对方案。

就《道德的人与不道德的社会》的内容来看，它应当被归到伦理学范畴中，然而在结尾部分，尼布尔却突然拐向了谈论基督教信仰，而且似乎意犹未尽。尼布尔对内容的如此安排隐隐启发我们一种可能的研究路向：尼布尔的新道路将在伦理学和基督教信仰的结合中出现。《道德的人与不道德的社会》与1934年的《反思一个时代的终结》（*Reflections on the End of an Era*）一道，标志着尼布尔与自由主义神学的彻底决裂，以神学观点表达伦理思想的模式初具雏形。

纽约的学院生活使得尼布尔有机会进一步深入研究基督教典籍，以提高自己的思想和学术水平。同时，1931年与乌尔苏拉·康普顿（Ursula Keppel Compton）的婚姻也对尼布尔的学术工作有非常大的帮助：尼布尔在进入耶鲁之前的第一语言是德语，这使他能够很方便地阅读德国神学家的著作，但对他用英语撰写著作造成了一些障碍，而毕业于牛津大学的乌尔苏拉在婚后的岁月里对尼布尔的很多著作做了文字上的修改和润色工作。

1935年，尼布尔出版了《基督教伦理学诠释》（*An Interpretation of Christian Ethics*）。这是一部护教色彩颇为浓厚的著作，尼布尔在书中确认，真正的高级宗教（high religion）之精髓在于"悖谬"（paradox），而准确表达这一"悖谬"的方式是神话，是《圣经》中希伯来先知说话的方式，真正的基督教因此应该是先知基督教，它的精髓在于"悖谬"，它同时包含神秘和理性，却又站在任何神秘或理性的对立面;它既肯定人的历史,又不表示出对人的过分尊崇;它既是真理,却又不能以任何形式加以固定;它自身体现了历史,却又超越历史,是对历史的否定。通过这种方式,尼布尔对正统神学、自由主义神学以及现代文明都进行了批判。同时在这部书里,他运用"悖谬"之法游刃有余,各种"悖谬"学说发挥得淋漓尽致,阐释了诸如"恶""欲""爱""罪"等基督教伦理学的关键性概念,从而完全体现了其神学伦理学的最显著特征。他用神学语言曲折地表达出自己的伦理观点,力求这种伦理观与基督教信仰有机和系统地结合起来,逐步构建起完备的神学伦理学框架。

1937 年的《超越悲剧:论基督教的历史阐释》(Beyond Tragedy: Essays on the Christian Interpretation of History)是尼布尔进一步深入研究基督教伦理与社会现实相互关系的作品,在这部书里他坚持道德目的应当与政治现实感融为一体。1939 年,尼布尔接受爱丁堡大学的邀请,赴苏格兰主持了当年春季和秋季的"吉福德讲座"(Gifford Lecture),是继威廉·詹姆士(William James)、约书亚·罗伊斯(Josiah Royce)、威廉·霍京(William Hocking)和约翰·杜威(John Dewey)之后获此殊荣的第五位美国人。讲座的内容后来被编纂成书,即《人的本性与命运》(The Nature and Destiny of Man),于 1941 年和 1943 年分上、下卷出版。此书是尼布尔神学伦理学的代表作品,也是他赖以成为"新正统神学代表人物"的扛鼎之作,同时被誉为"20 世纪上半叶最有影响的著作之一,改变了美国神学的趋势"。[1]在这部著作里,尼布尔站在基督教信仰的视野下,对人的本性和存在、人在历史中的命运进行了"神学人类学"的具体论述,第一次系统地表述了其伦理思想的理论基础。该著作与《道德的人与不道德的社会》《基督教伦理学诠释》一道,基本构成了尼布尔神学伦

---

[1] James C. Livingston, *Modern Christian Thought*, New York: Macmillan, 1971, p. 457.

理学的完整体系,此后的著作基本上可以看作对这一主题的补充和具体运用。① 此后尼布尔对政治和社会问题的具体看法会随着现实历史条件的改变而发生变化,但他用以把握和分析问题的基本理论再也没有离开过这个视域。

1944 年,尼布尔出版了《光明之子与黑暗之子》(*The Children of Light and the Children of Darkness*)。在此书中,尼布尔运用其神学伦理学的基本观点,探讨了西方各种民主理论的得失,为民主奠定了更为现实的理论基础。1946 年,《辨认时代的征兆》(*Discerning the Sighs of the Times*)出版,该书实际上是一本尼布尔布道词的合集,但这些布道词的听众——大学校园里的师生——比较特殊。20 世纪上半叶的美国校园思想活跃、主义盛行,面对这些听众,尼布尔一方面强调坚持基督教信仰的重要性和急迫性,另一方面主张将信仰与现实紧密联系起来,要求人们从基督教信仰的超越层面看待社会现实问题。总而言之,要运用基督教信仰看待历史时所持的既超越又现实的观点来分析当时的美国与世界局势。

1949 年,《信仰与历史》(*Faith and History*)出版,这本书可以说是《人的本性与命运》最后三章的续篇,主要讨论如何从基督教的立场看待历史。该书所体现的尼布尔的历史观,较其原先的历史观发生了较大的变化,似乎在朝否定历史的现实意义方向发展。不可否认,尼布尔在《信仰与历史》里所表现的历史观呈现出一定的否定历史意义的存在主义倾向和对实现上帝之国充满乐观的末世论格调,但他在表达乐观情绪的时候,自始至终都在以自己一贯警醒和审慎的观点来平抑这种乐观情绪。结合 1952 年的《美国历史的反讽》(*The Irony of American History*),可以发现尼布尔始终认为历史

---

① 刘时工:《爱与正义:尼布尔基督教伦理思想研究》,中国社会科学出版社,2004,第 19 页。

同时具有现实性和超越性，现实性始终朝向超越性，始终是超越性的不断实现，而超越性始终在批判现实性并为现实性提供道德支持。

此后十年里，尼布尔分别出版了《基督教现实主义与政治问题》（*Christian Realism and Political Problems*，1953）、《虔诚的和世俗的美国》（*Pious and Secular America*，1957）、《世界危机和美国的责任》（*World Crisis and American Responsibility*，1958）、《国家与帝国结构》（*The Structure of Nations and Empires*，1959）等著作，这些著作与另外一些评论、文章一起，体现了尼布尔对社会现实进行的深刻分析，对当时的美国社会、政治、对外关系都产生了广泛的影响，并且在"9·11"事件后被美国学界和政界重新发掘出来，再次在理解、指导和评价美国政治、社会和外交政策方面发挥作用。与此同时，尼布尔的工作重心和主要精力转向社会活动以及对国际政治和美国对外政策的研究，他参与建立各种公共组织，担任刊物主编，将其伦理思想与政治、社会现实联系起来，发表了大量的文章，其中的优秀篇章收录在《应用基督教文集》（*Essays in Applied Christianity*）中。

尼布尔的最后两部著作是1963年的《如思之国》（*A Nation so Conceived*）和1965年的《人性及其共同体》（*Man's Nature and His Community*）。自20世纪50年代起，尼布尔的身体每况愈下，他不得不减少学术和社会活动时间。1971年6月1日，尼布尔在家中溘然长逝。

尼布尔的一生是丰富和活跃的一生，他的工作涉及如此多的领域——既是宣道者，又是社会活动家，更是思想家。他著作等身，除了各种鸿篇巨制，他发表在各类报纸杂志上的文章、评论等，据粗略统计，居然达到2750篇之多。他影响广泛，吸引了上至美国总统、下至农场牧民的众多追随者。尼布尔在丰富的宣道、教学、论战和社会活动中逐渐形成了自己独具特色的神学和社会政治思想：

它号召回归正统神学，以克服当代激进论的僭越，是对占据神学主流地位的自由神学之人性向善论和历史进步论的抵制和扭转；它主张将基督教信仰与现实主义结合起来，以现实和悲观的眼光审视人类与社会，力求神学理论对世俗社会之发展的满足和适应以正确指导人类的生存和作为，从而形成以伦理学为核心、借助大量基督教概念为表述语言的，能够关切社会、深入世俗的系统性的伦理思想。

第二节　国内外研究综述

学界对于尼布尔的关注研究早在20世纪40年代尼布尔在世的时候就已经出现了。如赛兰（Mary Frances Thelen）出版于1947年的《当代美国现实主义神学中的"罪人"观念》（*Man as Sinner in Contemporary American Realistic Theology*）、戴维斯（D. R. Davies）于1945年出版的《莱因霍尔德·尼布尔——来自美国的先知》（*Reinhold Niebuhr: Prophet from America*）和汉默（George Hammar）于1940年出版的《当代美国神学中的基督教现实主义》（*Christian Realism in Contemporary American Theology*）等。这些著作对尼布尔思想的主要内容进行了概括和普及，但是没法顾及尼布尔生命后二三十年的社会活动和思想状况，因此在参考价值方面有所欠缺。

由于尼布尔是"思想范式开创者"型的人物，所以学界围绕他的思想召开过多次学术研讨会，其中一些研讨成果还被结集出版。[1]比如1956年由凯格利（Charles W. Kegley）主持召开了关于尼布尔思想的研讨会，会后出版了文集《莱因霍尔德·尼布尔：他的宗教、社会和政治思想》（*Reinhold Niebuhr: His Religious, Social, and*

---

[1] 刘时工：《爱与正义：尼布尔基督教伦理思想研究》，第19页。

Political Thought）；1962年，纽约举行了一场有摩根索、蒂利希、约翰·贝奈特（John Bennett）等人参加的研讨会，会后出版了评论文集《莱因霍尔德·尼布尔：我们时代的先知之声》（Reinhold Niebuhr: A Prophetic Voice in Our Time），这两部书集中了摩根索、布鲁纳、蒂利希、小施莱辛格等欧美一流学者对尼布尔思想的评述以及尼布尔对他们的回应，对研究尼布尔思想具有重要的参考价值。1975年，由司各特（Nathan Scott）主持召开的研讨会出版了文集《莱因霍尔德·尼布尔的遗产》（The Legacy of Reinhold Niebuhr），是重要的研究尼布尔思想与美国社会、政治以及外交政策的资料。2011年，普林斯顿大学举行了一场名为"尼布尔时刻，过去与现在：宗教、民主与政治现实主义"（The Niebuhrian Moment, Then and Now: Religion, Democracy, and Political Realism）的研讨会，与会者除了当今尼布尔研究最为出色的学者如洛文（Robin Lovin）、斯陶特（Jeffrey Stout）、杜里安（Gary Dorrien）等之外，还有时任总统奥巴马的宗教事务顾问凯西（Shaun Casey）和小布什时期白宫国家安全委员会主管战略制定的因伯登（William Inboden）等政府官员。会议的主题集中在1940~1960年与"9·11"事件之后两个时间段里尼布尔对美国思想文化、内政外交的影响。相关的讨论与文章已在网络上公开。

国外各种关于尼布尔生平的传记性著作也有不少。比如司各特的《莱因霍尔德·尼布尔》（Reinhold Niebuhr），这部著作比较出色地记录了尼布尔生命前几十年的学术和社会活动，还被推广至美国高中，作为了解尼布尔的基础性读物。宾甘（June Bingham）基于自己与尼布尔的交往，于1961年出版了《变革的勇气》（Courage to Change），书名取自尼布尔的布道词，这是一部非常生动、有特色的思想传记。学界在研究尼布尔思想的时候多采用福克斯（Richard Wightman Fox）的《莱因霍尔德·尼布尔传》（Reinhold Niebuhr: A

Biography)作为对照,这部著作较为详细地记录了尼布尔一生的活动,但是作者并没有很好地理解尼布尔的思想,因此有不少地方对尼布尔真实观念的描述不够准确,所以乔姆斯基(Noam Chomsky)认为福克斯的著作"是一部不错的关于'知识分子尼布尔'的传记——仅此而已,而尼布尔的主要著作及其思想,却没有很好地通过这部传记传达给读者"。[1]另外,斯通(Ronald H. Stone)的《莱因霍尔德·尼布尔教授:20世纪的导师》(*Professor Reinhold Niebuhr: A Mentor to the Twentieth Century*)选取"教授"这个伴随尼布尔大半生的角色,主要观察和记录了尼布尔的学术生活,折射出尼布尔的思想历程;他的另一部作品《莱因霍尔德·尼布尔:政治家的先知》(*Reinhold Niebuhr: Prophet to Politicians*)和布朗(Charles C. Brown)的《尼布尔与他的时代》(*Niebuhr and His Age: Reinhold Niebuhr's Prophetic Role for Today*)则都从尼布尔与美国知识界、政治界以及媒体界的紧密联系入手,重点分析尼布尔思想对美国方方面面的影响。

尼布尔是个极为高产的思想家,有的学者以及尼布尔的家人将尼布尔的重要文章按照不同的主题挑选出来,汇集成册出版。比如尼布尔妻子乌尔苏拉汇编的《正义与怜悯》(*Justice and Mercy*)和《忆莱因霍尔德·尼布尔:尼布尔通信集》(*Remembering Reinhold Niebuhr: Letters of Reinhold and Ursula M. Niebuhr*);拉斯姆森(Larry Rasmussen)围绕神学、政治和社会话题汇编的《莱因霍尔德·尼布尔:公共生活的神学家》(*Reinhold Niebuhr: Theologian of Public Life*);罗伯森(D. B. Roberson)围绕基督教现实主义的应用所汇编的《应用基督教文集》(*Essays in Applied Christianity*)以及围绕宗教伦理所汇编的《爱与正义》(*Love and Justice*);戴维斯(Harry

---

[1] See Noam Chomsky, "Reinhold Niebuhr", in *Grand Street*, 1987, 6 (2), pp. 197–212.

R. Davis）围绕尼布尔的政治论述所汇编的《莱因霍尔德·尼布尔论政治》(Reinhold Niebuhr on Politics)。还有围绕信仰与政治话题的，如斯通汇编的《信仰与政治》(Faith and Politics)以及布朗(R. M. Brown)汇编的《尼布尔精选集》(The Essential Reinhold Niebuhr)等。这些选集收录的基本是尼布尔在各个方面的重要论述，极大地方便了本书的研究。

此外，国外学界还有相当多的专题性研究，呈现出研究向广度和深度发展的趋势。例如，有对于尼布尔的神学伦理学的研究，以洛文（Robin W. Lovin）的《莱因霍尔德·尼布尔与基督教现实主义》(Reinhold Niebuhr and Christian Realism)最具代表性。洛文是目前尼布尔研究的代表性学者，他在这部著作中沿着伦理、自由、正义、政治等不同线索，对尼布尔的神学伦理学及其对人类社会和政治的影响做了全面详尽的探讨，这部书因此赢得了广泛的赞誉。迪鲍尔（Ernest F. Dibble）的《年轻的先知尼布尔：莱因霍尔德·尼布尔早期社会正义思想研究》(Young Prophet Niebuhr: Reinhold Niebuhr's Early Search for Social Justice)致力于研究尼布尔早期的社会伦理思想，其侧重点在尼布尔早期的三部作品。林克（Michael Link）的《莱因霍尔德·尼布尔的社会哲学》(Social Philosophy of Reinhold Niebuhr)注重结合尼布尔生平，从他思想的发展历史来看他的社会哲学。明内玛（Theodore Minnema）的《莱因霍尔德·尼布尔的社会伦理学：一个结构性的分析》(Social Ethics of Reinhold Niebuhr: A Structural Analysis)则注重尼布尔伦理思想的结构性，将它视为一套完整的体系来进行研究。还有对于尼布尔神学和历史观的研究，如莱因内茨（Richard Reinitz）的《反讽与意识：美国历史学与莱因霍尔德·尼布尔的视角》(Irony and Consciousness: American Historiography and Reinhold Niebuhr's Vision)结合美国历史，侧重尼布尔的历史观以及基于此对美国历史的"反讽"的看法；吉尔凯

(Langdon Gilkey)的《论尼布尔：一个神学的考察》(On Niebuhr: A Theological Study)主要围绕尼布尔对20世纪上半叶世界形势的论述，分析了尼布尔的神学和政治思想的关系，认为尼布尔代表了奥古斯丁和马丁·路德以来的神学现实主义路线。丹弗斯（John C. Danforth）的《基督与意义：尼布尔基督论阐释》(Christ and Meaning: An Interpretation of Reinhold Niebuhr's Christology)则是一部神学色彩浓厚的研究尼布尔基督论的著作。

另外，比较研究也是当今尼布尔研究的路向之一。如把尼布尔思想放在基督教神学的大背景下，与其他基督教思想家进行对比研究。洛文的另一部著作《基督教现实主义与新的现实》(Christian Realism and the New Realities)将尼布尔与朋霍费尔的思想做了对比，认为他们共同开创了基督教现实主义的理论，并指出基督教现实主义的宝贵财富就在于其信仰与政治的紧密结合。斯蒂文森（William R. Stevenson）的《基督之爱与正义战争：圣奥古斯丁及其现代阐释者的道德悖论与政治生活》(Christian Love and Just War: Moral Paradox and Political Life in St. Augustine and His Modern Interpreters)则侧重讨论尼布尔对奥古斯丁传统的继承。麦肯（Dennis McCann）的《基督教现实主义与自由主义神学：冲突生成中的实践神学》(Christian Realism and Liberation Theology: Practical Theologies in Creative Conflict)把尼布尔置于基督教现实主义与拉美解放神学之联系的背景下，从尼布尔与自由主义神学关系的角度进行研究，得出尼布尔的思想乃是一种实践神学的结论。凯思（Robert Andrew Cathey）的《后自由主义视域下的上帝：在现实主义与非现实主义之间》(God in Postliberal Perspective: Between Realism and Non-realism)就追溯了尼布尔与当今后自由主义神学的联系，指出尼布尔所代表的现实主义神学并不反自由主义神学而动，而是进行了矫正，从而对后自由主义神学的形成发挥了重要作用。凯格利等人撰写的《政治、宗教和现代人：论尼布尔、蒂利希和布尔特曼》（*Politics, Religion, and Modern Man: Essays on Reinhold Niebuhr, Paul Tillich, and Rudolf Bultmann*）则把尼布尔、蒂利希以及布尔特曼三位德国新教神学家放在一起，在新教神学的大传统下进行考察和评论。贝克莱（Harlan Beckley）的《追求正义的情感：劳申布什、瑞安和尼布尔遗产的复获》（*Passion for Justice: Retrieving the Legacies of Walter Rauschenbusch, John A. Ryan, and Reinhold Niebuhr*）则换了视角，把尼布尔与注重社会伦理的福音派神学家劳申布什和推动美国天主教改革、关注社会公正和社会运动的瑞恩放在一起考察，重点在探讨他们有关社会正义的理论之异同。

除了将尼布尔放置在基督教大背景下进行的比较研究外，还有把尼布尔思想与其他思想流派进行比较研究的。如荷兰学者维尔胡伊斯（Ruurd Veldhuis）的《现实主义对阵乌托邦主义？：莱因霍尔德·尼布尔的基督教现实主义与乌托邦的社会伦理理论》（*Realism versus Utopianism?: Reinhold Niebuhr's Christian Realism and the Relevance of Utopian Thought for Social Ethics*）是一部探讨尼布尔基督教现实主义与乌托邦主义的著作。赖斯（Daniel F. Rice）是与尼布尔本人有过交往的学者，他的《莱因霍尔德·尼布尔与约翰·杜威：一个美国的奥德赛》（*Reinhold Niebuhr and John Dewey: An American Odyssey*）首先细致比较了1927年时37岁的尼布尔与70岁的杜威的思想异同，然后又研究了1929年以后尼布尔对杜威的评论，最后得出结论，认为二人都属于"自由主义的实用主义者"，只不过尼布尔偏重神学思考，杜威则在人类学和政治观念上更显得理想主义。另一位尼布尔研究的专家，美国当代著名神学家豪尔沃斯（Stanley Hauerwas）在《以宇宙之谷：教会的见证与自然神学》（*With the Grain of the Universe: The Church's Witness and Natural Theology*）中也认为尼布尔的理论就是一种实用主义。也就是说，这套理论反映了美国的世俗文化——实用主义文化,而与尼布尔的神学观念没有多大关系,这也是尼布尔在美国备受推崇,但始终得不到欧洲神学圈认可的原因。奥斯姆斯(Harry J. Ausmus)的《实用主义的上帝:莱因霍尔德·尼布尔的虚无论》(Pragmatic God: On the Nihilism of Reinhold Niebuhr)对这一点也基本持赞同的意见。麦克丹尼尔(Charles McDaniel)的《上帝与金钱:资本主义的道德挑战》(God and Money: The Moral Challenge of Capitalism)则涉及尼布尔对资本主义的批判,作者指出尼布尔在半个世纪前做出的批判现在看来依然是卓有成效的。哈雷维尔(Martin Halliwell)的《21世纪的美国思想与文化》(American Thought and Culture in the 21st Century)和罗斯(Ralph Gilbert Ross)的《美国思想的缔造者:七位美国作家概况》(Makers of American Thought: An Introduction to Seven American Writers)都认为尼布尔是塑造了21世纪美国文化和思想的重要人物之一。

最近出版的三部关于尼布尔研究的著作是哈里斯(Richard Harries)的《莱因霍尔德·尼布尔与当代政治:上帝与权力》(Reinhold Niebuhr and Contemporary Politics: God and Power)、迪金斯(John P. Diggins)的《为什么现在是尼布尔?》(Why Niebuhr Now?)和勒莫特(Charles Lemert)的《尼布尔为何重要》(Why Niebuhr Matters)。第一部著作通过对尼布尔伦理思想的整理,重新评价了尼布尔,并指出这一"再评估"对美国社会伦理进步和更大范围的神学思想发展都有明显的推动作用。第二部重新梳理了尼布尔的伦理思想,并且对"9·11"事件之后尼布尔思想的复活进行了分析,认为无论是自由主义还是新保守主义都以实用主义的态度来对待尼布尔的思想,把尼布尔思想对自己有利的部分拿来为己所用,这实际上是对尼布尔思想的误用。不过,对于迪金斯的这本谢世之作,有评论认为尽管其内容相当精彩,但终究没回答这本书书名提出的问题"Why Niebuhr Now?",没能对尼布尔思想究竟对当今世界意味着什么、有什么教诲做出明确说明。迪金斯的问题在勒莫特的《尼布尔为何重要》中得到了部分回答，勒莫特比较好地还原了尼布尔本人的思想，认为尼布尔之所以在当前被屡屡提及是因为他提出了一套非实用主义的现实主义伦理观，他为在正义与自由、个体与群体之间保持平衡所做的理论探索是现代社会走出道德困境的宝贵经验。

中文学界对尼布尔的研究始于20世纪50年代。尼布尔最为重要的几部理论著作如《人的本性与命运》、《道德的人与不道德的社会》、《光明之子与黑暗之子》和《基督教伦理学诠释》在20世纪下半叶陆续被翻译出版，更多的著作也已处在译介过程之中。

在研究专著方面，卓新平的《尼布尔》是汉语学界第一部尼布尔思想研究专著，主要从人生哲学、历史哲学和政治哲学三个板块全景式地再现了尼布尔的思想及其历程，堪称国内尼布尔研究的奠基之作。这部著作偏重从宗教哲学的角度解读尼布尔，重在揭示尼布尔对基要主义和现代主义神学的扬弃与超越，并认为尼布尔的理论胜在主题突出、贴近实情，但难免有主观单薄、以偏概全之嫌，而且在构建哲理体系方面存在不足。或许是出于对卓新平著作的回应，后续研究者尝试构建合理恰当的理论体系来深化研究。这种尝试力图在不同的本体论主题下凝聚尼布尔的理论，从而呈现尼布尔的整体思想体系。刘时工的《爱与正义：尼布尔基督教伦理思想研究》梳理了尼布尔思想观点的变迁，并在介绍其伦理思想的基础上分析比较了基督教伦理学与一般伦理学的异同。这部著作紧扣"爱与正义"的主题，凸显了尼布尔伦理思想的鲜明的基督教特色，认为其理论意义在于动摇了当时自由主义伦理学说的统治地位。不过，由于这部著作偏重在与自由主义个体本位伦理学进行对比的基础上梳理尼布尔的伦理思想，因此在整体内容上偏向个体伦理学的建构，对尼布尔最具原创性的群体伦理学没有过多展开探析，这一定程度上影响了在一个完整的理论框架下整体性地把握尼布尔的伦理思想。方永的《自由之三维：力量、爱和正义——R.尼布尔政治神学研究》则试图在更为宏大的"政治神学"的体系下规整和把握尼布尔的思想。方永的解读以自由为核心观念，以力量、爱、正义为自由的质料、形式和现实结构，力图整合尼布尔的基本神学、伦理学和政治哲学，构建起一个有机的、以自由为根本出发点的理论体系，从而将尼布尔推至大全式思想家的高度，认为尼布尔彻底改造了旧自由主义神学，并实现了旧自由主义神学向新自由主义神学的过渡。这部著作构思宏大、史料翔实，但在"政治神学"的宏大体系之下，尼布尔最具影响力的伦理思想的重要性反而没有那么显著了，而且，作者可能需要把尼布尔的伦理思想进行拆分以适应政治神学体系的理论结构，这也影响了从整体上把握尼布尔的伦理思想。尼布尔对20世纪美国的内政外交领域产生了巨大的理论影响，孙仲的《尼布尔的现实主义政治理论》就是从这一角度切入，主要讨论了尼布尔的政治伦理、政治哲学、民主理论和国际政治理论，并结合尼布尔的现实主义立场对霸权主义进行了反思。这部著作属于政治学领域，并不过多涉及尼布尔的神学和伦理学，笔者由于专业差异不敢对其妄加评价，但需要指出的是，尼布尔的神学和伦理学思想毫无疑问是其政治理论的根基，也是任何尼布尔研究无法绕开的内容。

在研究论文方面，国内目前已有多篇研究尼布尔的硕博学位论文，如复旦大学王建国的《尼布尔社会哲学绪论》、浙江大学唐瀚的《超越悲剧：尼布尔的新强者德性论》和台湾政治大学黄昭弘的《尼布尔的政治思想》等。国内发表的期刊论文的主题也多涉及尼布尔的伦理和政治思想，如人性论、群体与个体道德、正义论、民主论等，足见这些内容在尼布尔思想当中的核心地位。

总之，国内的尼布尔研究尚在开拓阶段，一是有待加强尼布著作的译介工作；二是研究有待推进和深化，需要积极地由概述化转向专题化研究。当然，这种基础性的工作势必以尼布尔思想中最为核心的内容为首选研究对象。

第三节 本书的角度和结构

尼布尔一生同时承担了思想家、布道者和社会活动家三种角色，他在晚年回忆自己的这三种角色时说：

> 我在长达二十五年的时间中一直教授基督教社会伦理，并且在护教学领域做了一些附属性工作。我的业余兴趣是在高等院校中当一名流动传道者。它激起了我在一个世俗化的时代里，尤其是在被施莱尔马赫称为"（对基督教的）有教养的蔑视者"的那些人当中，为基督宗教信仰进行辩护和证明的兴趣。我对纯粹神学的那些精微之处从来就不是非常在行，而且我必须承认我也不是很有兴趣去学得那种本事。托克维尔早就观察到美国基督教与欧洲基督教相比有着强烈的实用性倾向，这一区分至今依然有效。我经常受到欧洲的更为严谨的学院神学家的挑战，要求我证明自己的兴趣是神学性的而非实践性的或者护道学的，但是我通常拒绝为自己辩解，这部分是因为我觉得人家说得很对，部分是因为我并不关心这一区分。[①]

毋庸置疑，思想家的角色最为重要和关键，影响也最为深远，而布道者和社会活动家的角色相对次要。同时，这段自白反映了

[①] Reinhold Niebuhr, "Intellectual Autobiography", in *Reinhold Niebuhr: His Religious, Social and Political Thought*, pp. 3–4.

尼布尔对于基督宗教的理解：首先，信仰的表达无所谓用神学语言的方式还是实践的方式，这种区分毫无意义；其次，他本人用以表达信仰的方式是实践，或者说，宗教伦理的实践先于神学研究。

尼布尔在繁忙的教学研究和社会活动的同时笔耕不辍，留下了三十余部著作和2000余篇文章。在如此多的著作中，观点难免不出现矛盾、冲突的情况，因此尼布尔给人留下和平主义者、保守主义者、神学激进主义者等各种不同的印象，这无疑加大了研究的难度。面对如此复杂的一位思想家，绝大多数研究采取结合传记、从尼布尔思想发展史的角度来进行探讨，这种方法优在从整体来理解尼布尔的思想，但失于过多描述外部史实而未能对尼布尔的思想本身进行评判性的解读。① 究其原因，很大程度在于尼布尔的行文过于艰涩，思想过于庞杂，并不能完全归因于研究者的猜度和渲染。② 肯尼雷（Peter Kennealy）对此有着非常中肯的评价：

> 尼布尔思想的艰深是有目共睹的，而他表达自己思想的行文方式之晦涩也是公认的，这给系统性的研究工作带来不少困难。无论从哪个方面看，都不能不说尼布尔是一个系统性的思想家，但他并没有系统性地表达出他的思想。说他是一个系统性的思想家，是指他的思想整体是由不同的因素构成，无论是从逻辑、概念还是经验的角度来看，这些因素在非常大的程度上是彼此联系和前后一贯的。从这一点来说，想单独研究尼布

---

① Peter Kennealy, "History, Politics and the Sense of Sin: The Case of Reinhold Niebuhr", in *The Promise of History: Essays in Political Philosophy*, ed., Athanasios Moulakis, Berlin: Walter de Gruyter, 1986, p. 135.

② See Ronald H. Stone, *Professor Reinhold Niebuhr: A Mentor to the Twentieth Century*, Louisville: Westminster/John Knox Press, 1992, p. xiii.

尔思想的某一部分,并期望达到很准确的地步,可以说是不太容易的,因为你没法将他的神学、人类学、政治哲学、历史哲学和道德哲学完全区分开来;说尼布尔不是一个系统性的表述者是因为他未能对他思想中的很多关键性概念做出准确的定义,也没有明确指出它们如何被组织成一个体系的。[1]

可见,任何试图在相对狭小的领域内理解尼布尔的整体思想的尝试都必然失败,可能的方案只能是在始终保持全局观和系统性的前提下,对于同一个概念从多个视角进行反复分析,这样才能不至于像以往的大部分研究那样把尼布尔的原话换个方式又说一遍(to paraphrase into text interpretation)。[2]

尼布尔并不像学院派学者那样有着严谨细密的行文方式,他的文笔质朴而生动。以巴特为例,尼布尔和巴特都号召重归传统、重归《圣经》,以先知的眼光和立场对现代西方文明进行审视和批判,但与巴特的用词严谨、表达曲折的学院派风格不同,尼布尔显然不注重字斟句酌,而且批判从来都是直抒胸臆,因此在其著作中经常可以看到"现代自由主义文化的本质是情感主义"[3]或"现代哲学明显与人类历史经验不相符合"[4]之类的不假思索的批评。

此外,尼布尔一贯旁征博引。由于持坚定的基督教信仰立场,尼布尔不可避免会大量引用保罗、奥古斯丁、托马斯、路德、加尔

---

[1] Peter Kennealy, "History, Politics and the Sense of Sin: The Case of Reinhold Niebuhr", in *The Promise of History: Essays in Political Philosophy*, pp. 135 – 136.

[2] Peter Kennealy, "History, Politics and the Sense of Sin: The Case of Reinhold Niebuhr", in *The Promise of History: Essays in Political Philosophy*, p. 136.

[3] 尼布尔:《人的本性与命运》上卷,成穷译,贵州人民出版社,2006,第289页。

[4] Reinhold Niebuhr, *Faith and History*, New York: Macmillan Publishing Company, 1987, pp. 12, 29, 69, 91, 145, etc.

文以及克尔凯郭尔等基督教重要思想家的理论。近现代的思想大家如笛卡尔、霍布斯、马基雅维利、帕斯卡尔等也在尼布尔的涉猎范围之内。然而在这些引用当中，批判的占了多数，引证的却在少数。不管是作为引证还是批判，大量的引用使得研究者对尼布尔的思想来源大为困扰，较难把握尼布尔的真实意图。[①]

总而言之，缺乏系统性的表述和思想来源的多重性这两个特征使得尼布尔的整体思想内容非常庞杂，涉及神学、哲学、政治学、心理学、社会学等多个领域，可谓无所不包。帕特森（Bob Patterson）对此评论说："尼布尔使自己对所有的人都有用，而且是一个著述甚丰的人。他在神学、哲学和社会科学的各种领域各个方面都有重要的贡献。极少有人能够在解释和影响这么多思想领域方面与之相比。"[②] 斯通也认为，"尼布尔致力于解释人的伟大和悲惨，这把他引入社会科学、哲学和神学领域，他对所有这三个领域都有极为重要的贡献"，同时，"尼布尔把三项中心使命结合在一起，从神学、伦理学和政治哲学这三个角度中的任何一个出发研究尼布尔的思想，都是可行的。这三门学科在尼布尔的思想里交织在一起，而且，不能认为其中一个是根本的，其他两个是派生的"。[③] 换言之，尼布尔思想的核心就是神学、伦理学和政治哲学三部分内容的结合。

学者的评价充分说明了尼布尔思想的博大精深，然而其思想内容的庞杂导致无论是尼布尔自己还是研究者都无法用一个称谓来准确地把握和概括其精髓和全貌。传统的学科门类无法概括他的整体

---

① 参见理查德·克隆纳《尼布尔思想的历史渊源》，任晓龙译，载许志伟主编《基督教思想评论》第12辑，上海人民出版社，2011，第230~241页。

② Bob Patterson, *Reinhold Niebuhr*, Peabody: Hendrickson Publishers, 1977, p. 13.

③ Ronald H. Stone, *Reinhold Niebuhr: Prophet to Politicians*, Washington: University Press of America, Inc., 1981, pp. 9 – 10.

思想，新的学术称谓，无论是"美国新正统神学"（Neo-Orthodoxy in America）还是"应用基督教"（Applied Christianity）都不能窥其全貌。尽管尼布尔的追随者把他奉为当时美国一流的政治哲学家、道德学家和神学家，他本人却拒绝了哲学家和神学家这两个称谓，同时又讨厌道德学家这个称谓，并且在1965年宣称自己是在协和神学院讲授伦理学的社会哲学家。[1] 尽管如此，研究者对尼布尔思想的重要性却一直有着较为一致的看法，即尼布尔思想的根本特色，一是显得正统但更加深刻的神学思想，二是激进但同样深刻的政治主张。[2] 这一结论从表面看似乎遗漏了尼布尔思想中非常重要的伦理学部分，会让人产生尼布尔的伦理学部分并不是特别重要的错觉，打消这一疑惑需要对尼布尔思想中三部分内容之间的关系有个清晰的了解。

方永提供了一个很好的范例。他认为尼布尔的整个思想可以用"政治神学"这个概念来加以把握，从而把尼布尔思想的神学、伦理学和政治哲学三部分内容都涵括在内，并由此构成政治神学的三个维度。[3] 这种观点从立体的角度进行论述，认为神学、伦理学和政治哲学作为三个平行的部分被统摄在政治神学这个概念之下，从而为整体性地研究尼布尔的思想提供了一个独特的视角。通过这种视角可以清楚地看到神学所处理的个人与上帝之间的关系、伦理学所处理的个人与共同体之间的关系以及政治哲学所处理的群体与群体之间的关系是如何在政治神学这个框架下得到说明的。这是对尼布尔思想整体研究的一种全新的尝试，不过，由于解读的切入点和着重点均在作为统摄原则的政治神学，强调三个维度与统摄原则之

---

[1] Ronald H. Stone, *Reinhold Niebuhr: Prophet to Politicians*, p. 9.
[2] 方永：《自由之三维：力量、爱和正义——R. 尼布尔政治神学研究》，人民出版社，2016，第10页。
[3] 方永：《自由之三维：力量、爱和正义——R. 尼布尔政治神学研究》，第11页。

间一对一的联系，因此对于这三个维度的主次关系和内在联系没有进行更加深入的分析研究。

尼布尔不是书斋中的思想家，终其一生他都在四处奔走，热心参加各种社会活动，积极介入美国的政治和社会生活，神学思考和社会活动构成了他的生活的两翼——尼布尔的重要性和影响力恰恰就体现在这两方面。本书的思路起始点是：如果把尼布尔思想中的神学和政治哲学看作他的思想和生活的两翼，那么伦理学处于什么位置？

正如帕特森所说，"尼布尔的神学总是追求实践的表达，社会伦理是这种表达所遵循的途径。他试图调和看起来明显是排他的、绝对的基督教伦理（博爱）和相对的社会伦理（正义）。在把神学和社会伦理结合起来的过程中，他把神学和伦理带进了社会领域。这在他的视野中以一种唯一的方式被抛进政治运动"。[1] 这段评论准确地说明了尼布尔的神学、伦理学和政治哲学之间的密切关系。首先，神学和政治哲学在伦理学中被统合为一体，因此利文斯顿（James C. Livingston）说尼布尔思想的一大特色就是"将《圣经》与对时代特征的思考紧密相连"。[2] 其次，从神学到伦理学再到政治哲学，前者是后者的基础，后者的统摄原则从前者推出。在三者之间的关系中，神学和伦理学结合得更为紧密一些，基本形成一个完整的理论体系，政治哲学则相对要独立一些，可以视为从神学—伦理学体系中推导出来的一些零散的理论。

尼布尔的著作也体现了这一点：他的最重要的几部著作都是有关神学和伦理学的，严格意义上的政治哲学著作实际上只有《光明

---

[1] Bob Patterson, *Reinhold Niebuhr*, p. 5.
[2] 詹姆斯·C. 利文斯顿：《现代基督教思想》，何光沪译，四川人民出版社，1999，第912页。

之子与黑暗之子》一部。事实上，尼布尔的政治哲学理论基本是研究者以该书为主，结合散见于尼布尔其他著作或从其神学—伦理学思想中推导出来的理论而形成的。有鉴于此，尼布尔的政治哲学固然重要，但相比而言，神学和伦理学的内容更为重要，神学—伦理学不仅是一个完整的体系，而且是尼布尔政治哲学的基础。

如前所述，一方面，尼布尔的伦理学直接来源于神学，另一方面，伦理学是神学的实践表达方式；一方面，伦理学的原则来自神学，另一方面，神学需要伦理学的检验。正如尼布尔所说，"信仰启发了经验，反过来又为经验所证实"；[1]"真理与其说是信仰的语言与上帝的行为和存在之间的关联，不如说是发现人类经验的深层维度的力量。启示在功能上是启发性的，它的真理得到它所揭示的人类生活的证实"。[2]

严格来说，神学和伦理学涉及的是两个不同的领域，而且存在谁在先、谁在后的问题：是以神学说明伦理学，还是伦理学从属于神学，这是在研究开始之前必须明确的问题。尼布尔的回答是前者，他说："历史上确实存在着把爱的原则广泛应用的可能性，耶稣的教导对乐观主义以及悲观主义者都给予了灵感。对前者，耶稣的教导提出了有可能逐步实现的道德目标；对后者，则成为一种宗教的基础：这种宗教揭示了上帝与人类的区别，揭示了人类所向往的理想与挫败最高理想的天然惰性之间的区别，基督教也因此成为伦理性的宗教。"[3]

---

[1] Reinhold Niebuhr, *Beyond Tragedy: Essays on the Christian Interpretation of History*, New York: Charles Scribner's Sons, 1965, p. 20. 另见 R. 尼布尔《人的本性与命运》下卷，成穷、王作虹译，贵州人民出版社，2006，第338页。

[2] James Gustafson, "Theology in the Service of Ethics: An Interpretation of Reinhold Niebuhr's Theological Ethics", in *Reinhold Niebuhr and the Issues of Our Time*, ed., Richard Harries, Grand Rapids: William B. Eerdmans, 1986, p. 36.

[3] Reinhold Niebuhr, *Reflections on the End of an Era*, New York: Charles Scribner's Sons, 1936, p. 15.

正如帕特森所指出的:"尼布尔始终致力于从急迫的人类需要的处境里推敲出他的神学思想。"[1] 由此可见,尼布尔认为基督教是一种伦理宗教,其根本任务就是教育和引导人们针对特定的伦理问题进行分析,学会实践耶稣所说的爱上帝和爱邻人的两条诫命。这说明对于尼布尔而言,将人类从道德困境中解救出来的伦理思想是第一位的,神学不仅是第二位的,而且会随着伦理学的社会和道德后果而有所选择和变化。[2] 因此,在尼布尔的学说中,神学从属于伦理学,神学服务于伦理学,神学的地位取决于伦理学的需要。神学思想中包含强烈的公共意义,它能够对代表正义走向的政策决断起指导作用。[3] 神学的作用就是帮助现代社会的伦理重建。[4] 不仅如此,神学的直接目的,应当是为追求正义的伦理学服务,而不是为维持现状和特权的伦理学服务,尼布尔说:"我深信,对人性的现实主义看法必须为一个相信渐进正义的伦理学服务,而不应当成为保守主义者的一个堡垒,特别是不能成为为不正义的特权进行辩护的那种保守主义的堡垒。"[5] 可以说,伦理学是尼布尔思想的核心部分,因为他是力求实践的思想家,重视理论与行动的一致以及信仰与政治的不可分割,伦理学正是表达他的神学信念的最佳途径。

神学从属于伦理学,神学为伦理学服务,这是学界对于尼布尔思想中神学和伦理学之间关系的共识。伦理学在尼布尔整个思想中

---

[1] Bob Patterson, *Reinhold Niebuhr*, p. 21.

[2] See Henry Wieman, "A Religious Naturalist Looks at Reinhold Niebuhr", in *Reinhold Niebuhr: His Religious, Social and Political Thought*, pp. 415–416; E. A. Burtt, "Some Questions about Niebuhr's Theology", in *Reinhold Niebuhr: His Religious, Social and Political Thought*, p. 435.

[3] Dennis McCann, *Christian Realism and Liberation Theology*, New York: Orbis Books, 1981, p. 99.

[4] Reinhold Niebuhr, *Does Civilization Need Religion?*, New York: The MacMillan Company, 1928, p. 39.

[5] Reinhold Niebuhr, *Man's Nature and His Community*, Lanham: University Press of America, 1988, pp. 24–25.

的核心意义在于,一方面,它调和了尼布尔正统、保守的右倾神学和激进、变革的左倾政治哲学,使尼布尔的伦理学既不显得陈旧和拘泥,也没有不切实际的乌托邦情结,而是既不失原则的坚守,又对具体实践观察详细和应对灵活;另一方面,伦理学充当了神学与政治哲学之间的桥梁,使神学的原则能够顺畅地推进到政治哲学,三部分的内容得以统摄在相同的原则之下,成为统一的整体。在明确了伦理学说在尼布尔思想中的核心地位之后,接下来的问题便是,什么是理解尼布尔伦理思想最为恰当的角度?

19世纪末20世纪初的时代特征可以用"危机"二字来概括,第一次世界大战、有史以来最严重的经济危机是其最好的注脚。然而具体就美国社会而言,基督教伦理传统对个体伦理与社会伦理的影响与欧洲相比,其在范围上更广、在程度上更深,由于各种社会革命以及两次世界大战都没有殃及美国本土,所以美国新教并未像欧洲新教那样遭遇信任和生存危机,自由主义神学所持守的一些信念在美国仍被许多人珍视和遵从。[1] 因此,对作为新教牧师兼思想家的尼布尔以及大多数美国新教界人士来说,当时所面对的难题并不是如何在自由主义神学被强烈质疑甚至被否定的情况下重建信仰和信心,而是基督教的极端私人化和基督教神学过于认同现存的政治,也就是既反对乐观主义、理想主义的自由主义神学,也反对如巴特神学中人神全然隔绝、毫不相干的思想和悲观厌世的消极情绪。[2]

尼布尔说:"基督教作为一种宣称爱是生活最终法则的宗教如果不支持平等和正义,不将正义视为一种政治上和经济上向爱的理

---

[1] Reinhold Niebuhr, *The Children of Light and the Children of Darkness*, New York: Charles Scribner's Sons, 1972, p.134.
[2] 卓新平:《尼布尔》,(台北)东大图书股份有限公司,1992,第45页。

想的靠近的话,那么很明显,它将会使自己的声誉丧失殆尽。"① 自由主义神学的方法偏离了基督宗教的正道,这正是它面对危机无所作为而日渐衰败的原因。尼布尔指出,时代的危机会由于我们时代的主要解决方法本身所蕴含的问题而更为严重,我们时代的主要现实问题都属于"社会问题",人类历史当中,有的时期确实是以个人问题为主,但20世纪的问题主要是"社会问题",然而现代学界,包括现代基督教自身并没有准备好如何处理社会问题。② 尼布尔说:"我坚信,现代的自由主义文化完全不能给面临旧的社会制度解体和建设一个新的社会制度的问题的这一代头脑混乱的人提供指导和方法。在我看来,合适的精神指导只能来自比我们这个时代的文化所理解的更加激进的政治主张和更保守的宗教信仰的结合。"③

由此可见,尼布尔的思想理论基于对社会现实的直接观察和思考,针对的尤其是美国在第一次世界大战和大萧条之后的社会现实,它表达了尼布尔站在基督教立场上对人类生存与命运问题的深刻洞察。④面对这样的时代状况,尼布尔试图在一个更为现实的基础上建立起新的思想和体系,其特色是关心俗世,注重现实,在现代社会的混乱、

---

① Reinhold Niebuhr, *An Interpretation of Christian Ethics*, San Francisco: Harper & Row, 1963, p. 80.
② Reinhold Niebuhr, *An Interpretation of Christian Ethics*, pp. 84–85.
③ Reinhold Niebuhr, *Reflections on the End of an Era*, p. ix.
④ 世纪的危机对于欧洲和美国而言是不一样的,对于欧洲,战争对繁荣、稳定和秩序的摧毁以及随之而来的贫穷和饥荒与自由主义神学描绘的人类进步、社会向善之美妙景象之间形成了巨大反差。洛茨(David Lotz)认为,美国人自认天命所在,新教伦理和自由经济紧密相连,因此对美国人来说,没有什么比大萧条更可怕的了,它带来的不仅是大面积的失业和贫困,而且是对美国人天命观和职业观的沉重打击,美国基督教无法对这一局面做出解释,也无法采取措施挽回白人清教徒的自尊,是尼布尔第一个发出声音,谴责旧有的经济个人主义,把个人的不幸解释为社会的制度性之不公正的副产物,体现了其与美国基督教既有传统完全不同的社会伦理观。参见 David Lotz, *Altered Landscape – Christianity in America, 1935–1985*, New York: Eerdmans, 1989, p. 354。

危机中观察上帝的秩序和安排,体会上帝的意志和拯救。社会伦理的路向显然是探究尼布尔伦理思想的恰当角度。帕特森评论说:"在用实践的方式表达神学的过程中,尼布尔形成一种独特的美国社会伦理学,在从第一次世界大战结束直到越南战争扩大这段时期里,它一直主宰着美国的新教思想。它作为神学的一个中心领域现在已经获得知识界的认可与尊重。"[1]

从思想史的角度看,美国的基督新教有着非常强的社会伦理取向,甚至可以说,宗教伦理与社会现实的紧密结合是美国新教自爱德华兹直至当今公共神学的一以贯之的思想传统。[2] 尼布尔在这一传统中起着承前启后的作用:他对之前的社会福音运动进行总体性的质疑,主张重新审视和强调人性之罪,奠定了之后美国新教思想的现实主义路线,为日后美国基督教伦理思想的发展制定了纲领(set agenda),后来之人都不得不正视或者说无法绕开他所细致描绘的人类现实,他因此被称为20世纪美国社会伦理的幕后操盘者。[3]

此外,社会伦理一直是尼布尔本人研究、探讨和教授的领域。斯通认为尼布尔的首要身份并非神父或者宣道者,也非公共神学家,亦非海量著作的撰写者,他首要的和最重要的身份是纽约协和神学院的新教社会伦理学教授,他的学术盛年全部奉献给了这一领域,前后长达32年,这是他的事业,是他的人生规划(life project)。因此社会伦理是研究尼布尔最为重要的一个切入点,而这个角度恰恰

---

[1] Bob Patterson, *Reinhold Niebuhr*, p. 17. See Martin Marty, "Reinhold Niebuhr: Public Theology and the American Experience", in *The Journal of Religion*, 1974, 54 (4), pp. 332 – 359.

[2] 参见约翰·麦奎利《二十世纪宗教思潮》,何菠莎译,基督教文艺出版社,1997,第428页。See Martin Marty, "Reinhold Niebuhr: Public Theology and the American Experience", in *The Journal of Religion*, 1974, 54 (4), pp. 332 – 359.

[3] *The Blackwell Companion to the Theologians*, ed., Ian S. Markham, West Sussex: Wiley - Blackwell, 2009, p. 291.

是过往的研究所忽视的。①

伦理学一般分为个体伦理学和社会伦理学,这种区分的依据在于人本身既有社会性,又有个体的独立性和超越性,伦理学因为考察的角度不同而有不同的内容和结论。一般来说,个体伦理学关注的是单个的行为者的道德自律、品德的形成、德性的培养等;社会伦理学则将目光集中于群体行为和社会制度、社会结构。

从以上观点出发,学界基本上认为尼布尔非常强调个体道德与群体道德的差异和区分。他一度认为道德只存在于个体生活之中,存在于个体与个体之间;群体,无论是组织严密的团体,还是关系相对松散、缺乏统一组织的人群或社会,都只具有自然属性而没有精神属性,缺乏道德能力,不能作为道德考察的对象。尽管这种观点在后来得到了相当大的修正,尼布尔逐渐承认人类群体具有与个体相类似的本质特征,故具有作为道德主体的可能性,但他仍然坚持个体道德和群体道德的巨大差异,于是许多研究者认为尼布尔的伦理思想中存在个体伦理学和社会伦理学的断裂,所以在研究的时候一般会先区分再论述。②

本书并不赞同这种二分的研究方式。首先,尼布尔对个体伦理和社会伦理做出区分是其早期观点,在其思想成熟期发生了明显的从个体伦理向社会伦理的转向,也就是说,他的关注点由个体转向了群体与社会。他所考虑的不再是旧自由主义式的通过解决个体问题来解决个体和社会问题,而是新自由主义尤其是社会福音运动所倡导的通过解决社会问题来解决个体与社会问题。其次,在其成熟思想中,个体伦理和社会伦理之间不仅存在过渡的桥梁,而且个体伦理学的内容可以被统合到社会伦理学的框架内来讲述。即便需要

---

① Ronald H. Stone, *Professor Reinhold Niebuhr: A Mentor to the Twentieth Century*, pp. xii, xiv.
② 参见方永《自由之三维:力量、爱和正义——R. 尼布尔政治神学研究》,第26页。

做出个体伦理和群体伦理的区分，也是为了便于理论的构建和阐释。换言之，在社会伦理的大框架下，不再有个体道德和群体道德的截然区分，或者说个体道德就是群体道德，因为道德从本质上讲就是协调人与人之间关系的规范和准则，脱离开个体与他人、个体与群体、群体与群体之间的关系，道德就毫无意义。因此，尼布尔所探究的社会伦理，是超越了与社会道德相对立的个体道德以及仅仅维护其所在社会群体狭隘利益的群体道德，努力实现在整个人类社会范围内对所有人都是平等公正的社会伦理。

在开始正式研究之前，本书认为应当说明和界定"社会伦理"这一概念在尼布尔思想体系中的含义，简要地概括出"社会"和"伦理"这两个关键概念在尼布尔思想中的大致范围和基本内涵，为后续的研究做好铺垫。这一步是非常有必要的，因为尼布尔是美国20世纪著名的基督教神学家，他的社会伦理思想自然而然带有鲜明的基督宗教特色，同时，尼布尔的社会伦理思想所包含的内容相当复杂，没有预先的界定和说明，研究重心很容易出现偏移。况且，尼布尔既不喜欢被称为哲学家，也不喜欢神学家这个称谓，他的著作风格显示他的确不喜欢字斟句酌，也不太在意术语使用的规范性，在概念的使用上比较随意，行文总是直抒胸臆，正因如此，尼布尔的著述很少对概念进行精准的定义。[1]

尼布尔所说的"社会"往往与"群体"概念密不可分。不过，无论是"社会"还是"群体"，尼布尔都没有做出明确的、具体的定义，当然也并不包含特殊的意义。首先，"社会"的概念在尼布尔的思想中占据着重要的位置，它具有两种指向。其一，"社会"指的就是现代意义上的为了共同利益、价值观和目标而联合起来

---

[1] Peter Kennealy, "History, Politics and the Sense of Sin: The Case of Reinhold Niebuhr", in *The Promise of History: Essays in Political Philosophy*, p. 136.

的人的联盟,它是共同生活的人们通过各种各样社会关系联合起来的集合,大至国家、民族,小至家庭、社团,这些都是尼布尔所理解的"社会"。这个意义上的"社会",尼布尔经常称之为"群体"(group)、"共同体"(community)或者"人类集合"(Human collective)。尼布尔经常交替使用"群体""共同体""人类集合"等概念来代替"社会"以满足不同语境的需要,也会使用"社会"一词来不加分别地指代"群体"和"共同体"。其二,"社会"还意味着作为整体的人类社会,它是由很多群体或者说共同体构成的。

其次,"群体"概念指的是建立在共同利益、血缘、文化、目标和价值观上的人类的集合体,各种群体共同构成了整个人类社会,尼布尔会根据具体分析情况使用"群体"、"共同体"和"社会"。总之,尼布尔对社会的定义和使用是比较含糊和随意的,他并不像社会学家如滕尼斯(Ferdinand Tönnies)那样做出明确区分——"共同体"是自然形成的、整体本位的,而"社会"是非自然的、有目的之人的联合,是个体本位的;也不像涂尔干(Emile Durkheim)那样认为社会是自成一体的神圣之物。在尼布尔看来,整个人类社会若从其外来看,是由无数个体和群体共同构成的;若从其内来看,是个体构成群体,群体再构成社会。研究者对于这些概念的用法需要保持警惕并随时加以甄别。

尼布尔对"伦理"的理解基本上等同于"道德",指一系列指导行为的观念,是从概念角度上对道德现象的哲学思考。它不仅包含着人与人、人与社会和人与自然之间关系处理中的行为规范,而且蕴含着依照一定原则来规范行为的深刻道理。不过尼布尔对"伦理"的独特理解在于,他比较强调伦理与人类社会、政治、经济以及历史的区别,这种区别不是范畴或者领域的区别,而是一种圣俗的区别。尼布尔经常将伦理与基督宗教结合起来谈论,具有神圣和超越的含义在内；而在谈及人类及其群体和人类的政治、经济等活动时，他倾向于使用"道德"一词——尽管在宏观上他并没有对"伦理"和"道德"做出区分。

从伦理学的内部区分来看，伦理学关注的是人们的行为，而且是与"善"的使用有关的行为，即善或者不善的行为。当谈及伦理和伦理学时，我们指的是一般意义上的伦理学，它以理性以及建立在理性基础上的社会道德共识作为判别标准，可以称为"理性伦理学"。与之相对的是宗教伦理学，指以信仰的真理性为前提的伦理探究。以基督教伦理学为例，它的理论基础来自宗教经典和教会教义，它讨论的是从上帝的超自然启示那里获得的行为原则，以及这些原则在具体实践中的应用，它的判别标准来自《圣经》、经典和教义以及神学家的教导。

因此，理性伦理学和宗教伦理学的区别就在于：理性伦理学的前提和结论，无论是分析的还是综合的，始终限定在理性的范围内；宗教伦理学的前提和结论，却有一定的超越性。就尼布尔所理解的"社会伦理"而言，社会无疑是属人的，而伦理具有神圣的意味。那么，什么样的社会才是好的或者说社会应该是什么样的？它的指导原则是什么？伦理和社会之间如何发生联系？如何在属人的社会里谈论神圣性或超越性的伦理？这一伦理对于世俗社会有何意味？这一系列问题是尼布尔的社会伦理思想所要阐释的，亦即本书将要探究的。

本书正文根据以上问题分为六章。第一章将呈现尼布尔神学思想的基本观点，由于尼布尔的伦理思想直接来源于他的神学思想，这种基本介绍是必要的，也是任何对尼布尔思想的研究无法绕开的。除此之外，第一章还将说明尼布尔的基本思维方式，即神话思维方式，它不仅体现在其神学理论中，也贯穿其整个社会伦理思想。神话思维方式使尼布尔的神学体现出一种先知特色，尼布尔称之为

"先知精神",它使尼布尔的思想表现出强烈的伦理取向,也使其社会伦理学说充满了批判色彩。

第二章与第三章探讨尼布尔的人性论。不过从微观的角度来看,尼布尔的人性论分为人的本性与人的罪性两大部分,分别对应的是人的本质自我与生存自我。个体是社会构成不可分割的原点,因此对于人性的考察是尼布尔社会伦理思想的理论出发点,而"生来有罪"则是人不可避免的生存境遇,它是人类道德的前提。

第四章探讨人类群体与社会的道德问题。这章内容接自本书的这样一个观点,即尼布尔社会伦理思想的形成是一个漫长而复杂的过程,其中最为关键的是两个转向:一是从抽象的原子式个体转向处于历史中的具体个体,凝结为一种"社会个体";二是从个体伦理转向群体伦理,二者再统合为社会伦理。在尼布尔的成熟思想中,人类群体也被赋予了自我意识,能够被视为道德主体,同时个体和群体都被界定为权力的载体,人类社会就是所有权力载体的集合,这就使得尼布尔从整个人类社会的高度来说明伦理问题,从而超越了一般伦理学所认为的个体伦理和群体伦理的区分。不过从微观的角度来看,个体伦理和群体伦理的区分尽管存在,但个体伦理被置于群体伦理的框架之下,也就是说,尼布尔实际上否定了个体与上帝直接交流以及个体道德完善的可能性,认为个体伦理的完善只能在共同体内,通过履行对共同体的责任和义务来实现。由于个体与群体的本质同构性,它们得以共享一个道德规范的来源,这一来源便是基督的启示。

在尼布尔看来,启示是联结历史与永恒的节点,它启明了人性与历史的意义,揭示了人类在历史中所能取得的道德成就的可能性与局限性。因此,第五章将集中讨论基督所启示出来的人类救赎之道。其中爱是第一律令,是社会伦理的统摄原则。尼布尔认为它超越了人类社会和历史,不可能在现实中实现,而只能作为最高的道德律令存在，因此尼布尔由第一律令引出第二律令——互爱。互爱是人类的最高历史伦理规范，然而尼布尔认为它也无法在整个社会中完全实现，原因在于互爱具有很强的现实局限性，它的出现是基于不求回报、别无所图的奉献之爱，其实现具有不确定性。那么，尼布尔就必须抽走这种不确定性，为伦理规范寻找确定的来源，这就要回到社会的本质构成，即权力的载体上去，从对权力和利益的肯定出发，寻找普遍有效的人类道德规范。同时，它必须直接来源于爱，这样其合法性和正当性才能得到保证。这种现实有效的伦理规范便是第六章所涉及的正义论的内容。在尼布尔看来，正义就是将混乱规整为一种和谐的秩序，这一秩序将保证所有权力载体的平等和自由，民主提供了一个社会的和谐秩序所需要达到的正义标准。最后的结语将对尼布尔的社会伦理思想进行简评。

第一章　尼布尔社会伦理思想的
　　　　　理论渊源

本尼特（John Bennett）指出："尼布尔的思想作为一个整体是统一的。他的神学直接规定着他的社会伦理学，虽然其中不存在一个单向的推理过程，因为在一定程度上，他的神学是他在努力回答他作为伦理学教师和社会活动的参与者所遇到的头等尖锐的那些问题的过程中形成的"；[①]豪尔沃斯（Stanley Hauerwas）也评论说："尼布尔的关于社会和政治的伦理理论，其合法性和形而上基础皆来自其神学思想，即其建立于《圣经》基础上的政治神学思想。"[②] 可见尼布尔的社会伦理思想以其神学思想为根据，同时也是其神学观念的实践表达，无论是从神学、伦理学还是

[①] John Bennett, "Reinhold Niebuhr's Social Ethics", in *Reinhold Niebuhr: His Religious, Social and Political Thought*, p. 45.

[②] Stanley Hauerwas, *Wilderness Wanderings*, Boulder: Westview, 1997, p. 48.

从政治哲学的角度来谈论尼布尔的思想，都无法绕开其基本的神学理论。通过梳理尼布尔神学思想的基本要素，能够看到尼布尔构建理论的基本方法，同时通过尼布尔神学思想的形成，能够看到他是在何种程度上受到既往各种思想流派影响的。

第一节 超越"主义"之争

不少研究者认为尼布尔的神学属于"新正统神学"，这种神学的代表在欧洲是巴特，在美国则是尼布尔。这种观点的理由有两个：一是尼布尔神学呈现非常鲜明的新正统神学特色；二是尼布尔对自由主义神学不遗余力地进行批判。

结合现存的尼布尔本人的言行记录来看，尼布尔认为自己神学中的自由主义特征要大于新正统主义特征。他承认自己对自由主义神学的"大范围的批判太过于绝对化，毕竟自己的神学也扎根于此"。[1] 他还对自己的神学思想被认为是与巴特和布鲁纳属于同一阵营而感到惊讶："我从来没有想过我跟他们属于同一个范畴。我认为就（神学的）核心而言，我更应当属于自由主义的传统。无论什么时候我谈及新正统主义或者与新正统主义者交谈，例如布鲁纳，我总是发现他们试图把现实生活塞进教义学的条条框框当中，而且他们基于《圣经》的预想又干又硬，我不明白自己哪里和他们一样了。更何况他们对于政治和社会问题的冷漠和一无所知更让我觉得他们就是外人。"[2] 同时，尼布尔也对新正统神学代表人物巴特的神

---

[1] Reinhold Niebuhr: Theologian of Public Life, ed., Larry Rasmussen, Minneapolis: Fortress Press, 1991, p. 22.

[2] See Richard Fox, Reinhold Niebuhr: A Biography, New York: Pantheon Books, 1985, p. 214; Reinhold Niebuhr: His Religious, Social and Political Thought, pp. 83 – 84.

学和政治思想进行了强烈的批判,以表明自己与新正统神学的区别。① 此外,尼布尔还评论道:"当我发现新正统主义逐渐蜕变成毫无生气的正统神学,或者一种新的经院主义的时候,我觉得我在内心深处是一个自由主义者。"②

尽管尼布尔极力撇清自己与新正统主义神学的关系,但新正统主义神学的诸种特征的确存在于尼布尔的神学思想之中,给尼布尔贴上这个标签并无不妥。从其立场来看,尼布尔强烈抵制对基督教的文化式理解和对历史进步、文化成长的乐观态度,而这都是自由主义的基本特征。尼布尔的新正统特色之一是反对政治与宗教的混淆,他希望区分这两者,使它们保持各自的独特性和完整性,同时又要将二者联系起来。所谓"新正统主义"中的"新"就体现在这种联系之上,相反,正统主义恰恰无法在基督教与文化之间建立起有机的联系。③ 正统神学认为人类有罪,根源在于人的自由意志,人是自由意志的牺牲品。尼布尔认为这其实是把人之自由当作了恶的来源,否认了人类自由的无限可能性。尼布尔试图纠正这一错误,但拒绝自由主义神学的方案,在他看来,无论是思想的逻辑还是历史的事实都证明自由主义神学在建立"基督教与文化"的有机联系上遭遇了失败。④

尼布尔对上帝的理解也极具新正统主义色彩。新正统主义遥尊保罗、奥古斯丁与路德,尼布尔所理解的上帝非常接近路德所理解的"隐蔽的上帝"(Hidden God)——上帝集中了仁爱与正义,但他对世人是遮蔽不显的,只有在十字架上上帝才揭示了自身;上帝

---

① See Reinhold Niebuhr, *Essays in Applied Christianity*, New York: Meridian Books, 1959, pp. 141 – 190; *Reinhold Niebuhr: His Religious, Social and Political Thought*, p. 136.

② *How My Mind Has Changed*, ed., Harold Fey, Cleveland: Peter Smith, 1961, p. 117.

③ *Reinhold Niebuhr: Theologian of Public Life*, p. 23.

④ *Reinhold Niebuhr: Theologian of Public Life*, p. 290.

的全能力量在耶稣基督身上以羸弱与谦卑显现出来;超越的上帝临在于人类的历史和生命之中,但人类无法直接认识上帝。① 新正统主义领军人物巴特的上帝观也大抵如此。

新正统主义还体现在尼布尔神学对人类达至完美的能力以及在历史现实中达至完美的必然性的批判之上。尼布尔用"反讽"(irony)来表达自己的态度:人类生来便身负原罪,生为罪人的人类始终处于自由与必然、无限与有限的交织之中,人类的能力不足以达至完美,罪的永恒存在将阻挡人类的雄心和步伐。② 尼布尔的社会伦理思想强调为了达至正义,必须施行强制。这种重视伦理建设和把权力的制衡设置为社会公正的中心议题的观点显然不是新正统主义的风格,严格来说,这是尼布尔对自由主义的引申。然而,这种观点背后隐藏的主题是:任何终极的宗教价值都不可能被社会吸收——这是不折不扣的新正统主义神学的观点。③

最后,新正统主义意味着对基督教象征的严肃对待,但不是按字面意义或者以评断学的方式。尼布尔把整个基督教看作一个"神话的体系",主张对基督教诸如创世、堕落以及救赎等核心概念都做象征性的理解,这就要求从生存论的角度来看待基督教的核心概念,并将它们视为神话而作象征性的理解。④ 本尼特评论指出,尼布尔对恩典将以仁慈与宽恕之形式出现并战胜人类之罪恶与苦难的确信正是新正统主义最为强调的地方;尼布尔的神学从恩典开始,

---

① See Brent W. Sockness, "Luther's Two Kingdoms Revisited: A Response to Reinhold Niebuhr's Criticism of Luther", in *The Journal of Religious Ethics*, 1992, 20 (1), pp. 93 – 100.

② Reinhold Niebuhr, *The Irony of American History*, New York: Charles Scribner's Sons, 1962, pp. vii – ix.

③ *Reinhold Niebuhr: His Religious, Social and Political Thought*, p. 221.

④ Dennis McCann, "Christian Realism as Theology", in *Christian Realism and Liberation Theology*, p. 41.

以恩典结束,信仰的核心就是凭借恩典的称义;"称义的教义是处于道德困境之中的历史性存在之人其动机与斗志的来源,而尼布尔关于人类本性的学说是我们对于自身真实情况的认识和我们社会行为的指导。尼布尔的神学和伦理学就是围绕两个来源展开的,它们都显示出了很强的新正统主义特征"。[1]

学界同时有另外一种声音,认为尼布尔是一名自由主义神学家,而且这种观点在新近的研究中占据了主流。尼布尔对自由主义神学批判得这么猛烈,为什么还会被认为属于自由主义阵营呢?原因在于尼布尔的神学思想源于宗教改革与文艺复兴的综合,因此也有人把他的神学称为"新宗教改革思想"(Neo-Reformation)。[2] 自由主义神学与宗教改革和文艺复兴思想有着非常深的渊源,因此尼布尔的神学便不可避免地带有自由主义神学的因素。拉斯姆森认为,尼布尔在构建自己的神学的时候非常清楚地意识到自己的思想同时混杂了新正统主义神学和自由主义神学,但是他并没有对此做出区分和说明,而一些自由主义神学的因素作为尼布尔神学的构成内容,直接影响到其社会伦理思想的形成和发展。[3]

自由主义下分经济的自由主义、政治的自由主义和神学的自由主义等诸多种类,但无论其分类如何,总会有一些最根本的基础性信条。这些信条在神学中生根发芽便形成了自由主义神学。尽管尼布尔强烈反对和批判自由主义神学所主张的信仰的私人化以及建立在乐观、进步精神之上的乌托邦色彩,但他对自由主义神学的承袭使得自由主义的其他一些基本因素在尼布尔的思想当中有所体现。

---

[1] John Bennett, "Reinhold Niebuhr's Social Ethics", in *Reinhold Niebuhr: His Religious, Social and Political Thought*, p. 104.

[2] *Reinhold Niebuhr: Theologian of Public Life*, pp. 23, 291.

[3] *Reinhold Niebuhr: Theologian of Public Life*, p. 24.

德国自由主义神学家特洛伊奇（Ernst Troeltsch）对尼布尔的影响最大，尼布尔神学的起点如人类的需求、力量和责任以及它们与人类社会和历史的关系都可以在特洛伊奇思想中找到源头。尼布尔的神学从人类经验与历史实践一直发展到对上帝的认识，这一思想进路也是自由主义神学的特色，与新正统神学恰好相反。特洛伊奇的基督论也深刻影响了尼布尔：对耶稣基督的信仰是一种"自由个人的内在虔敬"，耶稣基督体现着道德的活力、道德的英雄主义和对上帝的完全信靠。[1] 耶稣基督的福音并不适用于社会改革，尽管耶稣基督认同穷人，但是他并不号召人们奋起反抗压迫，投身于权力的斗争之中，因此，耶稣基督所许诺的上帝的国度根本不是社会意义上的存在，它是一种理想的伦理或者宗教境界。[2]

严格来说，特洛伊奇的基督论是比较典型的欧陆自由主义神学的观点，认为无论是耶稣基督的福音还是上帝之国的许诺都没有体现出明确的社会伦理意义，所以信仰自然也把社会伦理排除在外了。这与很多美国自由主义神学家的理解是不一样的，他们认为耶稣基督天然地与人类的社会和政治发生着联系，一个道德完美的榜样、一个人性完全实现的典范，却与人类社会和历史了无瓜葛，这对美国思想家们来说实在无法想象。尽管几乎全盘接受了特洛伊奇的基督论，但尼布尔没有放弃美国思想家对耶稣基督与社会现实相关联的立场。[3]

尼布尔对自由主义神学的因袭还表现在倾向于把宗教看作一种

---

[1] Ernst Troeltsch, *The Social Teaching of the Christian Churches*, Chicago: University of Chicago Press, vol. 2, 1981, p. 993.

[2] Ernst Troeltsch, *The Social Teaching of the Christian Churches*, p. 40.

[3] *Reinhold Niebuhr: Theologian of Public Life*, p. 25.

社会变革的力量或是社会斗争的能量来源。① 这是非常典型的美国自由主义神学的观点，它在麦金托什和劳申布什的思想中都有体现。社会福音的目标很明确，就是要在社会这个大范畴里做文章，要求进行社会变革，增进社会公正，消除社会黑暗，创造公平正义的社会环境。尼布尔认为这是通向人类文明的必由之路，他从始至终都没有放弃过这一观念。思想成熟期的尼布尔不再像早期那样坚持宗教作为一种有效的社会力量的观点，同时也谴责这种观点是自由主义神学的天真，而是尝试取消宗教在社会变革方面的直接力量和能量，这种转变与尼布尔思想的成熟是同步的。

除了自由主义神学，尼布尔还深受英美政治自由主义的影响，这些影响暗藏在他的神学思想当中，在其社会伦理学中有明显体现。第一，与英美政治自由主义相同，尼布尔认为理想的社会模式应该是自由开放的，各种利益和力量必须基于社会正义的规范性原则来自由而平等地共处或者竞争，社会正义就在于社会各种力量的此消彼长和相互制衡。第二，尼布尔与自由主义一样对社会宽容和社会改良抱有信心和期待，这都使得他与自由主义阵营的实用主义者和多元主义者没什么两样。② 第三，尼布尔强调教会权威的相对化，不认为教会在灵性上比平信徒有任何优越之处，也不认为教会具有任何形式的解释和执行权威，然而这种相对化的程度比一般自由主义神学要轻一些，毕竟尼布尔并不赞同自由主义神学对终极意义和终极价值的怀疑。③ 总之，政治自由主义迷信人类有能力征服自然，认为人类在本质上是善的，人类历史是一直进步的，这就使它完全具有一种宗教信仰的性质。换言之，自由主义神学和政治自由主义

---

① Richard Fox, *Reinhold Niebuhr: A Biography*, p. 146.

② See Reinhold Niebuhr, *The Irony of American History*, Chapter V, "The Triumph of Experience over Dogma", pp. 89–109.

③ *Reinhold Niebuhr: Theologian of Public Life*, p. 26.

带给尼布尔的是同一个体系内容的不同形式。①

吉尔凯恰当地总结了尼布尔神学思想中的几个自由主义原则："1. 历史的相对性和暂时性；2. 人类自由中自治和自我创造的不可分割性；3. 世俗的社会结构、组织与罪、恩典和救赎的相关性；4. 以相对的眼光看待世界，并由此产生宽容感；5. 从存在和实用而非实证的角度看待真理与道德问题。"② 拉斯姆森认为，尼布尔就是以新正统神学对恩典与称义这两个强调点为支撑，以上述五项自由主义神学原则为骨架，构建起自己神学思想的基本框架，然后从改革宗的教义出发来冷静地理解人性，又以新正统神学的思路理解人类历史，从而引出尼布尔的人生哲学、历史哲学以及政治哲学思想，因此，尼布尔的神学思想是新正统神学与自由主义神学的综合之典型。③

总之，尼布尔的神学思想同时具有新正统神学和自由主义神学的特征。④ 这两种神学都为尼布尔的思想贡献了关键性的概念和思路，然而无论哪一个都不足以对尼布尔神学做到全面和准确的概括，这使得尼布尔的神学思想看起来充满了悖论（paradox），于是更谨慎的学者倾向于模糊地概括尼布尔的神学思想，如吉尔凯就将之描述为"半新正统神学"（half‐hearted Neo‐Theology）。⑤ 新近的研究者还尝试使用了"后自由主义神学"（post‐Liberalism）和"自由主义神学的新正统主义"（Neo‐Orthodoxy to Liberal Theology）等

---

① 肯尼思·W. 汤普森：《国际思想大师》，耿协峰译，北京大学出版社，2003，第 25 页。
② See Langdon Gilkey, "Reinhold Niebuhr's Theology of History", in *The Journal of Religion*, 1974, 54 (4), pp. 360 – 386.
③ *Reinhold Niebuhr: Theologian of Public Life*, p. 29.
④ See David K. Weber, "Niebuhr's Legacy", in *The Review of Politics*, 2002, 64 (2), pp. 339 – 352.
⑤ Langdon Gilkey, "Reinhold Niebuhr's Theology of History", in *The Journal of Religion*, 1974, 54 (4), p. 362.

说法，但都有生搬硬套之嫌，不仅未尽其意，反而模糊了尼布尔的思想，效果还不如新正统神学和自由主义神学。[1] 拉斯姆森客观地指出："两种称谓无论哪一种都不是对尼布尔神学的准确评价，然而公平地讲，自由主义神学对尼布尔思想塑造的影响要大于新正统神学。尼布尔从来没有把他的社会学说的诸要素捏合起来，赋予一个称谓。不过，我们更应该关注的不是尼布尔的神学思想是否能顺畅地推出恰当而充分的社会学说，尼布尔对这两种神学都展开了批判，这种批判为20世纪的基督教伦理思想带来了什么新的东西才是更值得注意的东西。"[2]

本书认同拉斯姆森的观点，这种主义之争意义不大，因为对尼布尔而言，神学的重点不是主义之争，而是当代基督教所面临的两个问题：一是基督教的极端私人化，二是基督教神学过于认同现存的政治。这两个问题导致基督教信仰丧失对公共事务的批判。只有恢复基督教的批判活力，才能解决好时代的道德和社会问题，这才是尼布尔最关注的问题。尼布尔对神学始终持一种现实主义乃至实用主义的立场，他的神学思想的精华并不在于其内容本身，而在于其基本立场和思维方式，在于他如何理解基督教和神学，如何解读《圣经》，如何思考信仰与人类社会现实之关系，如何以神学思想为前提构建伦理学内容，这才是理解尼布尔神学及其社会伦理学乃至整个思想的关键。

---

[1] See Wilson Carey McWilliams, "Reinhold Niebuhr: New Orthodoxy for Old Liberalism", in *The American Political Science Review*, 1962, 56 (4), pp. 874 – 885.

[2] *Reinhold Niebuhr: Theologian of Public Life*, pp. 29, 39. See Robin Lovin, "Reinhold Niebuhr: Impact and Implication", in *Political Theology*, 6.4, 2005, pp. 460 – 470.

第二节 尼布尔思想方法论的三个要素

一 象征—神话的思维方式

利文斯顿在《现代基督教思想》中对尼布尔的方法论做了特征上的概括:"尼布尔的护教论并不遵循一种清楚地阐明的方法论,尽管他的著述表明有一种前后一贯的图式。"[1] 这里的"图式"指的是尼布尔的思维模式,作为"方法论",它不仅适用于尼布尔的护教论,也适用于尼布尔神学、伦理学乃至整体思想。

根据利文斯顿的说法,尼布尔的思维特征可总结为四点:一是论战性,二是开放性,三是辩证性,四是不断把《圣经》信仰与当代状况结合起来。[2] 首先,论战性体现在尼布尔的写作风格与著作数量上,尼布尔既撰写了十余部严肃的学术著作,也发表过数以千计的评论和辩论文章,他的文风特点除了艰深晦涩之外,就是针对性强,尤其是那些他认为不妥的观点,批判的力度和深度都是非常显著的。此外,他还会与其他知识分子就某一问题(通常是社会、政治等公共问题)展开激烈的论战,这种强烈的论战性是尼布尔著作中经常会出现矛盾之处和定义不明的原因之一。[3] 其次,尼布尔从来不认为应该建立起一个封闭的思想体系,他认为人的思想应该时时处于开放之中,必须有错误、有碰撞才能有收获、有进步。相比于精准的定义,他本人更愿意采用"阐释"(Interpretation)一

---

[1] 詹姆斯·C. 利文斯顿:《现代基督教思想》,第911页。
[2] 詹姆斯·C. 利文斯顿:《现代基督教思想》,第912页。
[3] Robin Lovin, "Reinhold Niebuhr in Contemporary Scholarship", in *Journal of Religious Ethics*, 2003, 31 (3), pp. 489–505.

词——从《人的本性与命运》的副标题"一个基督教的阐释"到其另一代表作《基督教伦理学诠释》，尼布尔始终没有表示自己的理论是成体系的和具有普遍意义的。作为一名牧师和神学家，他始终坚持自己是圣言的倾听者，自己的理论只是对世人的劝慰和警醒，因此他的思想总是处于不懈阅读《圣经》和深入观察人类现实的互动当中。

以上的两点只是对尼布尔方法论的客观描述，真正体现尼布尔方法论之精髓的是后两点：辩证性与不断把《圣经》信仰与当代状况结合起来。

随着巴特的《罗马书释义》修订本的出版，新教神学界在20世纪20年代形成了所谓"辩证神学"（dialectical theology）。这里的"辩证"并非指黑格尔哲学中的辩证方法，而是巴特等人"批判性否定"之思想所展现的那种悖论性辩证，即认为上帝与世人之间有着不可思议的辩证关系。辩证神学强调人与上帝之间的绝对隔绝，揭示人类的危机处境，指出唯一的救赎之路是上帝的启示。[①]

尼布尔与巴特一样承认人神之疏离，承认唯有通过上帝的启示才能真正认识上帝，两人的理论分歧在于：巴特认为神学作为对上帝启示的言说是不足的，承认人不能认识上帝才是与上帝的统一；尼布尔则恰恰相反，既然上帝在十字架上启示自己，把耶稣基督作为恩典赐给了人类，那么神学作为对福音的解释就可以帮助人类认识上帝。因此，如果说巴特的"辩证"所持的是一种否定的立场，那么尼布尔的"辩证"所持的则是一种肯定的立场。在巴特看来，必须从二元的意义上理解上帝，在这种辩证的二元性中，一必须分

[①] 卓新平：《当代西方新教神学》，第48页；于可：《当代基督新教》，东方出版社，1996，第25~26页。

为二，以便二能够真正合为一；① 在尼布尔看来，辩证是一种思维方式，在于如何通过"悖谬"（paradox）的思维来达到对基督教真正精神的准确把握。

尼布尔认为，人天生会追问两个问题：一是人从哪里来，二是人到哪里去。任何宗教所涉及的都是这两个问题。这两个问题内在地包含着一个重要的问题，即人如何存在。问题的答案便是对人之自身和生活之意义的解答。由于人是一种存在，是意义的统一性和一致性的体现，因此，宗教就必须做到把一切现实存在纳入一个连贯性的体系之中。② 然而问题是，当宗教追问这种统一性和连贯性之根源的时候，却发现除非这一根源来自一个完全超越的领域，否则无法解释这个世界中"诸多互不相容的力量和无法测量的现实"。③ 因此，宗教的关注点落到了作为造物主的上帝与作为"存在"内容和意义的上帝之上。尼布尔由此总结说："高级宗教诸教派的特征在于其所企求掌握生活之统一性和连贯性之程度以及意义的超越性源泉——正是这种超越感的存在才维持着对生活和存在的有意义的信念。"④ 可见，宗教必须应对的是横向和纵向的两个维度，即历史性和超越性，任何宗教必须处理好以下两个方面的内容："一，超越性真正地超越于每一历史的价值观和功过的程度，务求使任何历史功绩的相对价值都不能成为道德满足的基础；二，超越性保持与历史性的有机接触程度，务求使任何程度的张力都不能使历史失去其意义。"⑤

尼布尔基于以上两条标准认为，自由主义神学将耶稣基督超越

---

① 卓新平：《当代西方新教神学》，第49页。
② Reinhold Niebuhr, *An Interpretation of Christian Ethics*, p. 3.
③ Reinhold Niebuhr, *An Interpretation of Christian Ethics*, p. 4.
④ Reinhold Niebuhr, *An Interpretation of Christian Ethics*, p. 4.
⑤ Reinhold Niebuhr, *An Interpretation of Christian Ethics*, p. 5.

而绝对的伦理降低为现代文明之相对的道德标准,这是基督教为了适应现代文明而做的屈从,其实质是一种理性主义的解读。现代文明的核心是理性和科学,自由主义神学运用理性来解读《圣经》,用科学来解释生命,殊不知宗教的奥秘就在于其超科学性,自由主义神学的方法只能使"超越性的神话象征蜕化成对历史事实的科学歪曲,对历史连续顺序的科学描述也很容易蜕化成对现实世界的一种虚假概念"。[1] 相比较之下,基督教正统神学则失于将上帝的超越意志与《圣经》的道德标准相认同,其特殊的表现就是将上帝等同于历史中的各种上帝的象征物,这是一种神秘主义的路向,但它其实是一种很拙劣的方法,因为只要历史长河中有新的事物和新的条件出现,这些象征物的神圣性就会立刻被打破。[2] 要言之,自由主义神学因为强调上帝的内在性而陷入理性宗教,而正统神学强调上帝的超越性而陷入神秘宗教,无论哪一种都破坏了基督教原有的内在张力,这就是基督教在面对时代的伦理困境却无能为力的根本原因,而根源就在于理性主义和神秘主义的思维方式都偏离了基督教应有的轨道。

要恢复基督教的活力,就要恢复其原有的内在张力,就必须实现思维方式的转变。尼布尔指出,基督教表达自身和理解基督教最好的方式都是神话的思维方式。首先,"神话的高明之处在于其指出了客观现实的深度,指出了超越于历史表面的本质领域,即超越于被科学发现并分析的因果关系层面的本质领域";其次,包括基督教在内的任何宗教,其目标都是"指出存在的终极依据和终极完美性,因此,宗教必然涉及创世和救赎",然而"创世和救赎中所蕴含的超越性必须要用象征物来表达,而其中的历史性要用历史事

---

[1] Reinhold Niebuhr, *An Interpretation of Christian Ethics*, p. 7.
[2] Reinhold Niebuhr, *An Interpretation of Christian Ethics*, p. 6.

件来表达"。① 由此便决定了必须以一种"悖谬"的神话思维方式来进行表达和理解。

尼布尔指出:"神话思维是前科学的思维,它虽然还没有学会如何先分析个别事物之间的联系,然后再把个别事物放到总体中做全面分析,但它却能够把自然界的每一种现象都与某一种类意识或者类精神的构成原因的力量联系起来;不仅如此,神话思维还是超科学思维,所涉及的是现实的纵向方面,超越了科学分析中用表格和记录所说明的横向关系。古代神话的主题是生存之超越源泉和终点,但并不把其从生存中抽象出来。在这个意义上,神话本身就足以把世界描绘成一个统一的意义王国,而不必去涉及其中不统一的现实。神话世界因而是具有统一性的,因为在神话中,一切事物都是与意义的中心源泉联系着的。"②

神话的思维方式是最好的解释和理解世界的方式,但不是每种神话思维方式都能做到这一点。在所有宗教的童年时期都可以发现神话思维方式,它同时具有前科学和超科学的特征,然而希伯来宗教之独特性就在于,它把上帝理解为造物主,而非第一因。尼布尔解释道:"如果上帝是第一因,那么在以下两种可能中他就必居其一。一种可能性是,上帝是万物运动中的可见原因之一,这样,上帝和世界就合为一体了。另一种可能性是,上帝本身不动却又是强有力的推动者,这样,上帝与世界的关系就不是什么至关重要的或者具有真正创造性的关系。说上帝是造物主,实际上已经使用了一个超越理性规范的意象,不过这个意象所表达的既是上帝与世界的有机联系,又是他与世界的区别。相信上帝创造世界就必然感受到世界是一个有意义与统一性的王国,同时并不坚持说什么世界是尽

---

① Reinhold Niebuhr, *An Interpretation of Christian Ethics*, pp. 9 – 10.
② Reinhold Niebuhr, *An Interpretation of Christian Ethics*, pp. 16 – 17.

善尽美的或一切事物都要与神圣等同。这种关于造物主的神话就是希伯来宗教的基础。"①

因此,唯有基督宗教是具备真正神话思维的宗教,它自洽地包含和解释了有限与永恒之间的悖谬关系,这一关系就体现为:"在希伯来神话中,上帝是通过他的创造活动而被感知的,因为他是造物主,而作为造物主他是超越尘世的;他的超越性所达到的高度超出了人的理喻能力。"② 对这一辩证关系的理性化(如自由主义神学)或者神秘化(新正统神学)都会导致基督教内在张力消失,逐渐丧失活力。辩证对于尼布尔而言是一种思维方式,时时有辩证、处处有辩证。它源自创世的神话,体现在尼布尔对基督教每一象征的阐释之上。

二 先知精神的批判立场

尼布尔指出,回顾历史,基督教就是在理性主义和神秘主义的交互影响下产生和成长的,然而,"尽管基督教是由理性宗教和神秘宗教共同形成的,而且理所应当受这两种类型的宗教的影响,但基督教最主要的基础是神话遗产,它属于希伯来先知运动的遗产"。③ 在尼布尔看来,希伯来宗教的独特性(将上帝理解为造物主而非第一因)体现为希伯来宗教中的一种先知的精神,它以先知运动的形式推动着希伯来宗教不断在自身内进行净化和提升,消除文明童年时期的狭隘性和幼稚性,同时又避免被理性化和神秘化且不破坏神话之美,希伯来宗教最终通过这种净化而成为纯粹的一神教。

---

① Reinhold Niebuhr, *An Interpretation of Christian Ethics*, p. 18.
② Reinhold Niebuhr, *An Interpretation of Christian Ethics*, p. 19.
③ Reinhold Niebuhr, *An Interpretation of Christian Ethics*, p. 16.

主宰这一过程的先知精神不是追求统一性的理性冲动,而是一种伦理的激情。理性追求的是统一性,它试图把一切现象归纳到一种合理的因果系列之中,此时,恶的存在就会对理性的解释造成很大的麻烦,要么推出二元论的结论,要么将恶归因于自然,从而产生全善之上帝创造了恶这一悖论;此外,理性化的理解会把历史看作一个毫无意义的循环领域。相比之下,只有伦理激情所主宰的净化过程"既增加了宗教解释世界的广度和深度,直到它能包罗万象,又不损害超越性"。①

那么先知精神何以是一种伦理的激情?在尼布尔看来,上帝是造物主的观念使得先知宗教能够把超验的上帝奉为世界的审判者和救赎者,这一观念的重要性在于以下几点。首先,如果仅仅看到上帝作为造物主的一面,就很容易陷入一种"圣礼主义"(sacramentalism),它倾向于把一切自然物都看作神圣的超越性的象征和意象,从而破坏先知宗教的现在与未来之间的横向张力。其次,对上帝作为超越之审判者和救赎者的无知,很容易导致认为赎罪存在于世界内,将会发生在世界之末,完全忽视了上帝的审判和救赎相对于此世的超越性,这就破坏了具体事实与超验源泉之间的纵向张力。最后,审判者和救赎者的角色意味着对道德品性和水平的判定,意味着对善恶问题的终极裁判,先知宗教的神话思维和悖论意识创造和解释了人类道德现实的可能性与道德理想的不可能性之间的张力。尼布尔据此总结指出,基督教的真正精神就是先知精神,先知精神的化身就是从希伯来古代诸先知,经过保罗、奥古斯丁,到路德、闵采尔,再到劳申布什和马丁·布伯的基督教诸思想家,他们共同构成了连续不断的先知运动,推动着基督教由希伯来宗教经历不断

---

① Reinhold Niebuhr, *An Interpretation of Christian Ethics*, p. 18.

的净化和提升最终发展成形,基督教因而是一种先知宗教。[1]

先知精神的本质在于一种彻底的批判性,这是由上帝是审判者和救赎者的观念以及先知宗教的伦理向度所决定的。尼布尔认为,先知的思维是神话的思维,它坚持以既超越又相关之悖论的方式理解人与世界;先知的立场超越于每一历史的价值观与功过成就,不以任何历史的相对价值作为道德满足的基础,同时其眼光却能保持与历史现实的有机接触,承认人类成就是有意义、有价值的。先知的批判精神一旦触及社会伦理的领域就表现为以下观点。

第一,上帝之国总是一种历史中的可能性,因为它的高度纯洁的爱是有机地与一切人类之爱相联系的,同时,上帝之国又是一种历史中的不可能性,总是超越任何历史性的成就;第二,生活在自然界里的有形的人永远达不到自我之升华,永远不能获得牺牲热情,即耶稣伦理所要求的彻底的无私;第三,从超越的角度看所有的人都是罪人,人类在追求正义的道路上取得了不少成就,但是在每个历史性的正义成果中都包含着不正义的因素,它们会使昨日的正义变成明天的不正义,社会正义因而意味着一种可能的社会理想;第四,上帝的神圣是与世人的善相联系的,耶稣的纯洁的爱是与世人之正义的理想相联系的。[2] 因此,历史上和当代基督教败坏与衰落的原因就是丧失了这种先知性的批判精神,只有实现向神话思维的转变,才能重新获得彻底的批判精神,基督教才能恢复青春活力,生机勃勃的基督教信仰才有能力处理好我们这个时代的道德和社会

---

[1] Reinhold Niebuhr, *An Interpretation of Christian Ethics*, pp. 20 – 23. See Robert Fitch, "Reinhold Niebuhr as Prophet and as Philosopher of History", in *The Journal of Religion*, 1952, 32 (1), pp. 31 – 46.

[2] Reinhold Niebuhr, *An Interpretation of Christian Ethics*, p. 21. 参见理查德·克隆纳《尼布尔思想的历史渊源》,任晓龙译,载许志伟主编《基督教思想评论》第 12 辑,第 230 ~ 241 页。

问题。

德国神学思想家蒂利希对先知性的批判精神有精辟的见解,尼布尔对先知性批判问题的理解与蒂利希非常相似。蒂利希指出,先知性批判是希伯来宗教体系所特有的,是从希伯来独特的先知现象中抽象出来的,它是超越一切形式并批判形式本身的事物,先知性批判绝不等于一般人们所理解的理性批判,后者可以被认为是理性对生存之存在的批判,或者说精神对于生存的存在的批判,亦可以说是理想对现实的批判。① 在蒂利希看来,理性批判是一个产生于存在领域之内的批判,它假定有一个确定的标准,可以根据这一标准来肯定或者否定,然而这一标准本身就来自存在自身,"是以存在为自身起点,并针对存在本身进行批判的",因此,这种批判"停留于存在的领域,用真实的存在来衡量被直接给定的事物,用被追求者和被要求者来衡量被给定者"。②

先知性批判则完全不同,其出发点是超越存在和精神的事物,因为超越了任何形式,所以它不能成为衡量其他形式的形式,因而也就不具备任何标准,所以先知性批判"将一个无条件的否定和一个无条件的肯定结合在一起作为自己的判决宣布"。③ 例如,对于一个社会及其制度,既要根据普遍理性所认为的公正或正义来衡量,也要怀疑这种公正或正义,并根据超越一切社会组织的无限的事物,即根据与现实公正或正义相对的无限的事物(在基督教为爱)来衡量。

先知性的批判精神对基督教神学来说并不陌生,从教父时代到宗教改革时期,任何一个伟大的神学思想家都因为对时弊和困境的

---

① 何光沪选编《蒂里希选集》,上海三联书店,1999,第 22~24 页。
② 何光沪选编《蒂里希选集》,第 22 页。
③ 何光沪选编《蒂里希选集》,第 21 页。

批判而称得上其所处时代的先知。传统基督教认为神学伦理学体现的是上帝的伦理精神对存在之现实的批判，或曰神学对现实的批判，因而是先知性批判，然而以蒂利希与尼布尔为代表的存在主义神学认为传统意义上的先知性批判其实是一种理性批判。基督教传统将这种精神理性化，将神学视为其理性表达，尤其将先知性批判等同于教会，是使基督教发展停滞的真正原因。先知性批判超越一切形式并批判形式本身的事物，不能混同于怀疑精神，"如果精神依然停留在自身应该被超越的领域，那就不可避免地会造成先知性批判降低为理性批判"。① 先知性批判超越了作为存在的精神和生存本身，它将一般意义上的神学也置于批判之下，在此意义上，只有"新教的批判是先知性批判，它包含并推动理性批判达到自身的深度和限度，正是在这一意义上，先知性批判才成为其自身"。②

不难看出，先知性批判的终极根据或者说参照点是超越于现实存在的领域之外的，它完全超越存在和精神之间全部的相互作用和相互对立，也就是说，先知性批判完全是以一种超越性的存在之名来说话的，如何理解这种超越性的存在便成了问题的关键。首先，不能将之理解为全然的超越性存在，因为这将使先知性批判在事实上与人类的存在和生存断开联系；其次，也不能将之理解为既内在又超越的存在，因为先知性批判体现的是外在的、终极的权威对存在的超越和批判，它本身就是与存在的疏离，因此任何内在化的说法都是自相矛盾的。唯一的合理解释是，这种超越性的存在是基于生存并与之既超越又相关的，因为生存包含了整个现实存在，以至于它本身也包含了疏离的条件。

与巴特相似，尼布尔主张人神的绝对疏离，超越性的存在只能

---

① 何光沪选编《蒂里希选集》，第22页。
② 何光沪选编《蒂里希选集》，第28页。

以"恩典的形式"（form of grace）出现。[1] 尼布尔认为基督教（新教）在破除其他一切恩典形式之后只保留了一种恩典形式，也就是《圣经》，先知性精神的土壤是人类的生存过程，然而人类的任何学说对于这一过程的说明都是模糊不清的，只有在作为恩典的《圣经》之中，这一过程及其意义才得以说明，它是先知性批判的唯一前提和来源。既然基督教的真正精神是先知性的批判精神，而它的唯一前提和来源是《圣经》，同时只有运用神话思维方式才能把握这一精神，那么问题就自然转向如何运用神话思维方式来研究和理解《圣经》，也就是尼布尔对《圣经》的解读方式。

三 叙事的阐释方法

长期以来，《圣经》字句无谬误是释经学的主导方法，但其缺陷是显而易见的，《圣经》尤其是《旧约》中有很多不合历史和理性常识的内容。因此早在教父时代，以克莱蒙特和奥利金为代表的亚历山大学派曾经提出"寓意解经法"，以弥补字面解经法的缺陷和纰漏。但是，无论是字面解经法还是寓意解经法，都不能单独解决《圣经》中历史与神话之间的矛盾，而这两种解经法，究其本质又是相互冲突的，不能同时运用，神学家只能要么围绕历史，要么围绕神话来进行论述。中世纪的绝大多数神学家还是将《圣经》看作真实的历史，通过字面解经法来进行研究，这与当时的世界观和历史观是相符合的。

19世纪中后期，自由派神学在《圣经》研究领域取得重大的突破，施特劳斯（David Strauss）、施维泽（Albert Schweitzer）和赫尔曼（Wilhelm Herrmann）等人放弃了《圣经》乃确切的历史记载及其经文字句毫无谬误的观点，摒弃传统、保守的解经理论和原则，

---

[1] 尼布尔：《人的本性与命运》下卷，第383、398页。

运用历史评断方法,从而使人们获得对《圣经》及其思想文化背景的新认识,并由此带来基督教信仰观念上的巨大变革及神学探究上的不断深化。① 虽然历史评断方法对传统的《圣经》阐释造成了巨大的冲击,但它并不是要否定《圣经》中无法考证或不合理的地方,而是要找出《圣经》所反映的历史事实,以此作为神学的坚实基础。《圣经》研究中的自由思潮促成了对信仰与理性进行更新的反思和更深的理解,以使信仰既正视理性的重要性和必要性,又不因理性之反证与诘难而产生动摇与退却。在20世纪现代世界观和历史观的框架下,《创世记》的内容毫无疑问只能被当作神话来理解,"不仅那些不相信《圣经》乃神圣启示的学者这样看,许多坚定的福音派作家也这样看"。②

字面解经法的终结似乎预示着寓意解经法的全面复兴,然而事实并非如此,寓意解经法有内在缺陷:它过分关注字面背后的精神含义,因此在解读的时候容易将神话和历史完全分割开来,而对于神话的解读难免有勉为其难的地方。须知在《圣经》中,神话和历史是浑然一体的,简单地对之进行分离不能从根本上解决问题,即使是历史评断方法也同样面临这个问题。为了解读神话以揭示其背后的神学意义,现代神学在20世纪中后期开始寻求一种能够克服历史解释和神话解释的模棱两可的方法,叙事神学(Narrative Theology)便是这种探索的成果之一。简言之,叙事神学就是通过讲故事来表现神学,神学概念寓于叙述之中,而不是通过教训的方式表现出来。叙事神学大大得益于神话学、阐释学和叙述理论的发展,成为神学界捍卫《圣经》之神启性和传统教理之权威性的武

---

① 卓新平:《当代西方新教神学》,第3页。
② Bernard Ramm, *Offense to Reason*, San Francisco: Harper & Row, 1985, p. 69.

器。① 尼布尔经常被称为"后自由主义神学"的先驱，而叙事神学作为一种思想运动有时候亦被称为"后自由主义神学"，因此尼布尔的释经学同样具备叙事神学的一些基本特征。②

对尼布尔来说，《圣经》是一部神话，是一个象征的体系，对《圣经》的理解不能拘泥于字面，也不能以某种理性化的神学体系取代《圣经》神话，否则必将丧失基督教信仰原有的意义。《圣经》所表达的是悖谬的真理，超越了理性的表达形式和理解能力，只能以辩证的神话思维来阐明，尼布尔说："如果拘泥字义的错误被消除，教义的真理就会得到更为清晰的揭示，但我们仍当知道，即令教义的真理被揭示出来，从纯理性主义的观点看，它也仍然是悖谬难解的，因为它表达了一种不能用理性来加以充分说明的命运与自由之间的关系，除非我们接受这个悖论，认为它是对理性限度的一种理性知识，它表达了这样一个信念，即理性所不能解决的悖论可能指示了逻辑所无法包容的真理。"③

尼布尔把《圣经》诠释为上帝向人类逐渐启示自己的历史过程，是人与上帝的对话和互动之戏剧长卷的展开，支撑这一长卷的，是一系列的神话和象征。也就是说，生存的意义就是通过创世、堕落、十字架、救赎、末世等一系列神话和象征表达出来的，人不是直接理解自我，而是通过这些象征来间接理解自我。对《圣经》的解读势必注重诠释这一神话和象征的体系，脱离叙事文本之外的思想观念的影响，以揭示出神话和象征之中的古老洞见，因为《圣经》是以故事的形式来表达整个基督教信仰，而不是以教条、系统或者理论的方式来表达人与神的关系。这种解读方法自然强调人在

---

① 刘宗坤：《原罪与正义》，华东师范大学出版社，2006，第183～184页。
② 黄保罗：《大国学视野中的汉语学术圣经学》，民族出版社，2011，第321页。
③ 尼布尔：《人的本性与命运》上卷，第233页。

人神关系中所应该扮演的角色,对《圣经》的重新阐释将人们从脱离信仰寻求外部和客观标准的倾向中解脱出来,重新进入和正确理解《圣经》的故事,帮助读者把从《圣经》中学到的真理运用到现实生活之中,并促使读者注重社会群体的责任与意识。由是观之,尼布尔的释经方法基本符合叙事神学的以下三个特征:第一,肯定了《圣经》叙事文体本身的价值;第二,将人们所习惯的向外部的社会潮流寻找价值判断基础的目光转回到信仰之上;第三,由于《圣经》故事地位的再次被重视,人们得以重新认识自己的身份,并开始注重自己的社会责任并积极向社会做见证。[1]

如前所述,先知精神是一种伦理的激情,因此,《圣经》和基督教中诸象征的首要之义既不是本体的也不是实证的,而是伦理的;由对诸象征之阐释而构建起来的神学所支撑和服务的既非哲学也非政治学或社会学,而是伦理学;伦理所具有的意义既是超越的又是内在的,它既是耶稣的纯粹的伦理,也是社会与政治的伦理。于是,尼布尔通过叙事神学的解经方法确立了基督徒应有的圣经观,以及以此为基础的伦理观,实现了《圣经》与伦理学,尤其是社会伦理学的结合。当尼布尔说明一个象征的意涵时,他表达的首先是这个象征的伦理意义。

以上三个要素共同构成了尼布尔的神学人类学方法。虽然学界公认,尼布尔最伟大的理论贡献,也是他思想中最具原创性的内容,便是他的神学人类学建立起了神学和伦理学之间的联系,并在此基础上发展出一套成熟合理的社会伦理学说。[2] 但不少学者还是怀疑神学人类学的方法是否足以实现神学与伦理学之间的转换,其结论是否足以作为社会伦理思想的理论基础,两者之间似乎并未表现出很强的逻辑关系。例如拉姆赛就认为神学人类学其实是一种通过人

---

[1] 黄保罗:《大国学视野中的汉语学术圣经学》,第324页。
[2] *Reinhold Niebuhr: Theologian of Public Life*, p. 37.

来认识上帝的方式,但这种认识是不完全的,因为"上帝的形象既不能通过对人的本性的深入探究,也不能通过使用一些关于人类意义的次基督教资源来界定,而只能通过基督教伦理中基本的原始概念来界定"。[①] 一旦认定这种认识是不完全的,它是否足以作为社会伦理思想的理论基础也就有待商榷了。本尼特也认为尼布尔"在如何联结人的宗教维度和社会维度(社会制度和社会方案)上并没有找到令人满意的方法"。[②] 这就是说,虽然尼布尔伦理学说的理论依据是神学,但两者之间的联系并不紧密,与其他基督教伦理体系相比,未能体现伦理学在理论上对神学的依赖关系。豪尔沃斯的批评则更加严厉,他说:"在尼布尔看来,上帝徒有其名,就是一个虚设的保证,使得我们相信人之生命有其超越俗世的方面,使得我们相信我们在此世达到的秩序有着神圣的保证";"尼布尔因此是内在化于美国的上帝的神学家,他的工作无非就是安抚中产阶级的不安良知",伦理学因此成为无根的理论,虽然它还是自由主义的社会规范,但这实际上是方法论层面的无神论。[③]

笔者也认为尼布尔并没有完全呈现神学与伦理学的对应关系。然而正如尼布尔本人所指出的,美国的基督教一向有实用主义的倾向,这意味着"对于伦理学来说,神学并不揭示真理,而是提供给人们一个如何生活和更好地生活的解释,而这个解释反过来增加了神学的可信性"。[④] 对于尼布尔而言,基督教的实用性就在于其对社

[①] Paul Ramsey, *Basic Christian Ethics*, Louisville: Westminster John Know Press, 2009, p. 251.

[②] John C. Bennett, "Reinhold Niebuhr's Social Ethics", in *Reinhold Niebuhr: His Religious, Social and Political Thought*, pp. 71, 108.

[③] Hauerwas Stanley, *With the Grain of the Universe: The Church's Witness and Natural Theology*, Ada: Brazos Press, 2001, pp. 131, 136, 138.

[④] See Mark Douglas, "Reinhold Niebuhr's Two Pragmatisms", in *American Journal of Theology & Philosophy*, Sep. 2001, p. 228.

会伦理的批判和指导作用,因此,基督教是一种伦理型宗教,其理论首先应该表现为伦理学而非神学;反过来说,只有重新发现和关注基督教伦理学在现代社会中的作用,才能"唤起现代社会中的人们重新发现基督教信仰中的真理"。[1] 就此而言,尼布尔的思想是以神学为理论根据的,然而这种神学只是体现为他对《圣经》的零散的阐释。这些阐释并不足以形成一个完整的神学体系,况且,尼布尔本人也不认为自己有能力和兴趣来构建一个严密的神学体系,但作为社会伦理学的理论基础足够了。[2] 况且,尼布尔的思想还有另外一个重要的来源,即他的社会活动。尼布尔的社会伦理思想中的许多因素并非逻辑性地直接来自他的神学思想,而是来自他对现实生活的观察和对其他思想流派的借鉴。尼布尔的神学思想和现实经验分别是其整体思想的两翼,社会伦理思想则是这两翼结合的中间点。

本书非常认同洛文的观点,尼布尔的理论中对于自我的神学人类学的解释恰如其分地被运用到社会之道德行为与状况的分析之上,但更多的人是接受了尼布尔的伦理思想和政治哲学思想而非其神学思想,哪怕是尼布尔最忠实的追随者也未必服膺于他的神学思想。[3] 也就是说,神学人类学方法的关键和重点不在神学而在人类学,我们的评价必须跳出神学的窠臼,转而分析它是否为一种合理的"关注人的"社会伦理学奠定了基础。

---

[1] 刘时工:《基督教的态度与现代伦理学——论莱因霍尔德·尼布尔理解中的基督教伦理学》,载卓新平、许志伟主编《基督宗教研究》第4辑,宗教文化出版社,2001,第137页。

[2] See David K. Weber, "Niebuhr's Legacy", in *The Review of Politics*, 2002, 64 (2), pp. 339 – 352.

[3] See Robin Lovin, "Reinhold Niebuhr: Impact and Implication", in *Political Theology*, 6.4, 2005, pp. 460 – 470.

第二章 人性论：社会伦理的理论起点

《人的本性与命运》是尼布尔关于其社会伦理思想最重要的著作之一，他在开篇中说道："人总是他自己的一个最为烦恼的问题。他将如何看待自己呢？"① 尼布尔甚至把这个问题作为该书第一章的标题，足见他对这一问题的重视。

尼布尔之所以有此疑问，是基于一些普遍的经验事实。比如，人类总是自诩自然之子，但人类具有精神、理性和能力，无疑要比任何自然物种更为优越和独特。比如，该如何解释罪恶？如果说人类本质为善，罪恶都是社会或者政治的特殊历史原因所导致的，那么这种说法明显经不起推敲，因为这些特殊历史原因有可能产生自人性中的罪恶倾向；若说人性本恶，可人能够判断自

---

① 尼布尔：《人的本性与命运》上卷，第1页。

己是否在行恶,这说明人本性中是具有德性的。又比如,人总是在追问终极问题,这表明有一个作为"最终主体"的"我"存在,它能够超越自然和人类,站在历史之外进行判断和评价。[①] 再比如,人类原本认为自己是宇宙的中心,但随着对宇宙的认识逐步加深,人类也会意识到自己可能只是几亿个星球上偶然存在的一个物种而已。

尼布尔感慨道:"人就自己的身量、德性或他在宇宙中的地位所做的每一断言,若加以充分的分析,都包含着矛盾。每一断言所期望肯定的东西,似乎都会由此种分析所揭示出来的某种预设或内涵加以否定。"[②]

尼布尔所追问的无非是一个永恒的问题——"人的本性是什么?"人们从来没有停止过对这一问题的探索,试图从如此多样而复杂的人类生存和活动中抽取出其内在的共同因素来真正地了解人,从而正确地指导个人和共同体的生活。任何关于社会和政治的理论与学说都是建立在某种人性论基础之上的,对人性的不同看法把不同的理论学说与意识形态区分开来。如果说任何一种社会伦理思想都是对形成人类生存与历史的复杂道德现实进行描述的努力,那么个体之人作为社会最基本的构成元素,对它的研究无疑是任何一种社会伦理思想得以建立和展开的基础,尼布尔也不能例外。[③]

---

① 尼布尔:《人的本性与命运》上卷,第2页。
② 尼布尔:《人的本性与命运》上卷,第1页。
③ See *Reinhold Niebuhr: His Religious, Social and Political Thought*, p. 50; Daniel James Malotky, "Reinhold Niebuhr's Paradox: Groundwork for Social Responsibility", in *The Journal of Religious Ethics*, 2003, 31 (1), p. 115.

第一节 尼布尔对以往人性论的批判

尼布尔的人性理论是研究其社会伦理思想应该最先上手的部分。如何理解"人性",是尼布尔人性论的理论前提,它有助于明确尼布尔理论的规定范围,方便我们的研究。由于尼布尔的人性理论艰深晦涩,又散布于众多著作中,故本书拟通过尼布尔对既往人性论的批判,以凝练的方式总结出尼布尔人性论的基本架构,再对此架构进行充实,使之丰满。

尼布尔对"人性"的理解可以凝练而直白地表达为"人对自我的认识"。尼布尔的探讨集中于人的自我理解,因为"所有其他的问题,如暴力与统治、创造与悲剧、道德、以自我为中心、犬儒主义的冷漠、愚昧与希望,都是包含在这个问题之中的"。[①] 与此相应,他的人性理论基本涵盖以下三个方面:一是指明思考的对象及其内容,即"人"指的是什么,它的内容又是什么;二是自我的存在形式;三是自我的具体内容和认知方式。

从思想史的角度看,尼布尔的思考体现了近代以来新教神学发展中所形成的神学与人学对照和结合的传统,这一传统在经历了宗教救赎学说、自然神论、泛神论、道德理性主义、人之绝对依赖感理论、18 世纪美国大觉醒运动、自由派神学、巴特的辩证神学以及布尔特曼论人之存在的神学思考这一漫长过程之后,随着神学对"人"论的重新评价,以及现代西方理论界综合自然科学与人文科学而创立新人类学的努力,在尼布尔等人这里形成了神学人类学。[②]

[①] 尼布尔:《人的本性与命运》上卷,第 9 页。

[②] 参见张庆熊《当代基督教人学观念的重构》,载卓新平、许志伟主编《基督宗教研究》第 4 辑,第 134~136 页。另见卓新平《当代西方新教神学》,第 283 页。

所谓神学人类学是相对于哲学人类学而言的,哲学人类学以理性为基础,即使包括宗教信仰的成分,也只是把它看作理解人性的因素,而如果一种人类学始终坚持人最终只能通过超越于他的上帝而被理解,那么这种人类学必须被称为神学人类学。其特点是不再把自然世界作为其研究重点,其对宇宙、上帝的探讨,均以二者与人的相关性或者对应性为基点,即从"人类"的本性、命运和历史发展来奠立其思想体系,其对上帝等神学问题的沉思亦基于上帝作为人类主体性之前提和人类无限追求之目的来思考。尼布尔的人性理论便是神学人类学对"人如何认识自我"这一问题的阐释性回答,尼布尔的尝试因此开创了人性分析的新局面,被认为是他对基督教思想所做的最大贡献。[①]

一般所谓人性论,是指建立在对"人"的精确定义之上,成体系化的一整套具有普遍意义的理论,由于它们都宣称能够一劳永逸地解决人类社会的一切问题,因此对"人"的清晰明确的定义,也就默认了作为对象的"人"的普遍同一。尼布尔却略有不同,首先,他没有对"人"进行精准的定义,这是由他所要论述的对象决定的,尼布尔认为自己谈论的对象是现代人和现代文明,而自己并不是一个真正的体系化的理论家,自己的兴趣是就事论事,自己的工作是阐释论述而非精准定义;其次,尽管尼布尔不认为自己的人性理论是一套完整的理论体系,但这并不影响其具有普遍意义,尽管尼布尔理论的教导对象指向现代人,但他的终极关怀和最终落脚点还是普遍意义的"人"。

基于基本的理性原则和经验事实,尼布尔认为对于人类自我认识的阐释必须兼顾两个方面:一是人类属于自然,服从自然规律,

[①] See William Wolf, "Reinhold Niebuhr's Doctrine of Man", in *Reinhold Niebuhr: His Religious, Social and Political Thought*, p. 230.

受制于自然必然性；二是人是一种精神，他超出了自己的本性、生活、自我、理性和世界。① 任何人性论都是对这两个方面的一种解释，然而既有的人性理论基本只是涉及了其中的一个方面，对另一个方面即便有所涉及，也未能会其全意，对人性的真正洞见必须恰如其分地同时兼顾人与自然的联系、人的独特性和人的超越性。尼布尔高屋建瓴地指出："尽管人对自己总是一个问题，但由于现代人在解决此问题时太简单、太不成熟，反而增加了该问题的严重性。"② 尼布尔在此表达了他的两个基本思考出发点：第一，现代文明的问题根源于现代思想错误的人性论；第二，不仅现代人性论，既有的人性论都没有洞彻人之本性的奥秘。这充分表明尼布尔所要进行的工作是批判既有的人性论，并立足和针对现实，提出一套具有解释力的现代人性论。

严格地说，每一种人性论都是对"人对自我的认识"的阐释，这种解释路径的一致性使得尼布尔可以对各种人性论进行比较思考。他在反思和批判人性论时始终遵循着两条否定性原则：一是看它是否违背逻辑，二是看它是否符合历史事实。现代社会之所以有那么多的问题就是因为没有回答好"人如何看待自己"这个问题，严重违背了这两条原则，而要充分理解现代人性论的失败所在，就必须从思想传承的历史关系上对现代人性论和既往人性论加以考察。

现代人性论是对"两种著名人性论的修改、转化和融混：一是古典的，即古希腊罗马世界的人性论；二是《圣经》的人性论"，因此，尼布尔把对古典人性论和基督教人性论的比较考察当作深入理解现代人性论的起始之举。③

---

① 尼布尔：《人的本性与命运》上卷，第3页。
② 尼布尔：《人的本性与命运》上卷，第4页。
③ 尼布尔：《人的本性与命运》上卷，第4~5页。

古典人性论主要通过对"心灵"、"灵魂"或者"精神"的界定和分析,并从人类独特的理性能力的角度来展开论述。例如柏拉图把"理念"的永恒视作精神的不朽,把身体看作与精神相对的东西,从而建立起无限与有限的区分。又如亚里士多德把人的本质解释为"心灵",它只是纯粹智力活动的工具,它不具有自我意识,与之相对的是"物质",它是一种剩余,即本身不可知且有异于理性的非存在。再如斯多亚派虽然主张一元论和泛神论,但仍然认为人本质上是理性的,而且无法确定理性对自然和自然冲动是否必定能起抑制作用,故斯多亚派实际上肯定理性和自然的对立,在某种程度上也属于二元论思想。

在尼布尔看来,尽管古典人性论完全信赖理性人的德性,从而呈现出乐观主义的面貌,但人生的短促和由死亡引发的对人达成德性或者幸福的能力的怀疑,使古典思想家的人性论蒙上了一层"忧郁的气氛"。[1] 由于古典人性论不存在类似基督教思想中原罪的观念,因此不能从内在人格的角度回答人的生死问题,要么悲观厌生,觉得一切终将是虚无,要么将身体看作坟墓或是万恶之源,要么由人殃及人类,以人的无意义来否定人类的意义和历史的意义,总之始终摆脱不掉悲剧的命运。

在批判古典哲学家的人性论的同时,尼布尔比较认可古希腊悲剧作家的见解,他们认识到"人生本身就是一场战争",这种矛盾冲突来自人生欲求之僭越,是人的精神在表达自身时常有的"骄傲"和"自爱"。古希腊悲剧作家通过戏剧的语言把宙斯和诸神所代表的秩序和凡人情欲所代表的生命力(vitality)对立起来,认为人的精神主要表现在生命能量(vital energies)中,生命的冲动不断地扰乱和破坏宇宙和心灵的和谐秩序,人因此受到惩罚,走向悲剧

---

[1] 尼布尔:《人的本性与命运》上卷,第8页。

的终点。因此,"人类历史的悲剧就在于不能创造而同时不破坏",这固然是古希腊悲剧作家对人性的深刻洞察,然而他们的缺陷是"只发现了问题,却没有找到答案",纠结于生命力所带来的破坏,没能认识到只有在扰乱和破坏的过程中,人的生命才显示出其伟大的创造性,人之生机的创造性和破坏性是合一的。①

综上,古典人性论有如下几个特点:第一,注意到了人的独特性和超越性,并将人的理性能力视为其原因;第二,将此理性能力与人的自然属性相对立,由此导致身心的二元论;第三,除了少部分悲剧作家外,古典思想家没有意识到人性深处所蕴含的缺陷,而是对理性人的德性抱有信心,故无法解释罪恶的问题。尼布尔认为追本溯源,现代人性论的很多观念是从柏拉图和亚里士多德的身心二元论修改进化而来的,如理性主义将理性等同于神圣,而浪漫主义者等则将自然和身体当作人性的根本,现代人性论中有关善恶的观念也由这种二元论引导而来,如部分理性主义者直接将身体等同于恶,而将理性等同于神圣的善。②

尼布尔试图站在一个相对公平的基础上比较古典人性论和基督教人性论。正如古典人性论以形而上学为前提,基督教人性论则以对上帝的信仰为前提,那么,对基督教人性论的考察也必须遵循上文所说的两条否定性原则,不能因为它来自信仰而区别对待。

尼布尔将基督教人性论的前提表述如下:上帝超越了心灵与物质、意识与广延之间的矛盾;上帝同时是生命和形式(vitality and form),是一切存在的根源;上帝创造了世界,世界不会因为不是上帝创造的就是邪恶,也不会因为是上帝创造的就是全善。尼布尔将此精辟地总结为"具有上帝的形象"是对人性的高估(the

---

① 尼布尔:《人的本性与命运》上卷,第9页。
② 尼布尔:《人的本性与命运》上卷,第6页。

high estimate),"人是罪人"则是对人性的低估(the low estimate)。①

尼布尔由此总结出基督教人性论相对于古典人性论的两个优越之处。第一,人是身体与灵魂的统一。正因为人是受造物,所以在身体和精神方面是有限的,故不应单从自然和理性的方面去理解人,不应认为心灵善而身体恶,或认为自然善而心灵恶。身体与灵魂的统一,纠正了古典人性论对两者所做的高下、善恶、永恒和无限的对立判断,避免了二元论的错误。第二,从上帝的观点,而不是从人的理性能力的独特性或者人与自然的关系来理解人的精神本质。尼布尔认为人性是人对自身的理解和认识,"人的精神凭借无限回溯来不断超越自己的独特能力,表现为人的意识。它从统治中心出发去观测世界和决定行动,当观测的对象是自己的时候,就表现为自我意识"。② 古典人性论始终从人的角度来观察人,这样即使能够观察世界、形成概念、分析自我和世界的秩序,能够做到理性的不断超越,但所观察到的也不过是人性的极为狭窄的一面,更不用说理性本身仅仅是基督教所认识的"精神"的一个方面而已。基督教人性论承认人是一个个体,但不认为人是自足的,人的生命来自作为神圣中心和源泉的上帝,这样人便具有从自身之外去观察世界和决定行动的能力,即从自我意识出发并使自己和世界成为对象,成为客体,这是理性的一种更高程度的超越。

总之,基督教的人性论坚持以悖谬的方式看待人性,既承认人具有类似神的高贵地位,又更深刻地强调人在其本性中的罪恶成分,兼顾人与自然的关系、人的超越性和独特性,既在逻辑上讲得通,又与历史经验基本相符,较好地回答了尼布尔开篇提出的疑问,恰当而合理地解决了古典人性论所不能解决的问题。尼布尔如是说:

---

① 尼布尔:《人的本性与命运》上卷,第11页。
② 尼布尔:《人的本性与命运》上卷,第12页。

"(基督教观念中的)自我能认识世界,之所以如此,是因为它能超越于自身和世界之外,这个意思即是说,除非它能从自身和世界之外得到了解,否则便无法了解自己。"①

通过对古典人性论和基督教人性论的比较,尼布尔说明了后者如何避免和纠正了前者所存在的问题,更重要的是,尼布尔显示了如何贯彻衡量人性理论的两条原则。这一比较有助于尼布尔合理审视现代人性论的问题和困境,因为虽然现代文明非常拒斥基督教的人性论,但是现代人性论受基督教人性论的影响非常大,它在很多方面、很大程度上既是对基督教人性论的继承,又是对基督教人性论的扬弃,其结果是基督教人性论原有的在人与自然的关系、人的超越性和独特性方面的深刻洞见在现代思想的大潮中受到不同程度的冲击乃至湮灭了。正是因为对现代人性论的反思和批判彻底暴露了现代文明的弊病,尼布尔才得以在此基础上建立起自己的人性理论。

尼布尔把现代人性论视为古典人性论、基督教人性论和各种现代思想相融合的产物。其中的古典人性论不是指柏拉图和亚里士多德的理性主义,而是指伊壁鸠鲁和德谟克利特的自然主义。这一点并不难理解,因为这两人的思想都与基督教一样视人为"受造物",但不认为人具有"上帝的形象",文艺复兴初期的思想家以此反对基督教以人为受造物故有限有罪的观念。在尼布尔看来,现代人性论具有以下两个突出的问题。

第一,唯心主义者和自然主义者之间的对立是现代人性论面临的一个无法解决的矛盾。唯心主义者不承认人为受造物或人为罪人,以此来抗拒人的有限性,强调人的精神无限性,代表人物有布鲁诺、达·芬奇和彼特拉克。自然主义者则不承认人具有上帝的形象一说,

---

① 尼布尔:《人的本性与命运》上卷,第12页。

试图通过自然的因果规律来发现和理解人性,代表人物有培根、蒙田和笛卡尔。从思想史的角度看,现代思想从唯心主义者反对基督教视人为受造者和罪人的观点演进到自然主义者反对基督教认为人"具有上帝的形象"的观点,由此逐渐树立起"人是自然的主人"的观念,但在极力寻求人与自然关系的同时,混乱了自然的理性与人的理性的关系,甚至将理性直接等同于存在的现象,也失去了中世纪所具有的精神层面的对自然的超越。现代思想因此呈现出对自然略显矛盾的态度,一方面承认人的自然属性,从自然的可靠性和规律性中寻找归宿,另一方面将自然看作宝藏,不计后果地从中攫取所需的资源。[1] 浪漫主义的出现打破了自然主义和唯心主义的基本平衡。浪漫主义不赞同二者对人性的解释,认为苍白的理性和机械的自然都不足以说明人性,因此特别强调人的生命力才是人性的根本。浪漫主义思潮一方面经过达尔文进化论的洗礼,结出了现代法西斯主义的苦果,一方面受到柏拉图理想国的影响,认为将来人会建立一个人与人、利益与利益彼此达到合理状况的乌托邦社会,因此,浪漫主义及其内在张力会导致现代世界一系列的宗教和政治问题。[2]

第二,现代文化处理"恶"的问题时所抱有的乐观态度是其最大的失当。正如休姆(T. E. Hulme)所言:"自文艺复兴以来的现代的各种思想尽管有着明显的差异,却形成了一个融贯的整体。它们全都建立在相同的人性概念之上,并且全都表现出不能认识原罪教义的意义。在这段时期,不仅哲学、文学以及伦理学都建立在这个认为人在根本上为善的、自足的、是万物尺度的新概念上。"[3] 现代的这种乐观、进步心态来自经验观察和精确计算这两种科学方法,认

---

[1] 尼布尔:《人的本性与命运》上卷,第17~18页。
[2] 尼布尔:《人的本性与命运》上卷,第18页。
[3] T. E. Hulme, *Speculations: Essays on Humanism and the Philosophy of Art*, eds., Herbert Read, New York: Routledge, 2010, p. 53.

为有了它们便能无往而不利,既能认识每一独特的事物,又能发现自然的规律与万物的相互依存性。作为人类认识的来源和德性的保证,自然和理性尽管时而互相支撑,时而互相冲突,但它们作为和谐与秩序的领域,始终包容着现代人的心智,使现代人误认为这两个领域是纯粹和完美的,罪恶只能来自它们之外,故现代人倾向于从历史的特殊事件中去寻找人性的邪恶之源,并将所有的历史过错都归结为外在的原因,回归和谐的自然或者达致理性的进步都是避免罪恶的途径。卢梭、黑格尔等人都从根本上相信人类德性或人性本善,区别只不过是这种德性或善在什么时候、在何种社会条件下、通过什么方式得到实现。尼布尔则认为,现代人的这种乐观的"安稳良心"明显地与历史事实相违背,它无法解释"为何自然中所不存在的恶会出现在人的历史中",外在的偶然因素何以一而再再而三地引发人类社会和历史中的罪恶现象,倒不如说"安稳良心"是现代人将罪恶"归于外在引诱并因此而逃避责任"的举动。① 不管是自然主义、唯心主义还是浪漫主义,都对罪恶在人性中的深度认识不够,这种对人性深处的罪的逃避,反过来更加深了他们对人性和德性之基的误解。

综上所述,无论是逻辑理性还是历史事实都证明古典人性论和现代人性论不仅没有揭露出人性的真正奥秘,其内在蕴含的理论困难和概念混淆反而使人之本性的真正面目变得扑朔迷离,对人性的误解所导致的乐观、进步和人类中心主义已经为人类世界和文明带来了无数的苦难。相比之下,基督教把罪看作人之本性潜藏最深的部分,使人总是处于一种"不安之良心"的自我反思和批判之中,并相应地构建有创世、堕落和救赎的完整的理论体系。②

---

① 参见尼布尔《人的本性与命运》上卷,第 82~88 页。
② 参见张庆熊《当代基督教人学观念的重构》,载卓新平、许志伟主编《基督宗教研究》第 4 辑,第 124~137 页。

尼布尔认为，古典人性论和现代人性论的一系列困难和混淆所导致的严重后果便是人之自我的迷失，他称之为"人的个性的丧失"，反之，他对"自我"的认识就包含在他的个性观之中。① 值得一提的是，尼布尔从来不认为自己提出了一套新的人性理论，而是一再强调自己只是重申了基督教传统中古已有之的理论而已。正是在对传统基督教人性理论的重申和对古典及现代人性论的比较分析之基础上，尼布尔提出了具有鲜明特色的人性理论。

第二节 "个性"概念：尼布尔的新人性论

一 自我的本质结构：自由与有限的悖谬性统一

"个性"（Individuality）是现代人性论中的重要概念。文艺复兴运动反对中世纪基督教关于人的软弱性和依赖性以及预定论的观念，以人来反对神，以人性反对神性，在内容上以突出人的价值，倡导个性的独立与发展，追求尘世的幸福和享乐，高扬理性的价值为特点，其目的是树立起人的独特、自足、自由和尊严，即"自主的个体"。② 因此，个性概念是现代人对自己的独特性和自由精神的确认，个性的概念使现代人意识到自己是自己命运的主人。③ 正如皮科（Pica della Mirandola）所指出的："（上帝告诉人）只有你不受任何约束，除非你用我赐给你的意志来自我约束。我将你放在世界的

---

① 严格地讲，中文的"人格"或者"个性"对应的是 Personality，尼布尔用 Individuality 来代替 Personality，意在指出人由上帝而来的原初自我被社会和历史带离了其自身，成为当下具有双重维度的现实自我。
② 夏伟东、李颖、杨宗元：《个人主义思潮》，高等教育出版社，2006，第114页。
③ 参见尼布尔《人的本性与命运》上卷，第16~22页。

中心，好使你更容易地观察世界中的一切。我造你为受造之物，既非属世，也非属天，既非必死，也非永生，好叫你做自己的创造者，并选择你所可能采取的任何形式。"①

尼布尔认为，现代文化中的个性概念其实是一个"半真半假"的概念。首先，它表达的其实是一种"个人自主"观念，而非真正的"个性"，恰恰相反，真正的"个性"在共同构成现代文化的各种思想潮流中都没有得到体现。其次，现代的个性概念是真实存在的，可它已被各种现代思潮摧残殆尽。有鉴于此，尼布尔必须对个性做出明确的规定，否则就不可能理解何谓个性的体现和保存，何谓个性的摧毁和消失。

尼布尔将"个性"规定为"独立性与独特性的统一，是人类生命的特征"；又说："任何哲学和宗教都无法改变人的本质结构。"②可见对"个性"的理解必须建立在对人类自我本质结构的深刻洞察之上。如前所述，对于人类自我认识的阐释必须兼顾两个方面的基本事实：一是人属于自然，服从自然规律，受制于自然必然性；二是人是一种精神，他超出了他的本性、生活、自我、理性和世界。人的本质结构因而就是"在自然方面有一特别的肉身，在精神方面则具有自我超越性"。③ 由于尼布尔对人类自我本质结构的论述奠定了他的人性论乃至整个社会伦理思想的基础，同时体现了他的思维方法，故有必要对这部分内容进行详细论述。

尼布尔对人类自我本质结构的理解完全基于对《圣经·创世记》的诠释。尼布尔说："创世神话为基督教提供了一个坚实的基础，它是这样的一种世界观：认为超越性包含在历史进程中，但不

---

① E. Cassirer, *The Renaissance Philosophy of Man*, Chicago: University of Chicago Press, 1954, pp. 244-245.

② 尼布尔：《人的本性与命运》上卷，第50、61~62页。

③ 尼布尔：《人的本性与命运》上卷，第62页。

等同于历史进程。必须认识到,创世神话是这一辩证关系的基础。在发挥此辩证关系的基础之上,基督教有关预言和启示的特征才得以形成。"① 由此可见,对创世神话的诠释是尼布尔人性论的基础,因此自然而然也就是尼布尔整个社会伦理思想的基础。

《圣经·创世记》的经文写道:"上帝按照自己的形象创造了人。"这表明作为受造物的人由两方面构成,即肉体与精神。"上帝创造了人"指向作为"肉体"的人,说明人是被造者,虽然处在造物序列的最顶端,但仍被自然局限,并且依赖于自然,受制于自然必然性;"上帝依着自己的形象"指向作为"精神"的人,这种表述肯定了人具有超越的能力,能够超越世界、历史和自我,是为人的自由。② 需要注意的是,此处的"精神"不是古典人性论所认为的理性,也不是意志论者所说的意志,同样不是以施莱尔马赫为代表的浪漫主义神学所说的情感,毋宁说尼布尔的"精神"涵盖并大大超过了以上三个方面,指的是一种意识的无限超越能力。尼布尔使用"精神"这个概念,更希望表达的是人与上帝之间的类似关系,即人拥有绝对的精神自由和超越能力。同时,尼布尔强调人的无限的自我超越能力,并非在否定人的有限性,而是表明无法估计人类自由的界限——人的自由可能是自由地创造,也可能是自由地破坏。

因此,尼布尔的人性论可以被概括为"悖论人性论"。人由肉体和精神构成,但是"人既非纯粹的自然,也非纯粹的精神",而是"处于自然与精神的交汇处,周旋于自由和必然之间",两者彼此独立却又相互渗透,彼此矛盾却又统一在一起。人因而是肉体与

---

① Reinhold Niebuhr, *An Interpretation of Christian Ethics*, p. 15.
② Reinhold Niebuhr, *The Self and the Dramas of History*, New York: Charles Scribner's Sons, 1995, p. 150.

精神、必然与自由、有限与超越的统一，这种统一是"悖谬式的"（paradoxical），它体现在人的任何处境之中——"当人处于最高的灵性地位的时候，他仍然是一个被造者，而即使在他自然生活的最卑劣的行为中，他仍显示出若干上帝的形象"。①

这种悖谬式的辩证法思想贯穿了尼布尔的整个思想体系，体现在尼布尔思想的各个方面，是他整个神学方法论的基础，但尼布尔的辩证法并不像黑格尔那样去寻找一个绝对的真理，它只是一种表达方式。② 这意味着尼布尔的表述经常是通过对反题的否定来进行的，它表明人的本性所表现出来的内容不是非此即彼的，而常常是不同对立因素的共存，人的存在就通过它们之间的紧张关系而得以彰显。③ 利文斯顿评价说："辩证的方法绝不会达到一种所谓的解决方法，一种胜利的综合或稳固的立场。采用这种方法的人，正像一只飞行中的鸟，永远处在运动之中。"④

作为人之本质结构的肉体与精神之间的张力体现在生命的各个层面，这种悖谬的生存处境在个体身上的体现和凝结，就是尼布尔所说的"人的个性"，因此他把"个性"规定为"自然与精神这二者的产物"。⑤ 自然就是肉体，它作为生命的承载，维持自我的连续存在并有其特殊的历史，所以"自我的基础在于肉体的特殊性"。⑥ 精神使人类体现了真正的个性，每个个体都是独一无二的特殊存在，人类生命的特征就表现为真正的个性，即独立性与独特性的统一。

---

① 尼布尔：《人的本性与命运》上卷，第12、123、181页。
② Hans Hoffman, *The Theology of Reinhold Niebuhr*, New York: Charles Scribner's Son, 1956, pp. 12–13.
③ 欧阳肃通：《莱因霍尔德·尼布尔论神学的历史进路》，载许志伟主编《基督教思想评论》第14辑，第64页。
④ James C. Livingston, *Modern Christian Thought*, p. 327.
⑤ 尼布尔：《人的本性与命运》上卷，第48页。
⑥ 尼布尔：《人的本性与命运》上卷，第49页。

其中自然提供特殊性，精神的自由则是真正个性的原因，故个性的根本特征是"独一性"和"不可再现性"。①

尼布尔对"个性"的讨论大体上是对人性的讨论，因为个性是自然和精神这二者的产物，主要表现为一定历史时期下人的精神面貌，加之尼布尔在《人的本性与命运》的序言中说，这本书的主旨是"个性"和"历史的意义"，可见他基本上是把"个性"当作人性来论述的。

如前所述，精神自由的表现是自我的超越的能力，人能够凭借这种能力超越自我和世界，从更高的维度反观自我和世界。人是自我理解的存在者，作为运行着的精神，自我既能回溯到不复存在的过去，也能先行于尚不存在的未来。尼布尔认为，只有人类才拥有这种使自身成为对象的能力，即自我意识，因而能够区分自我、世界和"他者"。这种超越的能力，是人之精神自由的体现，是人具有上帝形象的结果，因此自我的实现就是罪人重新回到作为生命中心和源泉的上帝怀抱，实现与上帝的一对一、面对面的和谐关系。②这种实现是人之自我的完全实现，亦即人之本性的完善状态，所以由自由精神而来的自我认识是人之个性的精神或者灵性基础。不过，"人终究是一种受造物，他的生命终受自然的限制，而他的选择也超不出受造世界所定下的范围"。③人总体来说是自决的，他不仅能超越自然过程，还能超越自我，在这自决中，除了终极的可能性之外，人可谓毫无限制。这种终极的限制来自人的自然本性，它为人之自我提供肉体、种族、性别等种种框架，因而是人之本性的现实基础，人的本性就是在精神与自然之间的超越、克服和限制、羁绊

---

① 方永：《论尼布尔的个体性思想及其意义》，《武汉大学学报》（人文科学版）2007年第1期，第43页。

② 尼布尔：《人的本性与命运》上卷，第15页。

③ 尼布尔：《人的本性与命运》上卷，第145页。

中形成的。

由此而言，人之自我的完全实现在现实中是不可能实现的，人的本性是在追求终极意义的过程中发展出来的，是在精神与自然、自我与他者之间的张力下形成和发展的，在这一过程中，人不能只顾及纵向的与上帝的关系，还必须顾及横向的与他人的关系。自我并非一个封闭的整体，自我唯有在与他者的相遇、相互渗透以及区别或者认同中才能成为自己。自我理解内在地包含着对与他者关系的理解，从而内在地包含着对他者的理解。不仅如此，自我和他者构成被称作"我们"、"你们"与"他们"的更大整体，自我理解特别包含着对各个层面的"我们"的理解，因此人之自我认识必须放在共同体和历史发展的框架下进行，人之自我在现实中的实现、人的本性在现实中的完善，必须是自我、他者与上帝三者之间的和谐。

正确认识自我及建立在自我认识上的个性，无疑是一种人性论基础牢固、方向正确的前提，这一点尼布尔与笛卡尔不谋而合，所以在此将尼布尔与笛卡尔做个简单的比较，以便更清晰地了解尼布尔对自我的看法。

首先，从思维方式的角度来看，尼布尔部分地借鉴了笛卡尔的思考。笛卡尔认为可靠的知识必须建立在可靠的基础之上，只有基础打牢了，才能在这个地基上一砖一瓦地建筑知识的大厦。尼布尔持相似观点，认为一种合理可靠的社会伦理观，必须建立在被逻辑理性和历史事实双重验证了的人性论的基础上，而该人性论的基础是对自我的正确理解。[1] 其次，笛卡尔的"我思故我在"为"自我"提供了形而上学的证明，从而确定了近代哲学的基础。"我思"包括一切意识活动，不管是理性、感性还是情感，都属于"我思"，

---

[1] See Daniel James Malotky, "Reinhold Niebuhr's Paradox: Groundwork for Social Responsibility", in *The Journal of Religious Ethics*, 2003, 31 (1), pp. 101 – 123.

它是以意识活动为对象的自我意识,亦即反思的意识,由此可以推出,我思和我在是本质与实体之间的关系,即"自我是这样一个实体,其全部本质或者本性是思想"。① 尼布尔所理解的自我同样具有反思能力,能够对自身和自身的行动有所意识,不光如此,它还具有"超越它渗透其中的自然过程与其自身意识这两方面的精神能力",因而表现为"一种主动的而非反思的有机统一体"。② 最后,笛卡尔通过排除法为自我找到了坚实的基础,尼布尔也同样通过对其他人性论的批判和否定,最终确定了自己的人性论路向。

不难发现,尼布尔在考察问题的时候,总是先剖析对立一方的理论,指出其中存在的欠缺以证明这一学说或立场的失误,"这几乎成为尼布尔的固定套路"。③ 对尼布尔而言,反思和批判既有观点、构建自己的理论体系、为基督教信仰辩护是统一的过程。

作为尼布尔的批判对象,古典人性论中并没有关于个性的说法,甚至没有提及个性的概念。古希腊的智者学派虽然被看作个体主义的先驱,即把个体看作具有独立意义和价值的主体,既强调人的个体性又强调个体的主体地位,但由于智者所强调的个体是单个的人,是个体的感觉、愿望和意志,每个人都是自己的标准,也就是说并没有统一的标准,这其实隐含了相对主义的思想。④

尼布尔认为,人能够凭借精神的无限回溯来不断超越自己,由此产生对自我和世界的认识,这说明人类真实的自我是外在于自身和世界的。⑤ 自我必须从外在的角度来认识自我和世界,精神必须

---

① 北京大学哲学系外国哲学史教研室编译《西方哲学原著选读》上册,商务印书馆,1982,第370页。
② 尼布尔:《人的本性与命运》上卷,第66页。
③ 刘时工:《爱与正义:尼布尔基督教伦理思想研究》,第40页。
④ 夏伟东、李颖、杨宗元:《个人主义思潮》,第109页。
⑤ 尼布尔:《人的本性与命运》上卷,第12页。

在自由的层面进行回溯和超越，这充分说明人类的自我和精神有着外在的根基。精神的超越性来自这个外在根基的绝对超越性，正是由于自我能于此外在根基之上得到理解，人对自我的认识和精神的超越才有了保证。正因如此，尼布尔认为不能从理性中去寻找人生的意义，因为人性超越于它拥有的理性之上；也不能从自然中去寻找人生的意义，因为很显然，人性的自由不同于自然的因果关系，所以人类生命的意义只能建立在某种自身之外的、无条件的生存之基上，而这生存之基，往往是无法言说的。

尼布尔的这种思路在基督教神学传统里曾有体现，即以伪狄奥尼修斯为代表的否定神学，同时其他宗教的神秘宗派以及一些具有神秘主义色彩的哲学流派亦持这种思考路向，它们对个性有着高度的意识。因此尼布尔说："人类精神的这种本质上的无家可归，是一切宗教的基础；因为超越于自身和世界之外的自我，不可能在自身和世界之外找到人生的意义"，所有的宗教，包括神秘主义哲学，有一个共同点，即"从永恒的观点来理解人，以人的自我超越能力来衡量人"。[1]

然而尼布尔紧接着强调，除了新教，其他宗教和神秘主义哲学没有体现出真正的"个性"或是丧失了真正的"个性"，这并不是说它们不强调个性——"重视个性是它们（一切宗教和神秘主义哲学）的共同特点"，但同时，"它们使有限的特殊性淹没在那毫无区分的神性存在根基之中"。[2] 如新柏拉图主义者认为灵魂源自"太一"之完满性的流溢，二者之间只有等级之别，而无性质之分，灵魂与原初质料结合产生可感世界，善就是灵魂在向理智乃至太一复

---

[1] 尼布尔：《人的本性与命运》上卷，第13页。
[2] 尼布尔：《人的本性与命运》上卷，第13页。

归的过程中摆脱肉体和物质的结果。[1] 又如中世纪著名的基督教神秘主义者艾克哈特曾经说："你必须内心纯洁；而只有泯灭了受造性，心灵才是纯洁的。"[2] 又说："善人的意志服从上帝的意志，他意愿上帝意愿的一切。"[3] 此处独特的个性被等同于自然的受造性，因而被看作必须克服的邪恶之根，美德只有在消除了个体意志之后才能达到。故宗教和神秘主义哲学虽然意识到了人之精神的超越性，却倾向于把肉体或者个体之独特性看作与超越的普遍神性相对立的恶或者不足，并试图通过把人引向终极实在来克服它们，然而其过程和结果却是将个性的独特性消融在完美的普遍神性之中。

天主教也存在类似的问题。一是因为天主教神学"掺杂有希腊理性主义，使个体隶属于普遍的自然法规律"；二是由于天主教的中介意识和权威主义，它把自身视为个体灵魂与上帝沟通的唯一中介。在尼布尔看来，这是用一种历史和实证的制度代替了上帝之抽象、超越的意志，用一般性的规范不加区别地对待一切情况，故个体意识作为个例被统摄在社会、道德和政治的一般性的范畴内，从未被充分地表达为一个真正的"个体"。[4]

在这样反复对比和批判的基础上，尼布尔认为只有在新教那里，人类真正的"个性"才得到了维系和体现。基督教的"上帝创造了人，人具有上帝之形象"的预设保证了个体具有健全的自我意识，从而能够造就真正的个性。健全的自我意识不仅包括对自我的意识，对他者的意识也是很重要的一方面，这里的他者包括了自然、他人以及作为绝对他者的上帝。对绝对他者的意识要求个体认识到自己的被造性。首先，被造意识能够使个体正确地将人与自然、自身与

---

[1] 赵敦华：《基督教哲学1500年》，人民出版社，2007，第20~21页。
[2] 尼布尔：《人的本性与命运》上卷，第80页。
[3] 赵敦华：《基督教哲学1500年》，第345页。
[4] 尼布尔：《人的本性与命运》上卷，第53页。

他者区分开来，使自己超越所属的共同体，真正成为独立的、不可再现的统一体。其次，被造意识意味着个体要意识到自身的有限性，体察到自身的软弱性和依赖性，同时产生的还有出自本性的对爱和正义的盼望，而对堕落、罪恶、爱和正义的意识只有皈依基督教才有可能获得，所以对于自我来说，最高的自我实现不是要摧毁它的特殊性，而是要使它的特殊意志去服从上帝的普遍意志。①

尼布尔认为，"人具有上帝之形象"的预设"一方面能恰当对待人的个性与历史上一切有机形式和社会紧张的关系，另一方面也能在其自我超越的最大限度内，领会其对每一社会和历史处境的终极超越。故基督教将人视为受造物，同时也是上帝的儿女，这种悖谬的说法，是个性概念的必要假设，只有这样有力的个性，才能顶住历史的压力而维持住自己，只有这样现实的个性，才能恰当顾及社会生活的凝聚力"。② 人的自由与力量在历史中的表现往往是含混不清的，它们有可能向善，也有可能蹈恶；有可能出自善意，也有可能来自恐惧；有可能出于自身的意识，也有可能完全是无心之举；有可能尽在掌握之中，也有可能完全脱出控制。这说明一个人只有在超越精神的范围内才能保持为个体，并在此范围内，他才能反抗历史命运，其生命因此具有某种意义。反过来说，一种合理的人性学说必须兼顾个性的自然基础和精神基础两个方面，只有基督教信仰"一方面严肃地对待历史，故能肯定每个人在历史的张力中所形成的独特性格的意义，另一方面由于它看到了历史在自身之外的根源与目的，故能从永恒的观点来解释历史，所以使个人之自由、生命力以及此二者合力而成的生命之意义成为可能"。③

---

① 尼布尔：《人的本性与命运》上卷，第 255 页。
② 尼布尔：《人的本性与命运》上卷，第 20 页。
③ 尼布尔：《人的本性与命运》上卷，第 62~63 页。

个性的概念和现实在路德的"一切信众皆祭司"中得到了充分的说明。为什么不是"因信称义"呢？尼布尔认为，它固然说明了人对于信与不信的自由选择，体现了人之个性，但是对于"因信称义"的解释非常有可能发生偏离，即把此处的"信"解释为上帝的特殊恩典，人只能被动地接受，带有强烈的预定论色彩，从而完全否定人之个体独立性。实际情况是，人的精神自由最终只受上帝意志的限制，人心中的奥秘也只有神的智慧才能完全知晓和评判，任何一般的、抽象的理性准则和世俗习惯、行为规范都不能代替上帝意志对人类言行的判定。

在人与上帝单独相对的情况下，每个个体的生命和意志都朝向和服从于上帝的意志，个体因此与完全超越的存在之基建立起联系。这种独立联系的建立所要强调的并非人通过某种方式与神性合一的能力，而是"个体对上帝的不可推卸的责任，以及个体罪恶得到怜悯的保证"。① 同时这种独立的联系意味着个体通过服从上帝意志而意识到了自身自由一旦被滥用的危险，这一危险肯定了人之"个性"的存在，并构成了克尔凯郭尔所说的"焦虑"的前提，在最深刻地揭示出人性的同时，为一种合理的人性学说乃至伦理学说奠定了道德基础。②

尼布尔接着指出，"新教对个体对上帝负有直接责任的意识，包含着、发展着一种对个体的偶然性以及面临着这种偶然性的个体的独特性的强烈意识"。③ 故新教不信任自然法之类的一般理性规则，而是将上帝的旨意作为终极的权威规范。尼布尔清楚地看到，这种认为人的精神超越一切境遇和规范从而只需对上帝负责的观点

---

① 尼布尔：《人的本性与命运》上卷，第53页。
② Reinhold Niebuhr, *Christian Realism and Political Problems*, p. 6.
③ 尼布尔：《人的本性与命运》上卷，第54页。

撤销了上帝与个体之间任何形式的中介，使得个体直面上帝，这固然突出了人在得救方面的主动性，但是新教不仅没有承认人在自然法范围之外为善的能力，甚至在否定中介的同时，也否定了人在自然法范围内为善的能力，由此造成的结果，就是主张信仰不能为社会道德和政治正义提出哪怕是相对的准则，因而造成实践上的社会无序，虽然高扬人的个性但把它置于虚无之上，实则摧毁了人的个性。① 在尼布尔看来，这一切都是遗忘了"你们是属基督的"所体现的个体与上帝之间的终极责任关系，而只记住了"万物都是你们的"所体现的个体中心主义的结果。

总之，尼布尔的观点具有强烈的基督教色彩：基督教肯定人作为自然的受造物的身份，同时强调人所具有的上帝之形象，这是对人的个性的必要假设。身体的特殊性为个性提供了基础，但不是全部，更大的部分来自精神，由于精神的超越能力，人能够在诸多自然冲动之间自由选择、组合，所以即使在相同的自然环境和相似的遗传条件下，人与人之间仍然可以表现出很大的差异。正是由于坚持这两方面的统一，兼顾了人性的两个方面，基督教人性论才得以避免历史上和现代文化中种种非基督教学说或因强调理性而忽略人的自然属性，或因强调自然属性而轻视灵性之超越性的错误。② 按照尼布尔的观点，基督教的个性观预设更能理解人的个性差异，并为肯定和保持个性的意义提供了条件。

二 现代文化中"个性"的丧失

尼布尔试图从根源上探究现代文化的个性观来源及其被摧毁的

---

① 方永：《论尼布尔的个体性思想及其意义》，《武汉大学学报》（人文科学版）2007年第1期，第44页。
② 陈跃鑫：《试论尼布尔关于人性的阐释》，《金陵神学志》2006年第3期，第127页。

过程，因为与古典哲学、宗教和神秘主义哲学都未能体现出真正的"个性"不同，现代文化是将原本在基督教思想里得到体现的人之"个性"摧毁殆尽的罪魁祸首。

尼布尔认为现代意义上的个性观念"一部分是基督教的遗产，是从基督教土壤中开出的花朵，一部分是现代的个体挣脱了历史和传统的种种束缚即中世纪的各种规范和约束后产生出来的"。[①] 新教和文艺复兴是走向个体自由的两条路径，前者代表了个性在基督教内部的新发展，后者则是对天主教专制文化的反动，借助古典思想的复兴，使个性超出了基督教的范围得到更进一步的发展，即"自主之个体"的发展，故现代思想中的"个性"观念实际上是一种"个体自主"观念，它是"文艺复兴借用了一个只能从基督教里成长出来的观念，移植到古典理性主义的土壤里"而产生出来的一个"全新的思想"。真正引来现代文化并在这一文化的最后阶段被消灭的，正是这种自主自律的个体。[②]

追本溯源，文艺复兴所借用的并非"信者皆祭司"所体现的个体只对上帝负有责任的观念，而是中世纪基督教神秘主义关于人的精神具有无限潜能的观念。神秘主义主张人与上帝的神秘合一，在"神秘与幽暗的静寂"之中，个性终将消失在"无差别的绝对"里。文艺复兴把人的这种无限的潜能视作上帝在人之中的展开，也就是库萨的尼古拉（Nicholas of Cusa）所说的"人是上帝，尽管不是绝对意义上的上帝，因为他是人。人是小宇宙，因此，人性领域潜在地包含着上帝、宇宙和世界"。[③] 文艺复兴思想家把人视为"有限的上帝、宇宙的镜子"，并视此为个体的独一无二，再将这一观念放

---

① 尼布尔：《人的本性与命运》上卷，第 19 页。
② 尼布尔：《人的本性与命运》上卷，第 53、55 页。
③ 赵敦华：《基督教哲学 1500 年》，第 601 页。

置在古典理性主义之"人的本质是理性"的基础上,然后宣称有限之人通过对自身和宇宙的沉思,终将能够达至对上帝的认识。这种观点的问题在于把上帝视为每个独一无二的个体的个性的最后完成,但这一完成是沉思的过程和结果,完全忽视了上帝对个体之罪恶的审判,这就意味着既贬低了人(把精神贬为理性),又抬高了人(否定自然本能在个性中的地位)。[1] 总之,尼布尔认为个性在文艺复兴思想中丧失的原因就在于人在历史中的自由和创造力被错误地高估了,这实际上不会造就个性,而只会摧毁个性。[2]

现代文化中的自然主义和唯心主义继承和发展了文艺复兴思想,人之个性在这些思潮里同样遭到摧毁。

对个性的意义尤其是对超越的自我的一致否定,贯穿整个自然主义的传统。在霍布斯那里,处在自然状态下的人订立社会契约完全是出于纯粹的生存冲动,"不存在一个超越这些冲动、评价那些同等有效的权利要求的理性存在物",因此"根本没有人之个性的位置"。[3] 洛克追随笛卡尔将自我界定为"有意识的能思之物",强调此意识"联系于并且影响到一种个体的非物质的实体"。[4] 这诚然是对人之个性中超越一面的认识,尽管不够全面和充分。但洛克很快又说:"如果我们能设想有一种被完全剥掉一切记忆或对过去行为的意识的精神,那么将不会引起人格同一性的任何改变。"[5] 这就意味着洛克将关于超越的自我的这点认识从"人格同一性"(personal

---

[1] 方永:《论尼布尔的个体性思想及其意义》,《武汉大学学报》(人文科学版) 2007 年第 1 期,第 45 页。
[2] 尼布尔:《人的本性与命运》上卷,第 60 页。
[3] 尼布尔:《人的本性与命运》上卷,第 62 页。
[4] John Locke, *An Essay Concerning Human Understanding*, New York: Prometheus Books, 1994, p. 347.
[5] John Locke, *An Essay Concerning Human Understanding*, p. 347.

identity）中剔除了出去，因为"只有纯粹的和超越的自我，才作为意识的意识而超越了意识，才以记忆和预见来表达自己，才是个性和人格的真正核心"。① 休谟则更进一步，他说："我绝不可能在任何时候捕捉到一个无知觉的自我，也绝不可能观察到除知觉之外的任何东西。"此话的前半句是对的，因为自我总是在与自身或者与外界的关系中被意识到，然而后半句等于清除了洛克思想中的笛卡尔成分，因为我们没有对作为实体的自我的知觉，故自我要么是不存在的，要么只能被理解为"以不能想象的速度互相接续着、并处于永远流动和运动之中的知觉的集合体，或一束知觉"，或正在进行中的知觉的连续，② 由此完全否定了"对自我加以任何意识的可能性"。现代的心理学固然发达，但总体上没有超出霍布斯、洛克和休谟奠定的基础，如行为主义心理学是霍布斯立场的精致化，洛克的立场为动力心理学所接受，联想心理学则追随休谟的脚步，在此不一一赘述。③ 总之，自然主义和经验主义否认个体的自我意识，"试图把人的整个精神维度，即精神的超越和自由，归结为一种未分化的'意识流'，甚至将意识本身归结为纯机械的活动"。④ 因而只能将自我意识之外的东西，例如血缘关系、社会一致性等作为意义的基础，这不仅是对这些东西的高估，也是对个性的摧毁。

唯心主义则倾向于在不同程度上把人的自我意识和精神等同于心智，或至少等同于某种在社会上或政治上所设想的普遍心智，由此使人之独一无二的个性丧失在抽象的心智的普遍性中。尼布尔认

---

① 尼布尔：《人的本性与命运》上卷，第64页。
② 北京大学哲学系外国哲学史教研室编译《十六～十八世纪西欧各国哲学》，商务印书馆，1975，第596页。
③ 参见尼布尔《人的本性与命运》上卷，第64～65页，另见方永《论尼布尔的个体性思想及其意义》，《武汉大学学报》（人文科学版）2007年第1期，第41～47页。
④ 尼布尔：《人的本性与命运》上卷，第66页。

为,普遍的心智也可以被视为一种永恒,自我意识与普遍的永恒的心智发生联系,意味着意识能够超出自身和过程,成为超越性的原则。就此而言,唯心主义与神秘主义一样都是注重精神的哲学,不过正如神秘主义"使超越的自我(精神)从历史中逃向否定历史及其意义的未分化的存在之域,结果使个性在这种否定中被否定",唯心主义把这种超越之自我所具有的普遍视角等同于普遍心智,一是把人的精神贬低为心智的一个方面,从而不再是真正意义上的自我;二是将自我等同于普遍的心智,实际上便使真实的个性消融在其中,使得与绝对相对的只有普遍,个性失去了存在的位置,又由于普遍的心智实质上是普遍的理性,故自我中的自然生命力部分便被错当作"罪",被视为"与普遍心灵相对的人的动物本性中的惰性",成为必须借助理性加以抵制和摧毁的对象;[①] 三是普遍的心智意味着无视自然对人类精神的约束,忘记有限性同样也是人之精神的一个基本特征,人终究是受造物,不可能达到"超越反思自我和非我的意识"的高度。以上问题说明唯心主义固然注意到了人之精神相对于自然过程的超越性,但因为"个性的独特性和任意性与它用以解释实在之唯一原则的理性模式不相符合",故使自我的独特性消失在抽象的心智普遍性之中,进而导致个性的丧失。[②]

人的个性是非常深刻的关于复杂的人性或者人格的问题:就广度而言,它涉及人与自然、历史的广泛联系;就深度而言,它涉及超越和自由之精神与有限之自然的纵深关系。自然主义"对人生的观察不够深入,未能顾及人的自我超越精神"。[③] 自然因果规律是自

[①] 尼布尔:《人的本性与命运》上卷,第61~62、67页。
[②] 尼布尔:《人的本性与命运》上卷,第71页。
[③] 尼布尔:《人的本性与命运》上卷,第70页。

然主义用来理解宇宙的唯一原则，而自我的超越精神是一种完全不同于自然因果规律的实在。唯心主义显然具有较自然主义更加狭窄的自然广度和更高更窄的精神深度，但它的自然广度太过狭窄，以至于消失在自身之中，而其精神深度被自身理解为终极实在，贸然地在自我、理性和上帝三者之间画了等号。因此，自然主义使现代人面临个性和精神湮没于自然因果性之中的危险，唯心主义则带来使个性和神化后的精神湮没在普遍理性之中的危险。

作为对以上两条路线的抗争，浪漫主义是现代文化探索个性出路的新尝试。尼布尔认为早期的浪漫主义非常接近基督教信仰，是人之个性的"最好维护者"，因为它"包含着卢梭的原始主义和基督教的虔敬主义，前者带来了对人格中的非理性力量即对情感、想象和意志的强调，后者带来的是个人直接面对上帝的意识，故对人的肉体存在的特殊性与其精神生活的独特的自我认识这两方面均能了解"。[1] 不过，与新教通过"信众皆祭司"表达的个人在信心和责任上与上帝的独特关系不同，浪漫主义强调的是个体与上帝之间的那种直接无间的统一经验。这点在施莱尔马赫（Friedrich Schleiermacher）那里体现得最为充分：他认为个体与上帝之间的关系是"绝对的依存感"，它来自对"宇宙的直觉和情感"或"从有限中获得的对无限的感觉"，是"上帝活在有限的我们之中，并在我们当中活动的体验"。[2] 个体与上帝之间的这种关系是一种绝对的同一性，个体的存在也来源于此，即认为神在世界中运行，世界被包含于神之中；有限潜在于无限之中，无限是在现实的有限之中。神和一切事物好比同心圆，存在的同一性是它们共同的圆心，但神又是无限的圆周，它将一切事物都包含在里面。不仅如此，每个有

---

[1] 尼布尔：《人的本性与命运》上卷，第71页。
[2] F. W. 卡岑巴赫：《施莱尔马赫传》，任立译，商务印书馆，1998，第49页。

限的个体都以不同的形式体现着无限的上帝——"任何事物都有其存在形式,这种存在形式都是由神出于其自身的完满性而给予的独立的存在,这样,层出不穷、无穷无尽的事物都是神的无限丰富性直接作用的结果,因此把所有个别的东西看作整体的一部分,把所有有限的东西都看作无限的一种表现"。① 因此他说:"每个个体都是基于那最高的同一性的,同时就其本身而言也是一个整体。它是一个完满的整体,你们一般称之为个性或人格。"② 如此看来,所谓人性就是在一切个体的、有限的形式上看到无限以及无限的痕迹和显现。

尼布尔认为,浪漫主义者所强调的并不是真正意义上人的个性,而是个体的原创性与独特性,或是不同的个体任意展现自己的个性,并把这种展现当作无限在自身之上的体现。这种观点将导致相对主义的倾向,其结果就是"个体生存是指独特任意的特征并不藉永恒的意义世界来发现它的局限和达到它的完成,而是在无限的僭妄中表现自己"。③ 这种相对主义发展下去便是虚无主义,人生的唯一意义,就是它具有各种不同的意义,人之个性最终丧失在这种虚无之中。同时在此虚无之中,人无法无限制地使自己成为意义的中心,又没有自身之外的生存之基作为意义的支撑,故必须寻找比自身更伟大、更具有包容性的东西的支持,而这个东西,往往是抽象的"公意"或具体的种族、民族或国家之类的人类群体。这不仅造成个性在浪漫主义中的彻底丧失,更会导致"群体的个性吞没个体的个性",群体的独特性或特殊性将取

---

① F. Schleiermacher, *On Religion, Speeches to Its Cultured Despisers – The Second Speech*, trans., John Oman, Kegen Paul, Trench: Trubner & Co. Ltd., 1893, p. 48.
② F. Schleiermacher, *On Religion, Speeches to Its Cultured Despisers – The Second Speech*, p. 48.
③ 尼布尔:《人的本性与命运》上卷,第75页。

代上帝与个体成为人类的意义中心和源泉。① 这在理论上将会形成理性主义的普遍主义和浪漫主义混合而成的民族特殊主义,费希特的国家思想为典型代表;在现实中则体现为个体遭受工业时代的集体主义的机械僵化之控制,集体性的个体取代了真正的个体,个体则沦为不幸而无力的牺牲品。有鉴于此,"浪漫主义的重要意义就在于它更彻底地抬高了个体,漫无节制地推崇个性",恰恰是因为对个性之超越维度的误解,"它丧失个性也更为彻底和迅速"。②

尼布尔始终遵循理性和经验两条原则,对既有的种种人性理论进行了对比分析和批判,指出它们或失于逻辑矛盾,或违背历史事实。更重要的是,它们拥有一个共同的错误,即"缺乏一个解释原则,这个原则既能顾到人的自我超越所能达到的高度,又能顾到人的精神与其肉体生活之间的有机联系",错误的根源在于在这些人性论中,"人从未被一个足够高或深的东西量度过,故无法确知他的身位或他向善为恶的能力,也无法理解这样一种身位借以领会、表达和发现自己的整个处境"。③ 相比之下,"基督教的创世教义对于基督教人性论的全部意义,可在基督教的个性观中被真正领悟到"。④ 在尼布尔看来,基督教的个性观为自我的认识和实现提供了最合理的解释,这是本书接下来的内容。

三 自我的内在运动:生机与形式的结合

如前所述,自我就其内部关系来说,是身体与灵魂的统一,是自然与精神的统一;就其外部关系来说,包括了人与自然、与他人、

---

① 尼布尔:《人的本性与命运》上卷,第 74~77 页。
② 尼布尔:《人的本性与命运》上卷,第 72 页。
③ 尼布尔:《人的本性与命运》上卷,第 113~114 页。
④ 尼布尔:《人的本性与命运》上卷,第 151 页。

与共同体、与上帝的复杂关系。因此，自我是一个包含着各种因素的混合统一体，它对自身的认识反映着其内部各种因素的彼此关系和其与外部对象之间的关系，我们更应该把自我理解成为一个复杂的过程而不是一个"由陈列出来的因素构成的静止不动的实体"。然而，"如果神学人类学所做的仅仅是指出自我由肉体和精神构成，前者限制着后者的完全实现，后者在某种程度上又超越了前者，这样的人类学没有足够的说服力"。[1] 人的本质结构只是对自我的一种直观的静态的客观描述。只有深入自我认识和自我实现的复杂动态过程之中，才能准确地把握人之本质结构诸因素及其相互关系，从而深刻领会尼布尔对自我的理解。

尼布尔把自我内分为自然和精神两部分。尼布尔说："人乃自然之子，服从自然规律，受自然必然性驱遣，受自然的冲动所迫使，限于自然所允许的年限，因个人的体质不同而稍有伸缩，但余地却不太多。"[2] 自然显然就是自我生命的质料；自然是自我身体的来源，是自我有限性最重要的来源；自然赋予了自我有限的开始、有限的结束，还限定自我必须遵循所有的自然规律，其中最重要、最显著的就是所有个体都必须面对的、无差别的死亡。[3]

由此可见，自然提供给自我的无非与动物相同的一些生命特征。自然并不是人之为人的根本原因，因为它没有提供给自我一种终极意义上的独特性的根本保证，所以自然因素仅仅是对人的动物属性的描述，"因为在动物的生命中，真正独特的是物种而不是个体。特定的动物只是通过物种之特殊生命策略的无穷重复来表现自己

---

[1] Peter Kennealy, "History, Politics and the Sense of Sin: The Case of Reinhold Niebuhr", in *The Promise of History: Essays in Political Philosophy*, p. 140.
[2] 尼布尔：《人的本性与命运》上卷，第3页。
[3] 尼布尔：《人的本性与命运》上卷，第179页。

的"。① 因为自然的生机及其表现形式都仅仅是无穷的重复，而不具有历史的意义，在自我认识的过程中，自然的因素似乎被排除了。

自我是一种超越了自身之自然基础的复杂的有机体，"人的精神性之所以不同于动物的存在，是因为人有自由和独立独特的个性"，② 人的这种特质指向自然之外的一些东西，尼布尔称之为"意识"（mind），并认为将意识与自然结合起来，才能得到对自我的更清晰的理解。

尼布尔认为人之为人的根本原因就在于他能够站在自身之外展开观察。这说明人具有某种超越的意识能力，然而它不是古典人性论所认为的理性，也不是意志论者所说的意志，更不是以施莱尔马赫为代表的浪漫主义所说的情感，而是一种意识的无限超越的能力。意识实际上包括了理性与精神两部分，但尼布尔基本上使用精神来指称意识，这与他贬低理性颂扬精神的态度有关：一方面，他认为精神的超越能力更多地表现为人内在的反思意识；另一方面，他要强调精神相对于理性的重要性，在他看来，西方文明已经忽略意识的精神方面太久，不是把理性理解成人类的本质，便是把精神神秘化，融于不可捉摸的上帝意志。

尼布尔对于理性的适用性和可靠性一直持悲观的立场，人类对理性的误信和误用是导致现代悲剧的重要原因之一。在他看来，理性具有逻辑和分析的能力，通过这些能力，理性可以对对象产生概念性的认识，进而形成科学知识。然而，理性在自我的道德生活方面并不起直接作用，"它们（理性的诸能力）可以扩大利益的范围，可以考量得失，可以促使自我把自身利益仅仅当作全体利益的一部分来看待。它们不是不能提升自我，只不过这种提升从利益开始，

---

① 尼布尔：《人的本性与命运》上卷，第50页。
② 尼布尔：《人的本性与命运》上卷，第50页。

当他们通过这种提升证明自己的时候，这种提升比出于本能的自然保存欲望要紊乱得多"。①

尼布尔指出，"人之力图估量他的理性能力的意义，这本身就意味着对他自己的某种超越，这种超越不是通常的理性一词所能充分界说和解释的"。② 因此，任何单凭理性来理解人之自我，甚至仅仅结合理性和自然来理解人之自我的企图都是徒劳的。意识的超越能力就在于人的精神的超越性。在他看来，基督教的解释反而很好地回答了这一问题，"基督教懂得人之精神的高深原是渗入永恒之中的，也懂得这一垂直的维度，较之仅仅能构造一般概念的理性能力，对于理解人来说是更为重要的方面。后一种能力来自前一种。后者不过是一种对广阔世界做水平观看的能力，它之可能，全赖那个人的精神能以之作全景眺望的维度"。③

总之，对人类理性的怀疑和对其重要性的削弱是尼布尔思想的一个特点。尼布尔并没有把理性排除在人的精神之外，而是认为理性是依附于精神的。在尼布尔看来，理性具有某种不确定性，它依附于精神，是精神的天然同盟军，但是它又不可避免地会倒向自然。理性的这种不确定性使得个体道德和群体道德以及历史之意义的模糊性都大大增加。④

精神的自我超越能力是人之独特性与人之自由的根源，它是有限之人内在的无限因素，它指向上帝的无限存在，以人的意识能力为基础和体现。"意识即是一种从统治中心出发去观测世界和决定行动的能力。自我意识代表的是一种更高程度的超越，它能使自己

---

① Reinhold Niebuhr, *The Self and the Dramas of History*, p. 5.
② 尼布尔：《人的本性与命运》上卷，第 1 页。
③ 尼布尔：《人的本性与命运》上卷，第 142 页。
④ See Daniel James Malotky, "Reinhold Niebuhr's Paradox: Groundwork for Social Responsibility", in *The Journal of Religious Ethics*, 2003, 31 (1), pp. 101–123.

成为它的对象,其方式是:自我最终总是主体而非客体。"① 自我意识的超越能力是全方位的,尼布尔认为它超越了自然、生命、自身、理想和世界。尼布尔后来追随奥古斯丁的脚步,认为精神也超越了时间。"记忆代表着人的超越能力,即便他处在历史的流变之中,时间在人之中,人也在时间之中,简单来说,记忆就是人之自由对于历史的杠杆支点。"② 此外,精神的超越能力还与想象和预见相联系,③ 甚至有时候等同于理性的概念理解能力。④

无论以何种形式出现,精神的超越能力都表现为一种自我的内在自由。自我的精神指向的是超越的领域,作为超越能力的意识决定了人能够毫无阻碍地指向那个超越的领域。然而自然是精神超越能力的外在阻碍,有缺陷、不可靠的理性则是精神超越能力的内在阻碍,这也印证了前文的内容:自我是一个动态的过程,精神与自然、精神与理性、理性与自然,都是在过程中相互纠葛的,对于自我的真正理解,必须将自我本质结构的诸要素结合起来考察。

根据尼布尔的说法,自我认识首先是一个内省或者反思的过程,这一过程是由以自由为其根本特征的人之超越精神为主导的。"那么,"尼布尔问道,"这个把种种褒贬损益加入自身的最终主体,即典型的我,其特性究竟是什么?"⑤ 也就是说,构成自我本质结构的诸因素是如何在自我认识的过程中彼此联系的?这种联系是一种和谐还是一种混乱?尼布尔的观点还是一如既往地吊诡:这种联系本应该是一种和谐,但实际情况却相反,它是而且只能是一种混乱,不过人类一直把它错当作一种和谐。更为吊诡的是,人类居然以这

---

① 尼布尔:《人的本性与命运》上卷,第12页。
② Reinhold Niebuhr, *Faith and History*, pp. 18–19.
③ Reinhold Niebuhr, *The Self and the Dramas of History*, p. 23.
④ Reinhold Niebuhr, *Faith and History*, p. 15.
⑤ 尼布尔:《人的本性与命运》上卷,第2页。

种混乱联系为基础,发展出建于其上的自我认识(实际上是自我误识),并且建立起了解释它的理论体系。

尼布尔提出"生机"(vitality)和"形式"(form)的概念框架来探析自我之诸因素之间的关系和互动。这对概念不是尼布尔天马行空的创想,而是以神学思想为理论基础,他解释说:"基督教信仰中的上帝是世界的创造主。他的智慧是形式原则,即逻各斯。但创造不只是使原始的混乱服从逻各斯的秩序。上帝既是秩序之源,也是生机之源。秩序与生机在上帝那里是同一的。人是意志的统一体,在其中,人的自然的生机和精神的生机都被置于上帝的统摄意志之下。不是人的理性模式,而是上帝的意志,才能作为人生必须服从的形式与秩序的原则。"① 以悖谬的神学叙事作为超越生机和形式的统摄原则不仅界定和解释了这对概念,也避免了貌似都有理、实际上是片面真理对片面真理的局面。

尼布尔没有对这对概念进行定义,只是用一段话简明扼要地说明了这对概念的基本含义:

> 一切受造物都在某种统一、秩序和形式的限度内表现出一种丰裕的生命力。动物的生存展示了一种一致与求生的坚定意志;但那种意志的策略,无论是个体的还是种族的,都因其种类特有的生存形式而有不同的表现。生机与形式因此是受造物的两个方面。人类的生存引起对创造的参与而明显不同于动物的生存。在相当限度内,人能打破自然的形式而创造出新的生机构造。他对自然过程的超越,使他有幸能干预自然已有的生命形式与统一。人能不断地改变形式,与那只能在既定形式的范围内做不断的重复而不知有历史的自然过程不同,这正是历

---

① 尼布尔:《人的本性与命运》上卷,第26页。

史的基础。①

生机和形式显然存在于一切有灵魂的受造物之中。尼布尔把自然的生机解释为"自然的冲动与动力"(natural impulse and drive),它源自生物的"一致与求生的坚定意志"(uniform and resolute will to survive)。② 相应地,自然的形式是指建立于本能之上的自然结合和自然分化的形式或者秩序,自然的生机在自然的形式内并通过自然的形式展示自身。③ 尼布尔指出,自然界中有很多种类,它们表现出相似的生机和形式,尽管种类不同,但它们在历史中的命运轨迹却基本是一样的。也就是说,它们的生机始终在形式的限定范围内活动,它们不会有超出"生存"这一本能目标的行为。从这个意义上讲,形式在相当程度上限制和束缚了生机的展现,但形式与生机因此形成了和谐的状态——这是动物的生机和形式。人类固然与动物一样具有自然的生机和形式,然而人类更具有独特的构成因素:精神以及附着其上的理性,所以"人有能力在若干限度内超越自然并一再指导生机,并且有能力创造出一种融贯一致和秩序井然的新秩序"。④

当时西方思想对人的精神创造能力的理解大致分为唯心主义和浪漫主义两种。以康德为代表的唯心主义者把人的本质理解为理性,它为人的创造性提供生机和形式,因此是人类一切活动的创造性源泉。殊不知理性虽是普遍的,但也是有限的,它总是遵循一定的普遍规则,无法完全突破自身的运行规律。与此相应,浪漫主义鼓吹"纯粹的生命力",将理性视为对自然原初的生命力的束缚和破坏,

---

① 尼布尔:《人的本性与命运》上卷,第24页。
② 尼布尔:《人的本性与命运》上卷,第24页。
③ 尼布尔:《人的本性与命运》上卷,第25页。
④ 尼布尔:《人的本性与命运》上卷,第25页。

第二章 人性论：社会伦理的理论起点

从而不同程度地贬低甚至否定理性，认为人的本性要么是"作为人的创造之源的自然生机的重要性，要么是作为秩序和德性之源的自然的各种统一和形式的重要性"，总之是侧重于自然的生命力。[1] 尼布尔认为这是"力图把明显含有自然和精神的东西即既包含生物冲动又包含理性和精神自由的东西，归于生物的机体的领域；却不知道理性为自然的生命力提供了形式，使自然生命力理性化，而不是约束或者削弱它"。[2] 总之，唯心主义和浪漫主义都没能看到人的精神自由与自然生机的联系，不知道前者如何影响后者，也不明白后者如何渗入前者，他们对生机和形式本来就只是片面地强调而很少关注其间的联系，即使承认联系，也因错误和混淆而再次陷入片面之中。

人类的生机与形式表现出以下四个特征。第一，人既是自然之子，又是上帝之子；人既是自然的存在，又是精神的存在，因此人的生机包括自然的生机和精神的生机。第二，人类的自然生机并不超出自然形式的范围，这点与动物相同，但是人的精神生机同时超越了自然的形式和精神的形式，表现为旺盛的精神生命力，具有无穷的创造性和破坏性。第三，人的自然形式和生机以及精神形式和生机是共生的，它们互相渗透和影响。第四，人之生机和形式不可能处于绝对的和谐之中，只有在上帝的意志中，生机和形式才是和谐的一体，而人只具备相对和谐的可能性。

自我认识是一个复杂的动态过程，这一过程是由人之本质结构中的诸因素以生机和形式的方式互动来推进的。就自我的精神层面而言，精神是其生机，它超越人之自然属性和理性成分，拥有无穷的创造力和破坏性，是理性发挥作用的基础和场所，理性则为不羁

---

[1] 尼布尔：《人的本性与命运》上卷，第26页。
[2] 尼布尔：《人的本性与命运》上卷，第31~37页。

的精神提供形式，引领它进入秩序，使其化为现实。就自我的整体来说，包含着无限的创造性和破坏性：精神的生机和形式有着维持和破坏自然结合之统一于形式的能力，但这个平衡人类从未能够把握好，不是维持太过以致发展出巨大破坏的力量，就是精神发展出过高的理想而招致自然生机和形式的破坏。① 所以总体来说，自我之生机和形式之间的互动过程是由自我的自由精神主导的，这充分体现了人自由选择生命目标的能力。过程的概念内在地包含着目标，过程的意义在于其目标的设定，自我只有选择自己的目标并朝向该目标践行才算真正地实现自身，否则不能被称为完整的自我。

精神的主导性并不意味着精神的绝对性、主宰性和纯粹性。人之自由精神的超越性决定了人必须通过某种"超越"来认识自己。人尽管是受造物，卷入存在和历史的流变之中，但是能够意识到这种卷入，说明人之自由精神能够使人"与时间、自然、世界和存在本身并肩而立并追问它们的意义"，这证明人是站在它们之外并超越它们的，人对自我的认识便来自这种"超越"——假设人是纯粹精神的产物，那么此时的人完全认识了自我，因此也完全实现了自我。

然而实际情况是，人是精神和自然的共生物，"人本身就是他需要理解的有限世界的一部分，因此，领会整体的唯一原则，必然超越他的领会，这个唯一原则的超越性所在，才是绝对的超越"。② 所以作为精神与自然共生物的人的自我认识之过程就是人试图达至此超越领域的过程，这一过程的终点就是人摆脱有限性的束缚，与绝对超越的和谐统一；在这个意义上讲，虽然人的自我认识和人的自我实现仍然是同一过程，但是其可能性几乎不存在。

---

① 尼布尔：《人的本性与命运》上卷，第34页。
② 尼布尔：《人的本性与命运》上卷，第114~115页。

第二章　人性论：社会伦理的理论起点

精神的主导性也不意味着自然的退隐，精神和自然在自我之中始终处于共生、转化之中。如果只是纯粹的自由精神在作用，那人和神还有什么区别？在这里，自然的因素又重新回到尼布尔的视野当中。

尼布尔认为，自由精神作为一种超越的能力贯穿了人的自然生命的全过程，对自然的生机与形式造成影响，他说："人类的自我规定性不仅体现在他能够超越自然之进程，故可在自然呈现给他的无数种可能性中择一而行，此外还体现在他能超越自身，并因此能够设定自己的终极性目标。"[1] 这一系列的自由选择说明由自然的形式和生机决定的"生存"目标被超越了，它们不再规定着自我的意义和方向，精神的生机和形式才是自我的真正操舵者，人类的终极指向是超越了生存和繁衍的精神目标——自然的形式和生机被精神化了。[2] 在这种精神化里，自然的进程得以与原本毫不相干的精神目标（荣誉、功业、德性等）联系起来。

这个观点对于尼布尔的人性理论有两点重要意义。一是它避免了陷入笛卡尔那样的身心二元论的困境。尼布尔的自我是一个整体，其终极的统摄原则是自由，它不仅体现在超越的精神上，而且体现在被精神化的自然方面——"人的自由不只是一些可以从第二层（精神）望出去心灵的窗户，而是每一层（同时包括精神和自然）都有出口，让每一自然冲动都有动物所不知道的自由"。[3] 二是既然人的自然生机和形式也都来自上帝，而上帝创造的一切都是好的，那么人之罪恶就不是来自自然。"人在使他的种种冲动达于和谐时所体验到的困难，不是由自然的顽抗而是由精神自由引起的。即便

---

[1] 尼布尔：《人的本性与命运》上卷，第 174 页。
[2] Reinhold Niebuhr, *The Children of Light and the Children of Darkness*, p. 19.
[3] 尼布尔：《人的本性与命运》上卷，第 36 页。

是所谓的自然惯性,也具有精神的特性。"①

在尼布尔看来,以信息和科技为特征的现代社会是建立在人类精神和理性之旺盛生机的基础上的,它为有限之人支配外部世界提供了巨大的辅助作用,但不管它取得多么大的成就和发展,都不会影响个体自我的本质结构和特征,在人与技术的巨大反差之下,自我的本质反而更加容易凸显。② 这种凸显不仅体现在个人身上,也体现在人类群体之上,而且相较而言更加难以察觉。比如说家庭,它"并不为人与动物共有,是人类独有的成果"。③ 家庭关系的维系在于夫妻之间和父母子女之间的爱,它具有精神的内涵,但不可否认的是,家庭的基础永远都是人和动物共有的性冲动和生殖欲望,尽管这种冲动和欲望在相当程度上被精神化为了爱情和亲情,但作为本能,它始终体现在家庭成员之间的关系上,恋母(父)情结就是例子。再比如国家,这是比家庭大得多也复杂得多的人类群体,然而在尼布尔看来,精神与自然、生机与形式的共生和转化同样存在其中:一方面,国家是基于共同理想、价值观而聚集在一起的人类集合,这是国家的精神内涵,而且在国家内部,各种组织和团体也越来越表现出其形成是基于共同的精神追求;另一方面,现代国家的现实基础仍然是血缘和种族,国家内部的民族和族群关系仍然体现出自然因素的作用。

尼布尔指出,哪怕人类可自由选择的目标有无限多个,它们在终极意义上只显示为一个目标,即自我实现。"人是这样一种动物,他不可能仅仅活着,只要他活着,他就会努力去实现自己的真实本性。"④ 这一目标又可被归为两种可能性:或者选择上帝作为其终极

---

① 尼布尔:《人的本性与命运》上卷,第36页。
② Reinhold Niebuhr, *Faith and History*, p. 71.
③ Reinhold Niebuhr, *Man's Nature and His Communities*, p. 33.
④ Reinhold Niebuhr, *The Children of Light and the Children of Darkness*, p. 19.

目标，也就是通过上帝来理解自身，像上帝理解人类那样来理解自身；或者将自我设定为终极目标，通过自己的地位、成就、尊严或者德性来理解自身——后者是一种彻底的自我误识，然而吊诡的是，它必然会被选择。这个论断引出三个疑问：一是为什么自我之终极目标被限定为两个？二是为什么将自我设定为终极目标是错误的方向？三是为什么自我必然会选择错误的方向？

这三个疑问必须结合起来进行分析。如前所述，自然生机的精神化在事实上摧毁了基于本能的生存和繁衍作为人类终极目标的可能性，而且通过与精神和理性的相互勾连，作为整体的自然生机其内部各部分也失去了原有的内在一致性，然而尼布尔没有排除把自我自身作为终极目标的可能性。这种看似矛盾的说法仍然需要辩证地来解释：自我之所以必然会选择自身这一错误方向作为终极目标是因为它是正确方向之"伪"，也就是说，尼布尔巧妙地把对和错的绝对对立关系转化为正和伪的辩证关系——自我实际上只有一个选择，但是这一选择有其正伪，自我没有理由不接受选择，且更有理由选择其伪，从这个意义上讲，自我不可避免地会选择自身作为终极目标。

自我选择的过程是由自由的超越精神主导的，精神的完全自由和超越就在于它必须落实在某个"绝对"的领域，这个领域意味着不可能被超越。"绝对"意味着自我应该排除生存和繁衍这样的自然、有限的目标，并且有能力想象和实践诸如自我牺牲这样的完美道德境界。然而事实上，求生意志并没有被排除在自我的目标之外，它被精神化后，被包含在更高的目标之中，继续存在于自我的目标里。"生存意志是一切有生命的存在物都共有的求生冲动，但在人的世界里，求生冲动被精神化了，人作恶和行善的能力都源于这种精神化。"[1]

---

[1] Reinhold Niebuhr, *The Children of Light and the Children of Darkness*, p. 18.

人的唯一终极目标就是自我的实现，而人既是上帝之子又是自然之子，是自由之精神与有限之自然的共同产物，这就决定了人之自我实现的过程不可避免地具有内在矛盾：人的有限性从根本上决定了人不是自足的，人需要他者。所以他者的存在，是自我存在的必要条件，但他者的存在也构成了对自我的限制，他者既是自我实现的条件，也是自我实现的障碍。自我若不能将他者包容进去，就不可能存在和发展，就不可能自我实现。[1]

以生存意志为起点，人类向着终极的自我实现进发，但是在此过程中，"自我保存的本能非常容易被变成扩张的欲望，在人的自我意识中，有一种悲剧的品格，它在不断地强化人把自我保存的本能变成自我扩张的欲望"。[2] 自我扩张的欲望表现为权力意志，它是人对自身有限性的抗争，因此它存在于一切自我意识之中。[3] 同时，人类对权力意志的出现和选择提供了非常好的理由："人不仅仅是本能的动物。他不仅对肉体的生存感兴趣，而且对特权和社会感兴趣。因为人具有预测存在于他处身的自然和历史中的那些危险的能力，他必然通过增加个体的权利和群体的权利来寻求安全以对抗那些危险。"[4]

由此可见，权力意志是生存意志的精神化，人类以自身生存和安全为正当理由践行权力意志。无论权力意志是以物质资料占有、领土扩展还是精神压迫的形式出现，都是对他者的侵扰和伤害。尼布尔说："人在最清醒的时候，会把自己要实现的生命看作是一个和谐整体的有机组成部分。但是，他极少有清醒的时候；因为他更多的时候是被自己的想象主宰着而不是受理性的主宰，而且他的想

---

[1] 方永：《自由之三维：力量、爱和正义——R. 尼布尔政治神学研究》，第113页。
[2] 尼布尔：《道德的人与不道德的社会》，第42页。
[3] 尼布尔：《道德的人与不道德的社会》，第44页。
[4] Reinhold Niebuhr, *The Children of Light and the Children of Darkness*, p. 20.

象是心智和冲动的组合。"① 这就是说，人在自我实现的过程中基本是被权力意志支配的，权力意志是被人类的自由精神"精神化"了的理性和自然欲望的混合体，它朝向的不是与上帝的和谐统一，而是自我以生存和安全为借口而要求的掌控一切，所以说人在追求自我实现的过程中，生存意志不可避免地被权力意志代替。尼布尔援引克尔凯郭尔的话，"自我的目的是要成为自我，这个目的只有联系于上帝才能得到实现"，而人类的错误就在于"试图用自己伟大的无限精神能力去掩盖自己的作为被造物的软弱无力，并最终失去了其中的平衡"。② 权力意志的出现说明，在选择"绝对"的过程中，自我没有选择其正，即上帝，而是选择了其伪，即自身，只不过此时的自身，已经不是由生存意志来界定的有限自我，而是由权力意志灌育出来的"伪绝对"。③

第三节　超越孤独个体：社会个体的确立

一　个体的独立性维度和社会性维度

回顾尼布尔的"新"人性论，它不仅开创了方法论上的新局面，而且对西方现代主流伦理学提出了质疑和挑战。

从思想史的角度看，西方在启蒙运动之前的道德传统是基督教伦理体系，但随着从文艺复兴到启蒙运动的发展，它在一定程度上被现代的理性精神、科学和进步所排挤和贬低，逐渐从社会公共领域退出，退隐于私密的个人领域。然而取代了基督教伦理传统的现

---

① 尼布尔：《道德的人与不道德的社会》，第43页。
② 尼布尔：《人的本性与命运》上卷，第151、173页。
③ Reinhold Niebuhr, *The Children of Light and the Children of Darkness*, p. 19.

代理性伦理学不但没有很好地解决现代道德困惑和应对价值危机的挑战,相反,进步和科学、反动和愚昧的观念取代了以前的好与坏、善与恶的区分,于是对人类来说,没有任何永恒不变的好与坏的区分能给他们以保证,最终,他们对"进步和科学"本身也产生了怀疑;这也为社会伦理的混乱和失序埋下了伏笔,从而导致作为整体的西方文明的危机。[1] 然而问题的关键不在于现代理性伦理学有失于应对时代危机和道德困境,而在于其内在逻辑是引发困境和危机的源头。

自由主义伦理学是现代理性伦理学的代表,也是当今主流的伦理学思想,它一般具有以下三个特征。

第一,持个体主义的立场,强调人的自由和自律。这种自治的伦理学包含着自我毁灭的种子。它所谓的道德,是指公正地追求自己的欲望,同时不妨碍任何其他人的自由。一个好的社会就是能为最大多数人提供最多自由以实现自己最多欲望的社会,这看起来似乎也高度关注"共同的善",而实质上它最终归结于人的欲望,是个体主义的欲望的总和。[2]

第二,追求抽象、普遍之道德原则的倾向。认为道德、伦理与历史和团体的连续性无关,追求道德的普遍性并将此普遍性作为伦理的坚实的基础。康德的思想对这种倾向的形成有很大的影响:康德认为道德的基础不在于宗教和形而上学,也不在于经验,而在于理性本身,人类理性的普遍性使道德伦理得以摆脱独断性和偶然性,从而确保不同社会背景的人对道德伦理有基本的共识。现代理性伦

---

[1] 参见甘阳《政治哲人施特劳斯:古典保守主义政治哲学的复兴》,"列奥·施特劳斯政治哲学选刊"导言,第9~10页,载列奥·施特劳斯《自然权利与历史》,彭刚译,生活·读书·新知三联书店,2003。

[2] Stanley Hauerwas, *The Peaceable Kingdom*, Fremantle: University of Notre Dame Press, 1983, pp. 7–8.

理学追求普遍性，以抽象的理性作为道德之基础的倾向在20世纪受到广泛的批判和抵制，如舍勒曾经一针见血地指出现代伦理学的弊端就在于抽象空泛，不切实际，看似放之四海而皆准，实则无法付诸具体的行动。

第三，取消了终极目的的概念。传统的西方伦理思想长期受亚里士多德的影响，在"偶然所是的人"与"如果他认识到了他的本质而可能所是的人"之间，有着显著的区别，而且伦理学被看作一种使人能够理解从前一种状态向后一种状态转变的科学。① 这种观点的前提是对于终极目的的设定，这一设定会使构成道德的规则具有意义，会帮助人们认识到自身本性与伦理规则的相悖之处，并帮助实现人们对自身所应然和可能然的认识，使他们从现实的状态走向新的状态。举一个简单的例子，刀是切割工具，那么锋利便是刀的终极目的，有了这一设定，我们便可以称一把快刀为好刀，而钝刀为坏刀，那么一把钝刀被磨快之后，便是实现了刀之本质和应然，从而成为一把好刀。然而自启蒙运动以来的近现代伦理学却取消了终极目的的设定，此举要么造成道德规则的失效，要么牵引出千头万绪的道德规则，使行为者对自身行动的判断失去头绪，也使对行为之后果的判定含混不清。比如对于刀，如果取消锋利这一终极目的的设定，要么我们无法对一把刀做出好坏之分，要么会有以材质、外形、生产地等各种说法为标准的判定理由。人的道德问题是类似的，有终极目的的设定，人们能够很快很容易做出好坏善恶的判断，一旦取消了这一设定，就等于失去了对作为自身完全实现或最终状态的人之本质的把握，相应地，也自然失去了对行为过程中的每一步骤的道德意涵的把握。

---

① 史蒂芬·缪哈尔、亚当·斯威夫特：《自由主义者与社群主义者》，孙晓春译，吉林人民出版社，2007，第87页。

自由主义伦理学说长期以来因上述问题饱受批评。麦金泰尔（Alasdair C. MacIntyre）曾经指出："18世纪的道德哲学家们所从事的是一种必然失败的计划；因为他们在事实上想要在一种对于人性的特殊理解中为他们的道德信念找到一个理性的基石，然而，他们所继承的一系列的道德命令与人性概念却被有意设计得相互矛盾，他们继承了曾经一致的思想与行为体系的某些不一致的片段，因为他们并没有意识到自己所特有的历史与文化处境，他们也就无法意识到他们自我制定的任务的不可能与唐吉柯德式的本质。"[1] 万俊人认为，自由主义伦理学排除了道德的善（价值）基础，把伦理学变成了一种纯粹以正当权利的合理性和实践规范为内容的正义问题研究，这样一来，他们便只问道德的事实问题，不问道德本身产生和确立的基础；只关心"社会性基本结构"对于自由个体之权利的维护与实现的正当意义，而不关心个体权利和行为的社会实践限制及其对于社会共同体价值（善）目的所承诺的责任；因而也就只热衷于制定各种道德规范，而不愿进一步深究作为道德主体的人的内在道德性。另外，自由主义伦理学囿于一种无限制封锁约束的自由个体或一种"占有性自我"（限于实质性或物质性价值之占有的个体自我），忽视了人的"构成性自我"以及这种"构成性自我"蕴含的共同性或"交互主体性"，因而不可避免地导向了一种"占有性的个体主义"伦理。[2]

近现代伦理学关注的焦点是行为的选择，首要问题是"我应该做什么"和"怎么样做才是好的"。以自由主义为主流的现代伦理学倾向于认为人类的道德意识会通过不断地处理这种两难困境而逐渐从他律到自律，越来越遵循普遍的原理或者规则。道德问题于是

---

[1] 麦金泰尔：《德性之后》，龚群、戴扬毅等译，中国社会科学出版社，2001，第53页。
[2] 万俊人：《比照与透析：中西伦理学的现代视野》，广东人民出版社，1998，第286页。

就归结到了行为选择的对与错以及寻找行为准则和原理上。然而这仅仅肯定了行为的首要性和连贯性,并不能合理说明行为本身,也不能正确理解人们所面临的不同道德处境。究其缘由,在于近现代伦理学把"自我"理解为普遍理性,而这种作为普遍理性的自我是中立、抽象、空洞的。尼布尔对此批评道:"理性主义强调人的理性自由和对自然的超越,然而却在理性概念的毫无分疏的普遍性中将自我丧失了,须知在纯然的心灵中并没有自我的位置。"① 也就是说,近现代以来主流伦理学的问题根源就在于对自我及自我道德实现方式的理解。

在尼布尔看来,自由主义所理解的个体自足自立、独立掌握自己的命运的观点是一种幻觉,绝对的个体自由在历史上根本没有出现过,个体的道德状况与自我行动总是紧密联系的,个体是既定的社会文化和行为方式的被动接受者,而人如何选择和采取行动,也总是与道德主体的特殊历史境遇息息相关。② 近现代伦理学使行动独立于行动者及其意向,割裂了道德描述和道德评价与行动者及其意向之间的联系,所以从孤立和中立的角度来理解自我的行为会扭曲人的道德心理,使人误入歧途。

尼布尔认为,作为整体的人类社会是由各种不同的人类群体共同组成的,这些群体可大可小,有时候也会彼此交错,但构成群体的最基本元素都是一样的,那就是作为个体的人。然而,不能对个体做纯粹的理解。任何个体都是精神和自然的共同产物,是上帝依着自己的形象而创造的造物,因此,任何个体的存在都同时体现着横向的社会性维度和纵向的独立性维度。其一,个体是以自己与他人、共同体和整个社会的关系为基础的,作为道德主体的个体从本

---

① 尼布尔:《人的本性与命运》上卷,第 20 页。
② See Noah Chomsky, "Reinhold Niebuhr", in *Grand Street*, 1987, 6 (2), pp. 197–212.

性来说是社会性的,个体不能离开他人、脱离社会而存在,只能与他人共存。人并不具有最终的个性,这是个体的社会性维度。其二,不管个体与他人的关系如何紧密,不管个体如何依赖社会,他同时又都是独立的、唯一的个体,有自己独立的意识和权利,能够借助精神和意志的自由超越既定的行为规范和社会模式,实现自我,完善社会,推动历史发展,这是个体的独立性维度。个体的独立性维度是以个体与上帝的关系为基础的,但不能将人理解为仅仅面对上帝的独立个体。①

在尼布尔看来,人之存在的这两个维度并不为人所固有,它们都是人在与外部对象的关系中发展出来的,两个维度都体现着个体之自我与他者的关系,即个体之纵向的独立性维度的基础是个体与上帝之间的关系,个体之横向的社会性维度的基础是个体与他人之间的关系。当然此处的他人既包括了作为个体的他人,也包括了作为群体的他人。此外,这两个维度也不可能单独存在,人总是在这两个维度的结合中存在,同时体现出这两个维度的立体性。于是,人的生命过程,亦即自我的实现过程就仿佛一出戏剧长卷的展开,它是人不断与上帝、与他人进行对话的过程。② 吉尔凯就此指出:"尼布尔所理解的人就是在有限和特别的基础(横向的社会维度)上垂直地(纵向的独立维度)站立起来的个体。"③

在人的两种维度当中,纵向的独立性维度也就是人与上帝的关系毫无疑问是终极的、最高的,然而其现状也是最清楚的——人与上帝处于疏离的关系中,这一关系是亟须修复的。尼布尔认为,任

---

① See Richard W. Fox, "Reinhold Niebuhr's Revolution", in *The Wilson Quarterly*, 1984, 8 (4), pp. 82-93.

② Reinhold Niebuhr, *The Self and the Dramas of History*, p. 84.

③ Langdon Gilkey, "Reinhold Niebuhr's Theology of History", in *The Journal of Religion*, 1974, 54 (4), p. 365.

何个体都是先天性地与上帝联系的,因此先天性地具有信仰,而且它体现着人类的绝对自由。然而这并不意味着信仰是个体的私人领域,与他人无关,也不需要人类生活的检验。人从来都不是抽象和孤立之个体,而基督教是一种伦理型的宗教,它规定和指导着人的道德生活,那么个体的行为必然会涉及他人,个体必将接受这样一种检验:在信仰指导下的个人生活和行为要符合公认的道德准则,能够使个体同他人和谐地生活在一起,人的社会性维度由此成为关注的对象。

人的横向的社会性维度是指人与他人的关系。对尼布尔而言,他人不仅包括作为个体的他人,也包括作为群体的他人。然而如果仅仅抽象地谈论两个个体之间的关系,就等于犯了自由主义的老错误,即空洞地谈论两个原子式个体的关系。任何个体都是社会性的个体,共同体和社会是个体存在的自然性基础,因此谈论任何个体与外部他人的关系都应该在个体与共同体、社会之关系的框架下进行。任何个体都从属于某个共同体,个体总是在某个特定的共同体环境里成长起来的,共同体的教导将告诉个体如何理解自身与他人的行为,以及什么样的意向是与之相适宜的。任何个体都是存在于一定的共同体之内的,不仅他的存在需要依托于共同体,他的实现也需要共同体的扶持,共同体对人性之形成和发展起到了至关重要的作用。因此,个体与共同体的关系便是人之社会性维度的表征。

综上,尼布尔反对把道德的问题归结为行为选择的对错之上,反对把伦理学的任务规定为寻找普遍的规则或者原理,道德问题的关键和解决都不应该与人之自我的现状和目的相分离。在尼布尔的伦理学反思中,"人应该成为什么样的人"要优先于"人应该怎么做"。通过对"自我"的新的理解,尼布尔对自我的意义及其实现做了新的诠释,在此基础上使伦理学关注的对象从"做什么"和"怎么做"的外在规范,转向"做什么人"的内在目的,从而实现了伦理问题、伦理关注点的转变，改变了以自由主义为代表的现代理性伦理学的思维方式，为走出时代的伦理困境提出了新的思考路径。

二 个体与共同体

自由主义出于个体本位而对共同体抱有天然的警惕，从而产生了两种错误看法。一是错误地认为共同体只是契约的产物，是人造的机器，其根本作用是防止混乱，因此，机器是没有个体重要的。二是把共同体看作对个体的约束和限制，并且把这种约束和限制看作邪恶的。针对这些错误，尼布尔说："自由主义者认为自由首先是个体的需要，个体之所以需要共同体和社会秩序，只是因为许多人共同生活在一个小世界里，这使得必须有一些最小限度的约束来防止混乱"，因此，个体的自由才是最重要的，在实现自由的过程中，"个体的提升可以以共同体为代价"。① 然而实际上，个体与共同体一开始就处于不可分割的关系中，共同体和个体在历史中同时出现，个体既在共同体之中，是共同体的一个组成部分，又超越共同体，具有高出共同体的自我意识和道德意识，两者之间保持着一种辩证关系，既有本质上的和谐关系，又存在不可避免的冲突。

尼布尔强烈反对自由主义认为个体是自足自立（self - sufficiency）的观点，认为这种观点"完全掩盖了共同体的原初性（primordial）特征，也掩盖了历史命运对人类抉择所产生的压倒性力量"。② 自由主义认为从古典的农业共同体到现代的市民社会，个体的自由是通过逐渐脱离共同体来实现的，尼布尔反驳说："从历史发展的角度来看，个体越是想在共同体中突出以确立自己的独立和独特性，就

---

① Reinhold Niebuhr, *The Self and the Dramas of History*, pp. 3 - 4.
② Reinhold Niebuhr, *The Children of Light and the Children of Darkness*, p. 53.

越依靠一个更广泛的互相服务的系统。个体从来都不是自足的，他在生活中的每一独特天赋的专业化、每一特殊技巧的细致化，都需要一个更大的共同体来支持。"①

人是自然和精神的共同产物，自然虽然是基础，但关键的还是自由精神的超越性力量使得人具有"个性"。尼布尔认为，尽管人的自由来自上帝，先天地存在于人的本质结构之中，但这种自由是在共同体中实现的，他说："原始人在原始群体（primeval we）中过着团体生活，有着一种较少摩擦的和谐。个体是逐渐从这种团体意识中浮现出来而成为个体的。所浮现的东西却是一种原始的馈赠，是不能够一开始就有的。这一特殊馈赠的独特性是由原始存在的特征而得到证明的。原始社会被迫建立某些共同的习俗和方法来限制自然的冲动，而动物的存在，由于没有自由，故并无要达到统一的问题。原始社会之缺乏社会自由，正好证明原始人有不发达的自由。"② 这就是说，先有原始的共同体，所谓的个体是从原始共同体的群体意识中逐渐产生出来的，个体的自我意识是从群体的原有的对于自身统一性的认识当中诞生的，个体之"小我"诞生于共同体之"大我"之中。

人本质是历史性的存在，共同体对个体的首要意义就是提供安全的场所与实现自我的可能。尼布尔说："（共同体）其要素可以被规定为赐予安全，如果没有这种安全，一个人就不能不把自己的安全当作当务之急，有了这种安全，一个人就能使自己与他人联系起来并实现真正的自我。"③ 尼布尔以家庭为例进行说明，"共同体是自我的安全的主要依据，它能使一个人爱他人并且使自己的生命与

---

① Reinhold Niebuhr, *The Children of Light and the Children of Darkness*, p. 52.
② 尼布尔：《人的本性与命运》上卷，第 51 页。
③ Reinhold Niebuhr, *Man's Nature and His Communities*, pp. 107 – 108.

他人发生关系。在一个人的孩童时期,其共同体主要是家庭。一方面,他的安全感来自从母亲那里体验到的爱,另一方面,家庭成员之间的亲密与责任使得个体避免了过分的自私而能够与他人发生关系。因此家庭是个体与他人发生关系的最原初的共同体。在文明社会里,家庭并非唯一一个能给个体提供安全感,并使个体通过奉献实现自我的共同体,其他的共同体不仅包括从部落到城邦、从帝国到民族国家的各种世俗共同体,而且包括所有文化的共同体,这些文化的共同体创造性地运用人的理性和想象力,通过使一个人的所有才能都得到充分发挥来实现自我"。①

可见,个体对共同体有很深的依赖性,他的生存和发展乃至实现都离不开共同体。就人的生存而言,尼布尔说:"人的终极目的虽然是实现自我,但首先需要的是实现自身的生存,这是人的自私性冲动决定的,但同时人还拥有非自私性的冲动,这种冲动使人倾向于与他人和谐相处。"② 还说:"个体离不开共同体,共同体是个体安置其独特性之支点的基础,也是个体生命力之具体和独特形式赖以产生的原料。个体对共同体的这一依赖性,与他对于共同体的需求同样强烈,共同体是他的存在的部分目的、理由和完善。"③

就人的发展和实现而言,尼布尔认为离开了共同体,就没有真正的个体,"没有他人的自我是不完整的自我"。④ 他说:"共同生活不只是社会的必须,也是个体的必须。只有在人与人相处的有机关系中,个体才能实现自我";"孤立的个体不可能是一个真实的自我。离开了共同体,个体不可能生活";不仅如此,真正的自我的

---

① Reinhold Niebuhr, *Man's Nature and His Communities*, p. 108.
② 尼布尔:《道德的人与不道德的社会》,第 16 页。
③ Reinhold Niebuhr, *The Children of Light and the Children of Darkness*, p. 55.
④ Reinhold Niebuhr, *Pious and Secular America*, New York: Charles Scribner's Sons, 1957, p. 113.

维系必须依靠共同体,"个体在不同层面上与共同体有着千丝万缕的联系,个体的个性所可能达到的最高处,依赖于该个体所来自的社会内容,而且个体必须在共同体中才能找到其归属和圆满实现"。[1]

尼布尔称共同体为上帝对个体的"恩典"以凸显共同体对个体的重要意义,"一个人不可能通过一个充满活力的道德意志获得使自己与他人联系起来的能力,这种能力是他的原初安全送给他的礼物,也就是一种恩典";"人的日常社会生活,作为一般恩典的来源,是有序的,有时表现为一系列的具有相同目的的团体,有时是目的部分重叠的并相互冲突的团体"。[2] 尼布尔对共同体的推崇既避免了传统基督教将恩典仅仅看作信仰的产物而导致的回避社会现实的倾向,又为他日后分析群体的道德状态埋下了伏笔,同时也是他"个人的道德完善以群体的道德完善为保证"的观点的预演。

尽管个体对共同体有着非常强的依赖性,但由于个体拥有超越的自由精神,因此他不会甘心屈从于共同体和社会,他总是能够超越共同体,能够超越他卷入其中的自然和历史过程,能够产生超出社会的自我意识和道德意识,从而对共同体的行为做出评判。对于共同体来说,个体的超越能力既可以是创造性的,也可以是破坏性的。

所谓创造性,是因为个体是历史和社会文化的创造者,个体的自由使得共同体的文化和生命形式无限地丰富化,个体在技能、组织方面所体现的创造性使得共同体不断向前发展而不至于僵化和停滞。"个体融入既定的文化体系,与其他成员一起享有共同的文化经验,从而使共同体的生活方式得以延续,在社会的演进和历史的

---

[1] Reinhold Niebuhr, *The Children of Light and the Children of Darkness*, pp. 4 – 5, 48.

[2] Reinhold Niebuhr, *Man's Nature and His Communities*, pp. 107 – 108, 110, 120.

延续中，自我既是一个受造者，又是独立的自我决定的力量。"①"个体的生命力，总会以不确定的程度，挣脱所有社会性和群体性的约束。人类精神对于自然过程的自由，使得历史成为可能。个体对于历史过程的超越性视角，使得历史永远具有了创造性，并且能够创造出新的形式。"②

所谓破坏性，是因为"个体之自由的超越性具有不确定性，后果则是人类的野心、贪婪、恐惧和欲望的扩张性"。③ 尼布尔认为，任何权力意志都是由生存意志发展而来的，是对生存意志的各种形式的精神化，人类的欲望和生命力，都有自然的需求作为其内核，而且，任何精神的转化，都不可能取消这一自然的内核，自然本能和生存意志被精神化后得到无限的发展。由此，人的本性中总是深藏着对于"权力和荣耀"的追求和争夺，这种欲望如不加节制，势必会带来危害，而且由于个体有组织的倾向和能力，因此可以联合其他个体来行动，这就更增加了共同体秩序变得混乱的可能性。一旦共同体失去秩序甚至消亡，那么生存于其中的个体即使依然存在，也无从去谈论其自我和个性了。

可见，个体自由之生命力的双重性使得共同体与个体之间明显存在一种张力。尼布尔指出，"人在其社会组织中需要自由，因为他从根本上来说是自由的，这就是说，人具有超越自然之过程和局限的潜能。这种自由使得人能够创造历史，并以无限的多样性、无边的广度和规模来发挥其组织群体方面的才能。人也需要共同体，因为，从其本性上说，人是社会性的人。人的生活不能够在自身之内完成，而必须通过与他人建立负责任的、相互的关系而完成"；

---

① Reinhold Niebuhr, *An Interpretation of Christian Ethics*, p. 20; Reinhold Niebuhr, *Christian Realism and Political Problems*, p. 6.

② Reinhold Niebuhr, *The Children of Light and the Children of Darkness*, pp. 49, 60, 83.

③ Reinhold Niebuhr, *The Children of Light and the Children of Darkness*, p. 59.

第二章　人性论：社会伦理的理论起点

"尽管自我只有通过持续不断地超越自我，才可能成为自我，但这一超越，不可能停留在某种神秘的彼岸性上，必须转化为自我在他人生活中不确定的实现"。①

因此，人就应该被理解为既面向上帝又面向共同体的存在物，人在上帝之城和地上之城中的存在都应该是认真的、负责任的，"既然人是两个世界的公民，他就不可能担当得起在任何一个世界中放弃其公民权的责任。他必须既作为自然的孩子，又作为绝对的仆人来决定自己的命运"。② 也就是说，一方面，个人的欲求、希望和理想不能与共同体产生根本性的矛盾，不能对共同体的秩序产生威胁，否则个体与共同体的存在都难以维系；另一方面，共同体必须包容其内部个体所呈现的多样性和差异性，因为这是共同体得以丰富自身和发展自身的原动力。

尽管尼布尔关于共同体的论述具有很强的论断性的格言风格，但表明了他对共同体相对于个体的优先性的认可。如前所述，虽然个体的自我意识来自自由精神的超越能力，但个体的自我意识是从群体的自我意识当中诞生的。这是否意味着群体的自我意识先于个体的自我意识，群体的存在先于个体，个体的自由虽然是先天性就存在的，但是只有在共同体里才能通过自我意识而得到实现？

这个疑问在尼布尔之后的著作中得到了解答，尼布尔认为原初的人类群体处于一种天真无辜状态之中，其中虽然充满了和谐和统一，却是"没有自由的生命与生命之间的和谐"。当个体把自己看作构成共同体的一员时，他就有自我意识了，而这种自我意识是基于对自我之独立性与群体之统一性的区分。也就是说，只有在共同体里，自我才可能拥有自我意识，这同时说明，群体的统一性意识

---

① Reinhold Niebuhr, *The Children of Light and the Children of Darkness*, pp. 5, 56.
② Reinhold Niebuhr, *Does Civilization Need Religion?*, p. 186.

先于个体的自我意识。当我们追问群体的统一性意识何以先于个体的自我意识时,尼布尔晦涩地表示,不应该把亚当的状态当作无罪的状态,因为有自由才会有罪,而亚当当时并没有自由,有的只是完美或者无辜,只有当亚当与夏娃作为一个家庭犯罪的时候,自由才出现了。这个自由,是人类的自由,它不是个体的自由,而是共同体的自由。[1] 尼布尔在这里没有直接表达的意思是:群体的自由先于个体的自由。既然尼布尔认为共同体是先于自我而存在的,共同体的自由及建立于其上的自我意识也是先于个体之自由和自我意识的,那么关注点就必然会转移到群体。本书在讨论完尼布尔的人性论之后,就将转向对群体的探究。

---

[1] 参见尼布尔《人的本性与命运》下卷,第351~354页。

第三章　罪论：伦理意识、行为和责任的根源

比照《创世记》的内容，尼布尔人性论的基础是《创世记》前半部分，即上帝创造万物与人的内容，然而这部分内容反映的是人的自然处境，没有道德属性。正是因为罪的出现，人才从自然状态中脱离出来，才有了道德问题。在基督教的神学传统里，《创世记》的后半部分有关亚当和夏娃之堕落的内容亦是极为重要的，对它的解读是基督教人性理论的重要组成部分，即罪论的基础，并因此构成尼布尔社会伦理思想的前提。

围绕"罪"这一核心观念形成的关于人类堕落和罪性的理论是基督教伦理观的基本前提和基础。基督教正统神学伦理通过强调人之"罪性"与上帝之"至善"之间的对立，最终形成基督教独特的"世俗之城"和"上帝之城"的巨大张力，使人类对世俗权力始终抱有一定警惕。现代思想最显著的特点就是淡化人类本质上的"罪

性"色彩,或者干脆取消这种观念,转而借助于人性之善来建造道德理想国。这种思路由于取消了圣俗的巨大张力,极易发展为政治浪漫主义,各种形式的政治乌托邦应运而生。

尼布尔一方面要抵制现代文明,重新唤起基督教信仰;另一方面要求扭转自由派神学的风气,避免盲目的乐观主义和道德主义。他认为必须重新把对"罪"的承认确立为理论的出发点,他说:"基督教的尺度意义,一方面体现在它关于爱的完美主义上,另一方面体现在它(基于罪)的道德现实主义和道德悲观主义上。"[1] 因此,没有对尼布尔之"罪"和"爱"的理解,就不会有对他的思想理论的准确把握。[2]

第一节 罪从何来:人的道德境遇

一 现代文化的"去罪化"与尼布尔的基本立场

基督教历史上对于原罪的解释虽然多种多样,但是经过护教者和神学家们的反复论辩,正统思想所认可的是奥古斯丁的原罪观。总体来说,奥古斯丁认为人类的原罪源自始祖亚当——上帝赋予人的自由意志,从本质上讲是一种向善的能力,但是亚当却滥用自由意志去背叛上帝,因此说亚当的沦落是出于他所禀有的自由意志。奥古斯丁通过"种质论"以遗传为链条将亚当的堕落与人类的原罪联系起来,亚当的犯罪导致了整个人类的堕落,因为原罪通过遗传而传到每个人的身上,人固然并未失去向善的能力,但在原罪的作用下只能行恶。奥古斯丁因此忏悔道:"造成这惩罚的不是我自己,

---

[1] Reinhold Niebuhr, *An Interpretation of Christian Ethics*, p. 39.
[2] See Noah Chomsky, "Reinhold Niebuhr", in *Grand Street*, 1987, 6 (2), pp. 197–212.

第三章　罪论：伦理意识、行为和责任的根源

而是盘踞在我身内的罪，是为了处分我自觉自愿犯下的罪，因为我是亚当的子孙。"①

然而，奥古斯丁的学说始终面临或明或暗的佩拉纠主义（Pelagianism）的挑战。佩拉纠主义否认人之罪是从亚当那里遗传而来，因此，人可以自由选择行义或者犯罪，亚当的罪和人类道德处境之间没有直接的联系；神没有预定任何人有罪，但不排除神能够预见谁会相信、谁会拒绝恩典的影响；神的宽恕给予一切"唯靠信仰"的人，但是一旦被宽恕，人自己有力量讨人的喜悦。②佩拉纠主义否认人类因原罪而不能自救，并坚持人以自己的理智能力而在上帝面前称义，在任何时候都是正统基督教神学的大敌。

蒂利希指出，佩拉纠主义表达了这样一种观念，即罪不是一个普遍的悲剧的必然性，而是一个自由的问题；每个人总可以有一个新的开始，人总可以通过他个人的自由做出决定赞美神或者反对神。③与欧洲相比，美国的危机意识来得晚而且没有那么强烈，当克尔凯郭尔开始强调人类生存的悲剧性时，美国社会还停留在道德主义的幻想之中，认为善恶皆由人，人类的道德和命运在自己手中。尼布尔强烈反对这种道德主义，并将历史上任何对人之罪的否定与人之能力肯定的学说都视为某种形式的佩拉纠主义，对之进行严厉的批判。④

传统的原罪论在特定的世界观和宇宙论的框架下不无道理，因为《圣经》中独特的创世观和历史观是其理论的稳固基础，但是，

---

① 奥古斯丁：《忏悔录》，周士良译，商务印书馆，1997，第154页。
② 布鲁斯·雪莱：《基督教会史》，刘平译，北京大学出版社，2008，第142页。
③ 保罗·蒂利希：《基督教思想史——从其犹太和希腊发端到存在主义》，尹大贻译，东方出版社，2008，第118页。
④ See Geoffrey Rees, "The Anxiety of Inheritance: Reinhold Niebuhr and the Literal Truth of Original Sin", in *The Journal of Religious Ethics*, 2003, 31 (1), pp. 75-99.

现代科学彻底地改变了人们的世界观和宇宙论，传统的原罪论也因此面临根本性的挑战，现代的人本主义、个体主义以及伴随而来的乐观、进步精神也对传统的原罪论大为不利。新的历史观不再以《创世记》和救赎论为根据，而是以考古学的发现和进化论为根据，伊甸园、亚当夏娃也不再是有据可查的历史人物，而是成为神话，那种把亚当的堕落作为人类原罪来源的理论也再难有立足之地。[①] 这种情况意味着人类的罪责失去了历史的推诿根据，个体必须为自己承担罪责。[②] 总之，传统的原罪论因其基本精神与现代精神相冲突，又因其所包含的世界观与现代社会的科学世界观相悖而多为现代人所诟病。

因为基本沿袭了前现代的世界观和宇宙论，早期的宗教改革家（如路德、加尔文等）尚未直接面对这种挑战，在原罪问题上均承袭奥古斯丁的衣钵。但是19世纪的神学家却不得不回应现代世界观的挑战。一方面传统的原罪观已经遭到严重的质疑，甚至成为神学发展的绊脚石，如利奇尔（Albrecht Rischel）和劳申布什所代表的欧陆自由主义神学和美国社会福音派神学均反对传统的原罪论，尤其是原罪的遗传特征。[③] 巴特也评论说："罪的遗传性是一个令人绝望的自然主义的和决定论的，甚至是宿命论的锁链。"[④] 另一方面，如果放弃传统的原罪论，如何能够避免新形势下以新面目出现的佩拉纠主义。因此，新的形势要求神学家另寻支点，对原罪做出新的阐释。

这种努力的最初成果来自自由主义思想家施莱尔马赫。施莱尔

---

① See Bernard Ramm, *Offense to Reason*, p. 76.
② 参见刘宗坤《原罪与正义》，第162~163页。
③ David Smith, *With Willful Intent: A Theology of Sin*, Eugene: Wipf & Stock Pub, 2003, pp. 100-105.
④ Karl Barth, *Church Dogmatics*, Edinburgh: T. & T. Clark, Ⅳ, 1956, p. 501.

马赫尝试诉诸人的生存境遇,对原罪进行历史性、经验性的解释。他对新形势下原罪的新解读是:罪的传播不是通过肉体,也不是通过灵魂,而是通过社会。① 施莱尔马赫对原罪的解释基于其独特的宗教观:宗教就其本质而言既不是最高知识,也不是道德实践,而是一种直觉和情感的体验,它表现为一种绝对的依存之感或是对神性的意识。② 依此而言,罪便是对人对上帝的绝对依存感和意识的破坏,而救赎就是对它们的恢复。在施莱尔马赫看来,罪起于人们的生活世界,因为每个人降生其中的世界已经存在根深蒂固的罪,这种罪由来已久,是个人所无力决定的。施莱尔马赫称这种罪为原罪。③

罪的社会向度不是什么新鲜的话题,但是传统的神学罪论明显更加倾向于强调罪的个体性质。在施莱尔马赫看来,原罪的社会向度可能更加值得关注,他说:"一方面,罪的状态被看作一种固有的、与生俱来的东西,它先于我们自身的任何行为,然而,我们自身的罪责却隐藏其中;另一方面,罪显明于属于个人的罪的行为之中,但是在这种行为中,我们与生俱来的固有因素得到了揭示。"④ 可见,原罪无论在时间还是逻辑上都先于人类具体罪行,是具体罪行的基础和先决条件,它是"存在于个体之中却先于任何个体行为的罪,其根源在个体存在之外,在任何情况下,原罪都是一种彻底的无能为善",因此,"如果说实罪(具体罪行)是一种个体行为和

---

① 刘宗坤:《原罪与正义》,第63、163页。

② See F. Schleiermacher, *On Religion, Speeches to Its Cultured Despisers – The Second Speech*, pp. 50 – 55.

③ 刘宗坤:《原罪与正义》,第201~202页。

④ Friedrich Schleiermacher, *Christian Faith*, eds., H. R. Mackintosh and J. S. Stewart, Edinburgh: T&T Clark, 1928, p. 281.

个体罪责,那么原罪则是一种集体行为以及人类的集体罪责"。①

施莱尔马赫的原罪观是自由主义在传统原罪学说和现代世界观的结合方面所做的初步努力,开创了近代神学中关注罪之社会向度的先河,为罪论的发展开辟了另一条道路。他打破了将原罪归于人类共同祖先的传统说法,以社会向度解释原罪的传播。② 此后,罪的社会向度日益受到关注,即使在自由主义神学式微之际,这一视角也始终受到强调。

施莱尔马赫的观点被利奇尔和劳申布什继承,发展出更加成熟更加完备的原罪理论,"利奇尔和劳申布什均受到施莱尔马赫关于恶的社会之维学说的影响,他们通过把罪的个体性观念提升到罪的集体性概念而发展了罪的神学"。③ 旧式的原罪观基本被他们抛弃,甚至原罪本身都显得不那么重要,如劳申布什在《社会福音神学》中就说:"原罪教义不应该掩盖存在于过去和现在的罪的积极来源,如果不是只盯着原罪,而是眼光放在现在的罪上,那么神学会产生更大的时效;原罪论认为罪由遗传而来,从而忽略了社会传统所承袭下来的具体的罪。"④ 由于更加注重罪的社会向度,他们的原罪理论更加具有伦理的意义,而神学的意义逐渐减弱。不难发现,这种原罪论的根基明显与《圣经》文本脱离了关系,这就等于取消了原罪的形而上层面,把罪当作了历史性和经验性的事实。从表面上看,原罪的理论变得不再深奥难测,同时对罪的社会向度的强调丰富了理论的内涵,然而事实上,罪的本源在这种理论中被忽视了,这种理论把罪的传播解释成如病症的传播,而对病源一无所知。⑤

---

① Friedrich Schleiermacher, *Christian Faith*, pp. 282, 306.
② 刘宗坤:《原罪与正义》,第203页。
③ David Smith, *With Willful Intent: A Theology of Sin*, p. 109.
④ Walter Rauschenbush, *The Theology for the Social Gospel*, Nashville: Abington, 1945, p. 77.
⑤ Bernard Ramm, *Offense to Reason*, p. 77.

第三章　罪论：伦理意识、行为和责任的根源

自由主义神学的这种原罪理论变相地否定了原罪，由于强调罪的社会维度，它将人的救赎寄托在社会层面的改造之上，希望能够通过消除社会的种种弊端，逐步地实现人的自足完善，进而达到人类的救赎。严格地讲，这是一种半佩拉纠主义的原罪论，尼布尔本人也持这种看法。① 此外，对于尼布尔、巴特等新正统主义者来说，任何不以《圣经》为基础的原罪观，肯定是无法接受并要被严厉批判的。不过，这种原罪观对尼布尔的影响也是非常大的，它对罪的社会维度的阐发和对社会改造与个人得救关系的论述都直接影响到了尼布尔社会伦理思想中如群体道德、个人救赎与社会状况的关系等非常重要的几个方面。

现代思想家中唯有克尔凯郭尔对尼布尔的原罪观的基本立场有着直接影响。克氏是生存哲学之父，也是在近代最早对罪做出生存论解释的思想家之一。克氏反对以历史的观点来阐释亚当的堕落，即否定了从字面来理解《创世记》的内容，他认为这种方法完全是自相矛盾的：一方面，把亚当看作人类始祖，是真实存在的历史人物；另一方面，在亚当身上体现着从纯然到罪的堕落过程，这种过程无法在现实中的任何人身上重现，在这种意义上，亚当实际上被排除在人类的历史之外。正确的观点应该是：把亚当的堕落看作整个人类罪性的生存交叉点，亚当不是历史人物，他是整个人类的表征，在他身上体现着每个人生存和罪恶的境遇，"每一个人既是自己又是种族，后来的个人与第一人并无本质上的区别"。②

在克氏的影响下，尼布尔不赞成用"逐字解经法"来理解《创世记》，即不能把它理解成历史的真实事件，也不赞成传统基督教

---

① 尼布尔：《人的本性与命运》上卷，第220页。
② 尼布尔：《人的本性与命运》上卷，第234页。

的理解方式,因为这种方式等于否定了人的自由意志;如果人不是出于自由意志而是被动行恶犯罪并接受惩罚,那就等于说人要为自己无法选择的行为负责。[1] 他说:"如果拘泥字义的错误被消除,原罪教义的真理就会得到更为清晰的揭示,但我们仍当知道,即便这个教义的真理被揭示出来,从纯理性主义的观点看,它也仍然是悖谬难解的,因为它表达了一种不能用理性来加以充分说明的命运与自由之间的关系。"[2]

尼布尔主张从存在主义的角度对"原罪"展开分析,把关于"堕落"的描述看作一种象征手法,即通过堕落的神话象征地表达人类原罪的由来,突出原罪在人类生存状况中的普遍存在,强调人在生存处境下时时刻刻都可能因为"原罪"而导致具体的罪行出现。尼布尔说:"原罪不是一种遗传的腐败,它是人类存在的一种不可避免的事实,此存在的不可避免性是由人类精神的本质所决定的。它无时不在,无刻不在,然而却没有历史。"[3] 这充分反映了尼布尔的叙事神学的特色,即类的解释方法,不再将关注点放在个体之上,而是放在对类关系和类意义的探讨。比如亚当和夏娃就不再是作为个体的男人和女人,而是类意义上的男人和女人;他们与上帝之间的关系也不再是个体与上帝的关系,而是整个人类与上帝的关系;罪也不再是亚当和夏娃所独有的,而是类意义上的罪。《创世记》所表现的正是类意义上整个人类的被造和堕落的历程,原罪所揭示的就是人类生存的悖谬和悲剧性,堕落

---

[1] See Geoffrey Rees, "The Anxiety of Inheritance: Reinhold Niebuhr and the Literal Truth of Original Sin", in *The Journal of Religious Ethics*, 2003, 31 (1), pp. 75 – 99; Khurram Hussain, "Tragedy and History in Reinhold Niebuhr's Thought", in *American Journal of Theology and Philosophy*, 2010, 31 (2), pp. 147 – 159.

[2] 尼布尔:《人的本性与命运》上卷,第 233 页。

[3] Reinhold Niebuhr, *An Interpretation of Christian Ethics*, p. 55.

是与我们每个人息息相关的：不仅我们每天都在上演沦落的戏剧，而且沦落就是我们每天的生存现实。因此，亚当带给人们的不是传统意义上的原罪，而是带来了焦虑和知善恶的能力，尽管这一切导致了罪，但它们不是罪。①

二 罪的产生机制与必然性

尼布尔的基本立场揭示出，罪的产生既不在于人的认识的偶然失误，也不在于社会历史的外部原因，而在于人的生存境遇，是人类存在的一种不可避免的事实，其不可避免性是由人类精神的本质决定的。

如前所述，尼布尔把人理解为肉体与精神、必然与自由、有限与超越的统一，这一统一是"悖谬式的"，它体现在人的任何处境之中——"当人处于最高的灵性地位的时候，他仍然是一个被造者，而即使在他自然生活的最卑劣的行为中，他仍显示出若干上帝的形象"。② 以上实际上是对人的纯粹的"自然状态"的静态描述，这种状态下的人无善无恶，并无道德意义可言，只有当人处在具体生存之中时，才能更准确地反映人的本性及其道德状况。

人由肉体和精神构成，但是"人既非纯粹的自然，也非纯粹的精神"，而是"处于自然与精神的交汇处，周旋于自由和必然之间"。③ 人类的生命由此始终存在这样一种张力：一方面受自然必然性的束缚，另一方面又试图自我超越。尼布尔用水手的故事来表达这种张力——"正如一个水手爬到船上的桅杆上，上有颠危

---

① 参见刘宗坤《原罪与正义》，第71、180页。
② 尼布尔：《人的本性与命运》上卷，第123页。
③ 尼布尔：《人的本性与命运》上卷，第12、181页。

眺台，下有波涛万丈。他既要关切他上面所要达到的目标，同时又忧虑那空虚浩渺的人生深渊"。[1] 在这巨大张力的作用下，人会产生一种"焦虑"（anxiety），它是"人所陷于的自由与有限性这一矛盾处境的必然伴随物，是处在这一矛盾处境的人所必然具有的精神状态"。[2] 但是，这种"焦虑"的心态并不是罪，首先，焦虑只是罪的前提，焦虑只有与另外的条件相配合才会导致罪；其次，焦虑是人类创造的基础：人类因为自己的无限超越性才感受到自己的有限性，但人类并不能察觉这种无限超越性，这种感而不察的焦虑才是人类进行各种可能性创造的基础。克尔凯郭尔、尼布尔，还有韦伯等人，他们虽然使用了焦虑这样的心理学概念，却不仅仅将它们视作情感的经验，而是指向生存论的维度，目的是找到人性里不能概念化的终极维度。[3]

"焦虑"需要"诱惑"的配合才会导致"罪"的发生。跟"焦虑"一样，"诱惑"也产生自人类自由与有限性的巨大张力——当人凭借无限的超越能力对自己的有限性感到焦虑的时候，又受到自己无限超越能力的诱惑，误认为自己可以凭借它摆脱有限性，妄以为自己已经感受到了整体。人所身处的这个有限性和自由的处境之所以成为引诱之源，是因为这个处境受人误解所致。[4] 可以看出，"诱惑"和"焦虑"一样，是无时无刻不存在于人的生存状态之中的，人的生存状态之中没有单独存在的"焦虑"，也没有单独存在的"诱惑"，两者始终是并存的。只有在"诱惑"的配合下，"焦虑"才会成为"动机"，从而导致"罪"的发生。有限和自

---

[1] 尼布尔：《人的本性与命运》上卷，第 167 页。
[2] 尼布尔：《人的本性与命运》上卷，第 161~162 页。
[3] See Theodore Minnema, *The Social Ethics of Reinhold Niebuhr*, New York: William B. Eerdmans, 1954, p. 112.
[4] 尼布尔：《人的本性与命运》上卷，第 164、178 页。

由之间的巨大张力、由此张力产生的焦虑和诱惑，共同构成了人类真实的生存处境并由此导致"罪"的产生。这便是人的"原罪"，尼布尔将它表述为：人之具有滥用其自由、高估其能力与重要性并企图支配一切的倾向。①

人身上的这种张力在导致原罪的同时，也带来一个极其重要的问题。张力在自我之中的存在虽然会带来焦虑，但是并不能充分解释罪（即自我以自身为中心）的产生，它只是自我不可避免地选择犯罪的基本条件。如果说原罪的不可避免在于张力的不可避免，进而必然导致人生来有罪之存在境遇，那么，既然人不可避免会犯罪，为何还要为此负责？对这个问题的回答，不仅是尼布尔的社会伦理思想，而且是他整个思想中最复杂和最核心的部分。

如前所述，焦虑和诱惑的互相配合产生了罪。可以说，焦虑是人之自由和有限的不可避免的伴生物，是罪的内在前提，是对受到诱惑状态的内在描述。然而焦虑并不是自我之本质的构成因素，它没有源头，只是自我之本质的伴生物。虽然它的存在是"不可避免"的，但若细究逻辑，伴生物的概念并不意味着必然性，因此在解释人之罪的"不可避免"时并不显得有力。同理，诱惑也是人之本质的伴生物，它既没有源头，也不在自我的本质结构之中，因此无法有力地说明人之罪的"不可避免"。

对于尼布尔而言，唯一的解释只能是：除非是人的自我认识出现了问题、自我实现的方向出现了偏差，否则不会出现伴生物，更不用说滑向犯罪了。人之罪的"不可避免"只能来自人对自己的误读和对自身处境的误解。②也就是说，人若不在罪中，就不可能受

---

① 尼布尔：《人的本性与命运》上卷，第80页。
② Peter Kennealy, "History, Politics and the Sense of Sin: The Case of Reinhold Niebuhr", in *The Promise of History: Essays in Political Philosophy*, p. 144.

到诱惑。① 尼布尔再次指出:"尽管个性不因为其有限性而被认为邪恶,但它的有限性确实毫不含糊。即便是处于自我意识的最高水平,自我也仍是有限的自我,自我若是妄想达到普遍性,那就算是邪恶。自我总是某一个自我,总为它的生存焦虑,而它企求达到的普遍观点,总要受制于与其肉身相联系的此时此地,尽管它能环顾世界,力图将其对肉身的部分超越视为它具有神性的证据,然而事实上他仍是一个具有依赖性的自我。"②

因此,焦虑单独并不致引向罪,除非人的依赖对象出现了偏差,由上帝转向了自我,尼布尔说:"总是存在这样一种理性的可能性,即信仰会净化焦虑,使之不走向罪的自我发挥。这种理想的可能性是:信仰上帝之爱这一终极安全能克服历史和自然中的所有直接的不安全。这便是基督教为什么始终把不信界说为罪的根源,或界说为走在骄傲前面的罪的原因。"③ 换言之,只有假定了人不信靠上帝这一先在的罪,自由所生的焦虑才会引人犯罪,因此,必须假定作为不信的罪的先在。

不过,尼布尔在论证"自我之所以产生焦虑并被诱惑,进而将自身设为中心而非上帝"这一过程时,将缺乏信仰同时作为原因和结果互相包含。这里似乎存在循环论证。尼布尔虽然意识到了这一点,但认为这里并不含有任何矛盾,在他看来,悖谬式的解释同样适用于此:缺乏信仰本身即罪的前提,罪在背离上帝之中自发地形成(sin posits itself),同时也导致人进一步犯罪的倾向,是人进一步犯罪的基础,这些罪也无一不显示出背离上帝的特征。④

既然罪的本质是背离上帝,那么罪也自然就是背离上帝所造成

---

① 尼布尔:《人的本性与命运》上卷,第 224 页。
② 尼布尔:《人的本性与命运》上卷,第 151 页。
③ 尼布尔:《人的本性与命运》上卷,第 166 页。
④ 尼布尔:《人的本性与命运》上卷,第 166~167 页。

第三章　罪论：伦理意识、行为和责任的根源

的人的本质，它意味着人与上帝、与真实自我的疏离。在这个意义上，尼布尔倾向于使用"普遍的疏离"来指代"原罪"。① 人为之焦虑，他运用上帝所赋予的自由以挽救这种疏离，以认识真实的自我、与上帝和谐统一，其方式却不是使自己的意志服从于上帝的意志，而是在自身和外部世界中寻找安全感，结果反而加重了良心的不安，并且越走越远。尼布尔说："罪性是人的本性的核心，因为罪深深地根源于人的意志之中，是人妄用自由意志的结果，人是在自己的真实本体中抵触自己，人的本质是他的自由意志，他的罪是妄用自由并由此招来的自由的毁灭。"②

可见，"人的根本在于自由，而罪因自由而生"，当人妄用自身的自由时，罪便不可避免地产生了，罪是人在自我认识和自我实现过程中的必然产物。从这个意义上来说，罪恰恰体现了人类的自由，而如果人类能意识到自己是不自由的时候才是最自由的，这便是罪与自由之间的悖谬关系。尼布尔指出："佩拉纠主义由于过于强调人的自由的完善自足，故认识不到这一事实：发现了自由也就同时发现了人的罪；奥古斯丁主义由于过于关注人的自由被罪败坏，故不完全理解：发现人的罪是自由所取得的一桩成就。"③

罪表现了人神关系的破裂，人性的沦落状态是这一破裂的结果。在此意义上，罪论与人性论是两个层次上的问题，简单地讲，罪论构成了尼布尔人性论的神学基础，只有在罪论的前提下，方能谈论人性的状况。正如本章开头就提到的，人性论和罪论分别对应着创世和堕落两大神话，而且罪论意味着人的本性从本质结构进入了历

---

① See *Reinhold Niebuhr and the Issues of Our Time*, p. 35.
② 尼布尔：《人的本性与命运》上卷，第 16 页。
③ 尼布尔：《人的本性与命运》上卷，第 231 页。参见理查德·克隆纳《尼布尔思想的历史渊源》，任晓龙译，载许志伟主编《基督教思想评论》第 12 辑，第 230~241 页。

史存在，虽然罪论属于人性论的一部分，但将它们分开单独进行讨论较为妥当。

现在便能回答前文中"罪是如何既不可避免同时又需要人来负责"的问题。

尼布尔承认，如果罪是出于自然的必然性，那么人不应该为之负责，同样地，罪也不存在人的本质结构之中。因为一方面，人的自由精神超越了他的自然存在和过程，人因此具有自由选择能力，罪由自由而起，结合自然而生；另一方面，人本质结构的几个部分无论是单独还是结合都无法导致罪的不可避免。尼布尔对此解释说："罪既不能被认为是人的本性上的必然，也不可被视为人的意志的纯粹任性。毋宁说，它来自意志的缺陷，由于这个原因，它并不完全是人有意为之的；但是，由于罪是那个有缺陷的意志，而意志又以自由为前提，所以这缺陷便不能归结为人本性中的污点。"①

"意志"在尼布尔的思想里是比较含糊的概念，尼布尔倾向于把它说成"自我的冲动和欲望被自身超越的结果"。② 在这个意义上，意志表现为自我的绝对内在自由。然而根据上一段的内容，尼布尔明显在说，这一绝对的意志是有缺陷的，这个缺陷严重到阻止了意志正确地朝向上帝，而这个有缺陷的意志的自由选择是人为其言行担负责任的基础。问题的关键显然就在于，尼布尔所谓的这个缺陷究竟是什么，它如何能够剥夺意志在善与恶、上帝与自我之间的正确选择？

尼布尔的回答一如既往地吊诡："自我精神之自由的终极证明

---

① 尼布尔：《人的本性与命运》上卷，第217~218页。
② Reinhold Niebuhr, *The Self and the Dramas of History*, p. 12.

是自己认识到面对善恶的抉择,自己实际上是不自由的。"① 也就是说,人之意志出于上帝的意志,因而具有普遍性和绝对性,人并非没有认识到这一点,然而人始终担心自己的意志是特殊的,他担心自己与上帝与他人在本质上有所不同,这种不同意味着人与上帝的疏离。人为这个问题所困扰,深感不安,他认为若能使自己的特殊意志服从上帝的普遍意志,便不会再有焦虑和不安。但是做出选择的自我意志,其出发点和落脚点却不在上帝而在自我,不可避免的是人的自我中心倾向。虽然使自己的特殊意志服从上帝的普遍意志充分体现了人之意志的自由选择能力,但在这种选择之中,意志的自由丧失了,它不可避免地选择了犯罪,人的自由也因此显现,但它是有缺陷的自由。② 所以说,能发现罪的必然性,正是人的自由的最高表现,而人是在他的自由中因为自由而犯罪的。总之,原罪的根源在于"不信靠上帝",在这个环节中,人的原罪不可避免自发地产生,人的责任也必然随之产生。

尼布尔认为,责任的概念内在地包含着标准的概念,这种标准是最高层次的标准,是审判者对于罪人的标准。同时,责任的概念还内在地包含着绝望与希望,绝望在于对自己行恶之后果的惧怕,希望在于对审判者拯救罪人的期盼。因此尼布尔强调:"尽管一切特殊的罪行都有社会的原因和后果,但罪的真实本质却只能从灵魂与上帝的关系这一垂直维度来加以理解,因为自我的自由是超乎一切关系之上的,因而除上帝之外它便别无其他裁判者。"③ 尼布尔由此引出了人的存在境遇中的另外两方面的内容:一是由原罪而出的具体或实际之罪;二是评判罪和责任的标准。

---

① 尼布尔:《人的本性与命运》上卷,第230页。
② 尼布尔:《人的本性与命运》上卷,第264页。
③ 尼布尔:《人的本性与命运》上卷,第229页。

三 罪行论：骄傲之罪与情欲之罪

"罪"的基本特征是"人的罪不是必然的，但却是不可避免的"。罪不是必然的，指的是人类虽然身负原罪，但是人的意志并没有失去自由选择的能力，摆在人类面前的始终有行善和为恶两条道路；罪是不可避免的，指的是焦虑和诱惑的张力根植于人的天性，具有普遍性，只要人处在现实环境里，终究会选择行恶，因此实际之罪是无法躲避的。当人在现实中因为"原罪"而做出了行恶的选择，罪行便出现了。

随着"罪行"概念的出现，有必要厘清一下原罪（original sin）、罪（sin），还有罪行（guilt）三个概念之间的区别。尼布尔对"原罪"和"罪行"的区分是非常明显的，"原罪不包括罪行的概念"，原罪指人时时刻刻处在其中的随时可能因焦虑和诱惑而犯罪的处境；"罪行"也称"实际的罪"（actual sin），[1] 指的是具体的犯罪行为。"罪"的概念比较含混——尼布尔有时将它等同于原罪，例如，"人生来便是有罪的"，指的便是原罪；有时将它等同于罪行，例如"犯了罪"，指的就是具体的犯罪行为；有时指向"原罪"和"罪行"的统称，例如"罪"对上帝的背离。具体的含义需要根据行文进行甄别。

实际之罪根据从不同的视角看待精神与自然之间的张力而以两种形式表现出来，"人生一有焦虑，就会产生骄傲（pride）与情欲（sensuality）。人若寻求将其偶然生存抬升到无限意义之域，那他就会陷入骄傲；人若寻求通过沉溺于易变之善，以及自失于某种自然的生机之中，来逃避其自由的无限可能性及自我决断的危险与责任，

---

[1] Reinhold Niebuhr, *An Interpretation of Christian Ethics*, p. 56.

那他就会陷于情欲"。① 当然，焦虑单独并不导致犯罪，必须有诱惑的协同，实际上，引诱便蛰伏于人的这两种倾向之中：或者（用骄傲和自爱）来否定他生存的偶然性，或者（用耽于情欲）来逃避他的自由。

尼布尔对实际之罪所做的此种区分自然有其神学的依据。他从信仰的角度把"罪"的性质规定为"对上帝的背叛"。这里"罪"既指"原罪"，表示人类背离了本应朝向的对象——上帝，又指"罪行"，表示任何具体的犯罪行为，都是背离上帝的表现。作为原罪，是与生俱来的；作为"背叛"的罪行应该有两种解释，也就是说实际上区分了两种罪行的性质，一是对上帝的"背"，即背离上帝；二是对"上帝"的叛，即不仅背离，而且反叛，要取而代之。

尼布尔的区分反映了他对现实生活的深刻洞察。对罪行的理解，无论是奥古斯丁式的还是现代文明式的，都没能"抓住人类罪行中精神与本性、理智与欲望之间的反悖关系"。② 前者未能明确区分理性与欲望，错误地把所有的人类罪行都归源于理性的有限和欲望的盲目之类的人类有限性，后者却错误地将理性作为所有美德的基础，将欲望作为一切邪恶的根源。实际上细查之便可发现，在人类有限性导致的罪行中，有的并非那么邪恶可憎，比如酗酒、贪食等。毋宁说，这些罪行更像是"自然界的混乱状态"，这种状态下的个体，并不是要成为所有存在的中心，而只是力图成为自身存在的中心。③

真正的罪恶是"来自精神上邪恶的一种不同的秩序、一种不同层次的邪恶，该精神邪恶则是企图（取代上帝）将自我树为所有存在的中心的结果。这种邪恶严格地说来才是罪。这种罪是对上帝的

---

① 尼布尔：《人的本性与命运》上卷，第168页。
② Reinhold Niebuhr, *An Interpretation of Christian Ethics*, p. 56.
③ Reinhold Niebuhr, *An Interpretation of Christian Ethics*, p. 63.

背叛，这才是罪的实质"。① 这种"宗教意义上的罪"基本上是原罪和实际之罪的集合，因为它既体现了罪的先在性和普遍性，又反映出实际之罪背后的神学意涵。相较之下，实际之罪是与道德判断相联系的，因而尼布尔称实际之罪为"不义"，表现为"那在骄傲与强力意志中妄以自己为生存中心的自我，不免将别的生命臣服于自己的意志，并因此对别的生命作出不义的举动来"。②

先来看骄傲之罪。尼布尔认为骄傲之罪的产生就是人为了掩盖自己的有限的地位而"故意无知"，从而欺骗了自己和他人，寻求将其偶然存在抬到无限意义之域。这就在宗教的意义上产生了"背叛"上帝的罪，妄图对上帝取而代之；宗教的罪又进一步表现为道德上的罪，即对别人不义。骄傲是自我把自身作为终极目标，并通过这种方式进行自我认识和自我实现，赋予自身的有限性以无限的意义。在这一过程中，自我把自身当作了无限的绝对，对于此时的自我来说，自身的有限性和必然性反而成了一种欺骗，自我会认为有限性和必然性是非存在，进而否定他们。③ 作为伪绝对的自我明明是错误的方向，却被当作正确的方向，而且充当了判断的主体和标准，把真实的自我界定为了虚无。

就此而言，骄傲之罪无异于自欺欺人，因为自我选择的终极目标，无论正伪，都会界定实际行动之自我，即使是作为伪绝对的自我也能够合理地协调生机与形式之间的关系，构建出有意义的、活生生的个体生命。这就是说，当自我选择了终极目标（即便这一目标并非上帝而是自我）后，就能运用自己的精神之创造能力并结合自然的生机与形式，构建出一个生命体，然而当自我对这个生命体

---

① Reinhold Niebuhr, *An Interpretation of Christian Ethics*, p. 63.
② 尼布尔：《人的本性与命运》上卷，第163页。
③ 尼布尔：《人的本性与命运》上卷，第168、179~182页。

进行反思和自我认识的时候,它会认为这个生命体是摆脱了自然有限性的。① 在这一过程里,人类之生机(同时包括自然的和精神的)的内在逻辑不再沿着生存意志发展,而是出于权力意志以自我保存和安全为起点、以自我实现为目标。

尼布尔把上述状态下的自我称为"败坏的自我"(corrupt self),在败坏的自我之中,生命的自然和谐被摧毁,取而代之的是作为自爱的不义。② 败坏的自我同时也是实际的自我,是人可被观察到的行为的主体,因此骄傲之罪处理的基本上是可被直接观察到的人类罪行,尼布尔将其分为三类:权力的骄傲、知识的骄傲、德性的骄傲。其中知识的骄傲和德性的骄傲对权力的骄傲起着意识形态的作用,而德性的骄傲很容易又发展出一种精神的骄傲,尼布尔认为它可以算作第四种骄傲,但也是"骄傲与自我荣耀的核心"。不过尼布尔提醒说:"这样的区分是便于分析起见,在实际生活中并不能完全分开。"③

(1)权力的骄傲又分为两种。一种体现在那些居于社会较高层次的人身上,他们自以为是、志得自满,却意识不到生命的偶然性,认为自己可以主宰一切,把自己视为存在的中心和命运的主人。另一种体现在那些在社会中感觉不够安全的人身上。他们对不够安全有一种"幽暗意识",因此尽一切可能掠取权力;因为感到自己没有受到足够的尊重和敬畏,因此努力提高自己的地位。他们最大的特点是贪婪,这种贪婪不仅表现在对权力的获取上,也表现在对自然的掠夺上。事实上,这两种权力的骄傲都是受不安全感的驱使,去越界伸张自己的权势。人类野心的无限,不能只归咎于无限的想

---

① Peter Kennealy, "History, Politics and the Sense of Sin: The Case of Reinhold Niebuhr", in *The Promise of History: Essays in Political Philosophy*, p. 146.
② 尼布尔:《人的本性与命运》上卷,第169页。
③ 尼布尔:《人的本性与命运》上卷,第169页。

象力，也要归咎于人类因认识到自己的有限性、软弱性和依赖性而产生的不安。①

（2）知识的骄傲。尼布尔认为知识的骄傲是权力的骄傲的精神升华。这种骄傲一方面来自人对自己心智有限的无知，另一方面来自人试图掩盖这种无知以及人对已有知识的轻信、对其他知识的自私偏见。知识的骄傲表现为理性的骄傲，主要表现为原本只是有限的知识，却妄称自己是终极的真理。②

（3）德性的骄傲。这是一种"自以为义的骄傲"，即"意在把'我的善'作为一种无条件的道德价值建立起来"。③它表现在一切自以为义的判断中，断言他人之不义，是因为他人不符合评判者立下的武断标准。这种罪比前两种更加严重，因为它往往体现在那些认为自己拥有了真理，从而在伦理上也拥有了德性的人身上，他们以自己的有限的德性作为终极的义，把自己的相对道德标准作为绝对的道德标准。尼布尔认为这是最大的罪愆，因为它体现的是人不但不愿意承认自己是罪人，而且要代上帝行事的僭妄。德性的骄傲尤其体现在人对人的残忍和不义上，甚至连种族、国家、宗教都不能避免，因而是社会和政治斗争的根源。

（4）精神的骄傲。精神的骄傲由德性的骄傲派生出来，是人类灵魂最深处的罪。精神的骄傲突出表现在宗教信仰中，是把人类灵魂深处隐含着的自我神化后表现出来的宗教之罪。当人把自己的偏狭标准和相对成就当作无条件的善并要求神的认可时，就产生了这种罪。尼布尔对这种罪进行了极为严厉的批评："最凶恶的阶级统治就是宗教的阶级统治，最恶劣的不宽容就是宗教上的不宽容，在

---

① 尼布尔：《人的本性与命运》上卷，第169页。
② 尼布尔：《人的本性与命运》上卷，第173~175页。
③ 尼布尔：《人的本性与命运》上卷，第176页。

这种态度上人将本身的各种私利,隐藏于宗教的绝对肯定背后;最恶劣的自我宣传即宗教上的自我宣传。因此,与其说宗教是人的内在德性对上帝的追求,不如说是上帝和人的自负的最后战场。"①

权力的骄傲来自自我的不安意识,自我认为要达到安全和保存的目的,就必须实现权力、金钱和声望的增长。这一现象包含着两个部分:首先,权力、金钱和声望不仅要被获得,而且是人想方设法地保有的对象;其次,除非自我能够肯定自己所保有的权力、金钱和声望足以使自己的不安意识消失,否则自我不会停止获取。尼布尔认为自我的保存作为自然本能是非常容易满足的,然而这一满足释放的却是自我对死亡这一最大的自然必然性的不安。"事实上,人的野心之无限,不能只归咎于人的无限想象力,而也归咎于他因认识到自己的有限性、软弱性与依赖性而产生的不安,人越是要掩饰这些不安,这些不安就越是强烈,在更多的直接的不安被消除后,最终的危险也就产生了。"②

自我对权力、金钱和声望的维护是自我称义的现实表现,它必然导致社会生活层面的无穷无尽的不义。权力意志是人的精神生机以及被精神化了的自然生机共同的产物,这样尼布尔就在骄傲之罪的宗教意义(对上帝的背叛)和社会意义(对他人的不义)之间构建起了桥梁,罪的这种双重维度也可以表达为垂直维度和水平维度,或者是主观维度与客观维度。然而,罪的这两重维度并不是毫不相关的,必须结合起来进行考虑:垂直维度上的罪不仅导致了水平维度上的罪,还为水平维度上的罪提供了必然性证明(自我必须使自己的不义行为在知识上是正确的、在道德上是正当的),而且无时无刻不体现在水平维度的罪之上。

---

① 尼布尔:《人的本性与命运》上卷,第178页。
② 尼布尔:《人的本性与命运》上卷,第173页。

知识的骄傲和德性的骄傲对权力的骄傲起着意识形态的作用，这并不是说知识的骄傲和德性的骄傲完全就是权力的骄傲的附生物，它们同样源于自我试图隐瞒自身的有限性和条件性的举动，它们与权力的骄傲一样是宗教和道德双重意义上的罪，而不是权力的骄傲的佐证。知识的骄傲是一种出自理性的骄傲，因为理性没有意识到自己被卷入了世界的有限性之中，并被精神化后的自然生机所败坏。[1] 德性的骄傲也一样，只要把知识的骄傲中的真理替换成善就是了——当自我断定善好的时候，它自身已经为自私所败坏，它所设立的善的终极目标也因此先天地含有缺陷。

尼布尔强调指出，"德性的骄傲表现在一切自以为义的判断之中，断言他人之不义，是因为他人不符合评判者立下的武断标准。由于人用自己的标准来评判自己，所以发现自己是善的。当他人的标准不符合自己的标准时，人用自己的标准来评判他人，就发现他人是恶的"。[2] 这就是说，德性的骄傲使得自我敢于做出评判，评判的对象不仅有自我自身，还扩展到了他人；更为可怕的是，自我评判他人的范围远远大于评判自身的范围，这也是尼布尔称德性的骄傲已经与"残忍"相联系的原因，"我们的极端残忍、不义和对人的诋毁，都由自以为义而来。种族、国家、宗教与其他社会斗争的整个历史，都在诉说那由自以为义而生的客观邪恶与社会苦难"。[3] 在尼布尔看来，德性的骄傲的根源在于，人把自身当作了评判的终极标准，而不知道上帝就是审判者，也不需要上帝作为救主，在这个替换过程里，罪自发地形成，表现为自我称义，是对上帝的背叛。在此意义上，德性的骄傲在主观上和客观上都是最严重的罪。

---

[1] See David K. Weber, "Niebuhr's Legacy", in *The Review of Politics*, 2002, 64 (2), pp. 339 – 352.

[2] 尼布尔：《人的本性与命运》上卷，第176页。

[3] 尼布尔：《人的本性与命运》上卷，第177页。

情欲之罪也源自精神与肉体、自由与有限之间的张力，只不过骄傲之罪是从自由的视角看有限，体现的是精神试图使自己绝对化的过程和结果，而情欲之罪则是从有限的视角看自由，体现的是自我沉浸于自然的必然性，来逃避自由之无限可能的过程和结果。尼布尔认为，骄傲之罪是情欲之罪的前提和基础，"如果说自私是对生命和谐的破坏，因为自我力图使自己成为生命的中心，那么情欲则是对自我和谐的破坏，因为自我不恰当地沉迷于且把自己等同于它身上的特殊冲动与欲望"，情欲沉沦于生存的各种过程、活动与兴味之中，必然导致对有限价值的无限崇奉，因此，"对受造的、可朽坏的价值的贪恋，这种贪恋源于对自我的根本之爱，而不是对上帝的爱"。①

情欲之罪主要是指一些与肉体相关联的嗜好、惰行，如贪食、酗酒和淫乱等。很明显，在情欲之罪中，自我同样会选择终极目标，然而这目标既不是上帝也不是自我，而是一些极具有限性的所谓的"善"。情欲之罪看起来具有非常鲜明的特征，但在其根源那里，自爱的特征反而非常模糊，对情欲之罪的准确把握必须结合骄傲之罪。

就罪的逻辑而言，情欲出自骄傲，但这并不意味着情欲是比骄傲更进一步的罪，只能说情欲是"人违抗上帝的次要后果"。尼布尔分别援引了奥古斯丁和阿奎那的著作来说明这个观点。首先，尼布尔延续了奥古斯丁的观点，不仅强调骄傲的先在性，而且把情欲看作出自骄傲且因骄傲而招致的报应。其次，尼布尔认为阿奎那基本沿袭了奥古斯丁的观点，阿奎那认为人具有从上帝神圣意志而来的理性力量，它能够控制人的肉体，当人不再顺从上帝，就意味着这一控制的失效，同时肉体的情欲就会反抗理性。尼布尔认为阿奎那的观点有其内在的不协调，只是说明了情欲之罪中自我与上帝的

---

① 尼布尔：《人的本性与命运》上卷，第205、208页。

关系，没有指明这种关系破裂之后，自我的方向具体指向哪里。[1]

尼布尔因此把情欲看作"自我对自身处境的自欺欺人式理解"所导致的骄傲之罪的延续。这种自欺欺人是自我以安全、保存和实现自身为由对原初目标的否定，而这种延续恰恰是"由于自我发现自己不足以成为其生存的中心，于是便在它表面上所支配的自然的各种力量、过程与冲动中间寻求另一位神祇"，结果就是"人沉溺于情欲的目的是要体验一种正常生活所无法给予他的全能感"，但这是一种可悲的努力，因为自由精神的超越性立刻会摧毁这种幻觉，人能够立刻认识到"困窘之感，是一种罪责感和原先的不安情绪相混合的困惑状态，当这种感觉大到不堪承受时，便产生了完全逃避意识的努力"。[2]

总之，情欲之罪表现为一种"软弱"，一种逃避自我的疯狂努力。[3] 因此情欲之罪不是使自己成为偶像崇拜的对象，也不是因为自我崇拜不足而寻找另外的神来代替，而是纯粹地放逐自己，是逃向虚无的举动，代表人以自我取代上帝而成为生存中心这一情形的进一步紊乱。这一举动使人失去了自己生存的真正中心——上帝，也意味着人无法以自己的意志为自身生存的中心，从而彻底地失去了自身生存的中心——这样的人就真正地落在了虚无之所。

虽然尼布尔对情欲之罪的探讨非常简略和含混，但是本书认为应该对"情欲之罪"做狭义的理解，否则不仅无法正确理解"情欲之罪"，而且会对"骄傲之罪"的理解造成影响。同时，对"情欲之罪"做狭义的理解凸显了"骄傲之罪"和"情欲之罪"、"反叛上帝"和"背离上帝"之间的区别，也符合尼布尔一贯的现实主义精

---

[1] 尼布尔：《人的本性与命运》上卷，第 206~207 页。
[2] 尼布尔：《人的本性与命运》上卷，第 209~210 页。
[3] Reinhold Niebuhr, *An Interpretation of Christian Ethics*, p. 57.

神。无论如何，情欲之罪虽然表现得更加明显，更加触动人的神经，但是就严重性而言，它是轻于骄傲之罪的，因为情欲之罪的纯粹形式是相当私人性而非共同性的，而骄傲之罪则明显地与社会和政治相联系。①

尼布尔在对实际之罪进行分类和排列的基础上提出了"罪的平等性"和"罪责的不平等性"的说法。所谓"罪的平等性"是指人人皆有罪这个宗教事实，即在上帝眼里，所有人都是有罪的；但针对不同的罪行而言，却有不同的罪责，此为"罪责的不平等"。② 尼布尔提出这种说法旨在说明，若不明白一切世人在上帝眼中都为罪人的道理，就无法了解那些有权有势和声名远扬的人的狂妄和骄傲，他们凭借权势把自身的软弱和不安掩盖起来，再辅以善功，使人们不容易看出他们的深罪。这一点对弱者也适用，因为罪具有平等性，弱者也有犯骄傲之罪的倾向，今天的弱者因饱受欺凌而拥有道德的自负，认为压迫者罪孽深重，明天一旦弱者变成了强者，便会利用这种道德自负，增加自己的骄傲横暴。③

总之，实际之罪的逻辑对应于自我误识，它体现于人的罪责感和不安情绪的混合之中，它的推进体现在从自我设定错误的终极目标并由此产生自我误识，被误识了的自我试图摆脱自身有限性以彻底消除本质结构中的张力，到自我结合自然和精神的生机进行犯罪从而使真正意义上的自我意识消失的全过程中。从这个意义上讲，实际之罪与原罪的逻辑是完全对应的，这种对应使得尼布尔可以将作为罪之本质的原罪与作为罪之存在的实际之罪贯通起来，从而把罪的逻辑从先后的因果关系变成了上下的统摄和蕴含的关系，实际

---

① Peter Kennealy, "History, Politics and the Sense of Sin: The Case of Reinhold Niebuhr", in *The Promise of History: Essays in Political Philosophy*, p. 149.
② 尼布尔：《人的本性与命运》上卷，第 198 页。
③ 尼布尔：《人的本性与命运》上卷，第 199 页。

之罪由原罪而出，原罪体现在每一种实际之罪中，罪的无时不在、无处不在意味着"人在道德成就的各个层面上都犯有罪过"。①

很多研究者认为尼布尔的观点过于悲观。本书认为：一方面是因为尼布尔将爱作为社会伦理的统摄原则，对照这一终极的道德原则，任何道德行为都与之相悖，表现出程度不等的相对性，因此显得尼布尔悲观情绪相对严重；另一方面，认为尼布尔悲观的观点只看到了他对无处不在、无时不在的罪的一再重申，而忽视了他将爱与正义视为人类得救的一劳永逸的但也是唯一的途径，并且将爱与正义的实现与社会的变革联系起来，所以尼布尔对爱与正义所怀有的乐观态度大大冲淡了罪论所带来的悲观情绪，从而表现出一种既不悲观也不乐观的现实主义的立场。

第二节 原义论：人的道德责任

一 原义：自由所向、人之应然

人始终生存在原罪之中，人的罪不是必然的，却是不可避免的。尼布尔对这个看似矛盾的观点解释说："这其实是一个辩证的真理，它是要恰当地说明人的自爱与自我中心倾向是必不可免的，但又不把这个事实归于自然必然性的范畴。人是在他的自由中并因为他的自由而犯罪的。"② 罪由人的自由产生，人因此对自己的行为负有责任。那么，人的罪和责任能否以及如何被人认识到？尼布尔对这些问题的探索和解答构成了其人性论的最后部分——"原义论"。

原义（justitia originalis）是基督教神学传统里非常重要的概念，

---

① 尼布尔：《人的本性与命运》上卷，第 201 页。
② 尼布尔：《人的本性与命运》上卷，第 233 页。

它指的是亚当与夏娃在食善恶之果之前那种无私无欲、十全十美、与上帝和谐相处的状态。无论是天主教还是新教，都认为亚当、夏娃在堕落后，就脱离了原义成为罪人，原义就不再属于人了。① 因此，传统基督教把原义称为"伊甸园时期"，把它当作曾经真实存在过的时期，这样就把原义视为线性时间序列上的一个节点，从而形成了"原义—堕落—原罪"的线性历史进程中的阶段次序。

由此可见，只有确定了原义，才能在此基础上谈论原义的丧失，即原罪；也正是有作为标准的原初之"义"存在，才使得对"罪"的判定成为可能。因此在论述与理解的顺序上，原义论应该放在原罪论之前，但尼布尔将之颠倒了。刘时工认为有两个原因：一是为了以原罪的先声夺人棒喝充满乐观情绪的社会风气；二是尼布尔把原义和原罪看作两相伴随的精神要求或心理倾向，而非先此后彼的历史阶段，所以没有必要非把原义置于前面不可。② 本书认为还有第三个原因："人生来有罪"是尼布尔人性论的核心观点，原义论固然非常重要，但其作用是从相对于中心（即原罪论）的超越的高度对之进行说明的，是就原罪而谈超越，而不是就原义而谈堕落，其目的是更好地阐释人的本性问题，原罪论和原义论因这一任务而形成了主力军和协同军的关系，所以便有了先原罪论再原义论的论述顺序。

尼布尔赞成原义是指人道德无瑕的完善状态，也同意原义与原罪之间的对立，但反对把原义理解为类似斯多亚派所称的"黄金时代"那样一段真实存在的时期，它随着堕落的发生永远地成了一去不复返的过去。对于原义的理解，无论天主教还是新教都犯了跟对

---

① See *The Oxford Dictionary of the Christian Church*, ed., F. L. Cross, New York: Oxford University Press, 1978, p. 1010.

② 刘时工：《爱与正义：尼布尔基督教伦理思想研究》，第89页。

原罪的理解一样的错误，即"拘泥于文字"，他评论道："当把堕落变成历史中的一个事件，而不是人生中每一个历史时刻之某一方面的象征时，善与恶在那一时刻的关系就被弄得混乱不清了。"① 拘泥于文字的理解方式看似将堕落与完善、原罪与原义区分得清清楚楚，尼布尔认为这反而造成了混乱。如天主教倾向于把原义"界定为一种超本性的特别恩赐"，即看作上帝对有罪之人的额外恩典，它来自人的本性之外，成了附加在人性之上的特别馈赠，这要么意味着人的本质完全毁灭，因此原义就成为与人的本性毫无关系的东西；要么意味着人的本质业已败坏，但是由于与原义无法建立联系，被降低到物的水平。② 不管持何种理解，这种状态下的人对于原义没有任何概念，也没有理解原义，于是也就谈不上去追求原义了。

又比如新教的温和派认为人在堕落之后，本质已经败坏，但人性里还保留着一些原义的残留物，并称之为"市民社会中的正义"（civil justice），尼布尔认为这种观点混淆了原义（original justice）与自然正义（natural justice），等于把适用于作为造物的人的原则错当作普遍的、神圣的原则；这将造成巨大的混乱，既把人降低到了物的水平，又扰乱了人追求更高的善好和正义的努力。新教的激进派如巴特则认为人在堕落后本质完全毁灭，也就是把原义理解为曾经拥有、现在已完全失去的完善，尼布尔认为这等于抹去了人性中"上帝的形象"本身，实质上切断了原义与人之间的关系，原义经过堕落而成为与人的本质毫无关系的东西，人的生命将失去目标，从而变得毫无意义。③

尼布尔发现，"人无论怎样深陷于罪中，也不会把罪的苦痛视

---

① 尼布尔：《人的本性与命运》上卷，第 240~241 页。
② 尼布尔：《人的本性与命运》上卷，第 241 页。
③ 尼布尔：《人的本性与命运》上卷，第 242 页。

为常态。人总不免回忆其先前的富乐情形；他所破坏的律法也时时在他的良心中回响"。① 这就是说，无论人如何被欲望迷住了心智，无论人犯下多么大的罪过，人总是能够意识到自己的罪行，能够察觉自己本不应当是现在这个状态，与之对照的是自己本应该是的完善状态。因此，"罪对人的本性的损坏尚未达到使他意识不到真实所是与实际所是之间对立的程度"。② 基于对这种心理经验的分析，尼布尔认为存在一种人之"本质所是"或"人之应然"，它与人之"实际所是"或"人之实然"对立，两者的差别是显而易见且普遍存在的。

这种"本质所是"或"人之应然"就是"原义"。一方面，原义起着确定和判断罪的前提性作用，但它并不站在人之外来起这种作用；另一方面，不能把原义理解为一个历史上的真实存在。正确的方法应该是如同原罪一般，把原义放在人类生存境遇下来理解，把所谓的"伊甸园时期"看作人类生存状态中原义方面的象征性表达。因此，"人的本性（原义）与人的罪性状态之间的关系，不能用堕落之前的完善状态这一带有时间性的理解来加以解决。这是一种人神之间的垂直关系，而不是人与人之间的水平关系"。③ 这种描述方式把原义和原罪都置于人类的具体生存境遇中来理解：原义是人完全堕落之前那种未被罪损坏本性的状态，是人之应然；原罪是人无时无刻不在倾向于犯罪的状态，是人之实然，两者是一上一下的垂直关系。原义不因其绝对和超越而外在于人，相反，它存在人的生存境遇之中，深藏在人的本性里。

对于原义与原罪之间的辩证关系，我们可以借助中国哲学中的

---

① 尼布尔：《人的本性与命运》上卷，第242页。
② 尼布尔：《人的本性与命运》上卷，第239页。
③ 尼布尔：《人的本性与命运》上卷，第241页。

"未发"和"已发"来更好地理解。理学心性观在谈到"致中和"时认为"未发之谓中,发而皆中节之谓和",就是说在行为出现前的心性之完善状态是"中",是"未发",行为出现后则为"已发","已发"的状态无疑是"失中"的,在这种状态下如果能够通过"涵养"或"持敬"的功夫使心性各归其所则谓之"和"。在理学看来,未发和已发固然是思想对行动的反思,但两者的区分却不是思想与行动的对立,已发不仅仅指具体的行为,也指思想、情感和思绪的萌发和触动,未发和已发是应然和实然的区分。置换到尼布尔的语境便可以看出,原义是人之应然,是行为的"未发",当行为出现时,人就由"未发"进入"已发",伴随由"应然"到"实然"的下降。同时,行为不仅仅指实际的行动,思想、情绪的波动也在行动之列。这就是说,在人的生存之中,实际上并没有现实的"未发"状态,也就是没有现实的原义;人的真实生存处境只能是"已发",即原罪状态。所以尼布尔说:"每一出自焦虑、有限与不安的自我的思想、情绪和行为,都沾着罪的污渍。"① 在这里,未发和已发实质上是原义和原罪的对立,是超越与现实的对立。

既然原罪是人类生来便身处其中的普遍的生存状态,在人的这种有罪之本性中,完善的原义之存在何以可能?尼布尔认为,原义在人之本性里的存在是由人的本质结构所决定的。人由肉体和精神构成,虽然人生来便负有原罪,但"罪既不会摧毁人之为人的本然结构,也不会取消人的完善所残留下来的责任感"。② 也就是说,人的本质构成没有发生改变,尤其是人类精神的自由超越能力并没有因此衰减,它是人"与上帝相像"的表现,因此其始终的指向是超越有限、达至原义、与上帝合一,所以它作为"超越的自我"随时

---

① 尼布尔:《人的本性与命运》上卷,第247页。
② 尼布尔:《人的本性与命运》上卷,第244页。

都在审视"犯罪的自我",反思和判定自我的罪行,由此产生忏悔和懊恼的心理感受,从而激励人向更高的道德目标努力。[1] 尼布尔用"眼睛和视力"的比喻来说明这种状态:"一个盲人,虽然丧失了视力,但不能说他没有了眼睛,他的眼睛依旧作为这个人身体的本质结构而存在着。"[2] 换言之,哪怕是对于一个丧失视力的人,只要他的作为人之本质结构的眼睛还在,那他就具有重见光明的可能性。可见,人的本质结构并没有因原罪而发生改变,人之精神的自由超越能力时时指向原义,并刻刻依据原义审视和判定人的罪行。所以,原义就是无时无刻不在向人类的精神自由提出要求的最高原则——有罪之人保有完善的原义的可能性就在于此。

尼布尔的论述有把人本性中的精神和肉体分别看作善与恶之象征的二元论倾向,即人本性中的肉体部分代表有罪的人之自我,而精神部分代表自由超越的人之自我。[3] 为了澄清这种误解,尼布尔详细解释了原义的内容。

尼布尔指出,人之本性的奥秘就在于"人是依着上帝形象而造的",虽然在这里肉体强调的是人的软弱性、依赖性与有限性,但它本身并非罪恶之源;同时,虽然精神对应着"上帝的形象",但这只是强调精神自由的超越性是"上帝的形象"最为根本的体现而已,而不是说肉体里就没有"上帝的形象"。恰恰相反,即使人处于自然生活的最底层,他也是上帝形象的某种反映,肉体也能够追求善好,但它只能在自然的有限性和必然性的范围内追求善好。[4] 基于这种解释,尼布尔认为有必要把"原义"细分为两部分来理

---

[1] 尼布尔:《人的本性与命运》上卷,第243页。
[2] 尼布尔:《人的本性与命运》上卷,第241页。
[3] See Robin Lovin, "Reinhold Niebuhr: Impact and Implication", in *Political Theology*, 6.4, 2005, pp. 460–470.
[4] 尼布尔:《人的本性与命运》上卷,第11、137、149页。

解,并一再强调这种细分是假定和暂时的,只是为了有助于理解才进行的。①

原义的一部分对应于人类有限性的要求,它是与人本性中肉体部分相符的德性和完善,是"自然之义"或者"自然法"。自然法源自斯多亚哲学,后来为基督教所吸收,成为基督教尤其是天主教伦理学一个非常重要的概念。天主教认为人的原义在堕落后丧失殆尽,而自然之义并没有受到根本败坏,因此天主教倾向于把"自然之义"当作堕落后存在于人类自身内唯一的"上帝之形象",于是自然法就成为上帝赋予人类理性的具有普遍性和神圣性的法则。尼布尔则认为正如不存在完全丧失的原义,同样也不存在没有被败坏的自然法,人的罪会源源不断地"把种种偶然和相对的成分偷运到这些理性的绝对标准之中",故天主教的自然法理论实际上遮蔽了自然法的"自然"特征,使自然法理论超越其适用的范围。② 同时这种理解对人类理性过于自信,会把某一特定历史时刻自然法的具体运用当作普遍适用且永恒不变的人类规范。③ 尼布尔重新解释自然法的目的就在于澄清其概念,明确其自然特征,划定其适用范围,将其功用限定为"规范人的各种功能的恰当运作,使人的各种冲动达于和谐,使人和同胞之间的社会关系不越于自然秩序的范围"。④

原义的另一部分则对应于人类之精神自由的最高要求,尼布尔称之为"宗教德性",要言之就是基督教的"信、望、爱",是一种"灵魂与上帝的完全契合,灵魂完全顺从上帝的意志,并因此使自

---

① 尼布尔:《人的本性与命运》上卷,第242页。
② 尼布尔:《人的本性与命运》上卷,第250页。
③ See *Reinhold Niebuhr: His Religious, Social and Political Thought*, p. 271.
④ 尼布尔:《人的本性与命运》上卷,第242页。

身的一切冲动和功能彼此和谐"的德性。① 首先，信仰是自由的一种必需，因为如果没有信仰，自由所产生的焦虑会引诱人去超越那些他不能控制的力量，以求自足自主。其次，希望是信仰的特殊形式。只有通过希望，人才能把将来看作一个无限的可能性可以在其中实现的领域，否则将来便是一个"受盲目命运的支配和纯粹任性的摆布"之所在。最后，爱既是人类自由精神的独特要求，又是由信仰派生出来的一种需求。之所以说爱是自由的需求，是因为人类社会不可能只建立在人类处于自然本性的合群冲动之上。虽然就自然本性而言，人类具有身心的一致性，也有组成共同体的自然冲动，但因为人的本质是建立在自由精神之上的个体，自由精神超越了人类的自然生命，使得人类"因每一精神的独特性和个体性而彼此分开"。只有爱，才能兼顾自然的结合与精神的独立；只有在爱中，个体与个体才能在最深处相遇。

通过上文的细分不难看出，一方面人类的自然本性受到有限性的限制，总要试图突破有限性，在自由中达到自由，因此需要有规范正常状态的自然法，自然法因人类的自由而成为必要；另一方面，人的自由包括对自然的超越、对自我的超越，更包括对自然法的超越，这就决定了人类自由精神的要求不能降低到自然法的水平，否则"人类的自由会受到遮蔽，以致人在思想中不断地沦落到物的水平"。② 同时，自由精神的最高要求也是自由精神的基本要求，如果从人生中剔除它们，自由就会变成犯罪的源头。所以，既不能说自然法不是原义，也不能说信、望、爱针对的是人的自然本性；既不能说自然法是普遍神圣的，也不能把信、望、爱当作自然法之外的附带要求。原义的诸要求凌驾于自然法的诸要求之上，自然法的原

---

① 尼布尔：《人的本性与命运》上卷，第243、253页。
② 尼布尔：《人的本性与命运》上卷，第244页。

则包含在信、望、爱之中，两者共同构成原义的具体内容，仿佛双保险，确保人类不致与动物同伍，也不致如撒旦般妄为。它们的共同之处在于都被罪所败坏，却又与人同在，"但不是作为实现了的东西，而是作为人所要求的东西"。①

二　悔悟感与责任感：人的自我超越

根据尼布尔对原义的"悖谬"式理解，人类堕落之后丧失的完善的原义，在人类堕落的那一刹那，又作为自由的基本和最终要求而被返还给了人类，于是罪的不可避免丝毫无损原义的存在和作用。尼布尔用"人的健康"来比喻这种状况：人本应该是完全健康、没有任何疾病的侵扰的——这是健康的原义，但是人一生下来，就不再拥有完全的健康，身体时时刻刻都存在各种各样的毛病和问题；不过不可否认的是，人之所以能够感受到病痛，正是因为他仍然具有某种形式的健康，"病痛是（这种）健康对疾病的控诉"。② 人虽然处于有罪的生存境遇之中，却始终保持了一种倾向原义的力量，它好比人性中的健康部分，使人免于骄傲和自大的罪过，使人类得以生存绵延。这股力量来自人的自我意识，是自我对自我的反思，是反思的自我对行动的自我的审视和评判，而自我反思的能力直接来自人的精神自由的绝对超越性。正是因为人的精神追求永恒的自由，所以人类才能跳出必然性的束缚，从超越的角度进行自我审视。

正是原义的存在使得人类总是对自己的所作所为感到良心不安，这就意味着人能够同时意识到自身的罪和责任，人类的道德便源自于此。尼布尔试图从心理认知学的角度还原人对罪和责任的认知过程。自我可细分为行动的自我和反思的自我，是为同一个自我的不

---

① 尼布尔：《人的本性与命运》上卷，第246页。
② 尼布尔：《人的本性与命运》上卷，第246页。

同状态。前者"从自身的价值和必然要求来打量世界",后者"既打量世界又打量自己,并因在行动中提出了过分的要求而深感不安";① 前者虚妄地为自己的相对需要要求绝对的价值,错误地把它的生命等同于生命的要求本身,后者却较为清楚地看到了人的整体处境,并在某种程度上意识到它行动中所包含的混乱与欺骗。

人之罪具有必然性,体现了人类的有限性,只有在人的有限性中引入无限的视角、在必然性中引入自由的视角,人才能超出有限和自然的过程,同时也才能超越并审视自己。自我的反思能力就来自人类精神自由的绝对超越性,这保证了反思的自我在对行动的自我进行反思时具有相对的超越性,也就是说,反思的自我在反思行动的自我时,"处于超越自己那一刻的位置"。这个处于超越位置的反思的自我审视和评判行动的自我,通过"无限后退"(infinite regression)的作用使先前的意志决断,即行动的自我成为对象,正是在这一时刻,出现了"良心与对原义的回忆,自我才知道自己只是芸芸众生中的一个有限受造物,才知道自己在行动时所提出的那些过分要求必然导致对他人的不义"。②

在原义的作用下,人会产生一种懊悔之感,它要么表现为懊恼(remorse),要么表现为悔悟(repentance)。两者的相同点在于都表达了自由的含义,因为无论是懊恼还是悔悟,它们都来自反思之自我对行动之自我的反思,这种反思的前提是反思之自我相对于行动之自我的超越性。两者的不同点在于悔悟同时还表达了信仰的含义,这一表达的重要意义在于只有在悔悟里,人才能对罪和责任的观念有所认识。懊恼感告诉人的仅仅是自己违反了内心的法则和规范,而不了解这些法则和规范实际上是人之本性对自身当前状况的要求;

---

① 尼布尔:《人的本性与命运》上卷,第248页。
② 尼布尔:《人的本性与命运》上卷,第247页。

悔悟感则揭示出"尽管一切罪行都有社会的原因和后果，但是罪的真实本质是人用自身代替上帝的僭妄之举，只能从灵魂和上帝的关系这一垂直维度来加以理解"。① 也就是说，悔悟的心理经验假定了有关上帝的知识，这种知识决定了悔悟的经验应该是宗教性的经验，正是在这种经验中，人体会到自己的行为被暴露在审判者面前，从而产生有罪之感，因此尼布尔说："爱的戒律与罪的现实是一对孪生子。事实上，前者帮助创造了罪的意识。"②

同时在这个心理过程中，当发现自己的罪行暴露于审判者面前时，为自己的自由行为负责的心理感受也就油然而生了。人的责任意识就此出现。由于缺乏先在的有关上帝的知识，懊恼带给人的是绝望，即"由罪把罪前焦虑转变而成的绝望"，悔悟则说明人不仅因为有关审判者的知识而感受到自己的罪和责任，而且产生悔改的希望，这恰恰假定了人对上帝之爱的认识，即认识到上帝与人之间是互爱的关系，否则人"便不能超越懊恼的绝望而达于悔罪的希望"。③ 不过，虽然人的责任感内在地包含了他对原义的理解，但是原义的存在状态告诉我们切不可把在自我超越中出现的这种良心及其对原义的回忆当作完善的原义自身。尽管人类能够凭借自我的超越能力对自身行为中不义或过分的行为做出评判，但这并不意味着人类此时便拥有德性，其以后的行为就是善举。严格来说，这种自以为是的行为是一种罪行，是将上帝之义替换为人类自身之义的罪行。

正如尼布尔所言，"罪既不会摧毁人之为人的本然结构，也不会取消人的完善所残留下来的责任感"。④ 人的本然结构就其本质而

---

① 尼布尔：《人的本性与命运》上卷，第229页。
② Reinhold Niebuhr, *An Interpretation of Christian Ethics*, p. 39.
③ 尼布尔：《人的本性与命运》上卷，第228~229页。
④ 尼布尔：《人的本性与命运》上卷，第244页。

言是自由的结构，因为自由，人才能够犯罪，也因为自由，人才能把有限自我转化为无限自我，从而意识到罪，进而试图约束罪，所以尼布尔认为责任感是人的应然之本性对自己当下有罪状态的一种要求。从责任感出发，有罪之人必然会寻求一定的道德规范作为解脱，因此，原义便"作为与人之本性相符的德性，以律法的形式向罪人显示"，这是人类精神自由的内在要求，也是人类有罪之生存境遇的必然要求。[1]

从原义过渡到律法体现了从超越到现实、从绝对到相对的下降。具体而言包括两个方面，其一为绝对的原义向历史中的具体的律法的下降，这些律法包括自然法以及其他相应的风俗、习惯和法律等，这种下降丝毫不影响原义的绝对超越意义，它依旧作为人类本然之性的最高要求存在于人类的良心里，这便是尼布尔所说的"并不存在未被败坏的自然法，也不存在完全丧失了的原义"的真实含义。其二是绝对的原义向宗教诫命的下降。宗教诫命的相对性体现在诫命的命令和要求性质，正因为人性本罪，人与上帝、人与他人之间尚未实现完全和谐的关系，人才会有实现和谐关系的诉求，相应地，也才会有原义对人性的要求。有鉴于此，尼布尔通常把宗教诫命称为爱的律法，把自然法称为一般律法。

原义和律法的区分一方面说明有罪之人能够意识到对于自身的罪行，仅仅有历史中的一般和具体的律法是不够的，爱的律法所要求的才是最高的、根本的、凌驾于一般律法之上的人性的终极可能性，才是"超越了一切律法的律法"。[2] 另一方面说明由于人的有罪状态，人无法靠自身的力量认识到爱的律法的内容。人自身的无能为力直接将人之救赎引向上帝，只有凭借上帝的恩典，人类才能摆

---

[1] 尼布尔：《人的本性与命运》上卷，第244页。
[2] 尼布尔：《人的本性与命运》上卷，第255页。

脱焦虑和惶恐,才能践行原义的要求,最终达到与上帝、他人的完全和谐。

尼布尔对恩典的看法具有鲜明的新正统神学色彩。上帝对人类的恩典就是他的启示,即上帝在耶稣基督身上启示自身。要言之就是出于爱,耶稣基督在十字架上将自我作为牺牲奉献给人类,上帝的爱由此被启示出来。在此之后,人类之完善生活的可能性就在于效仿耶稣基督的爱的行为,效仿耶稣基督的自我奉献和牺牲。在尼布尔看来,即使爱之律法的内容得到启示和界说,人也未必会去履行,这就需要有"信"和"望"的支持和补充:"信"是确保人之自由正确方向的前提,是对人类终极可能性的确信,只有信仰作为审判者的上帝和启示自身为拯救者的上帝才能消除人类的焦虑,正是因为相信上帝会把人类从有罪的生存境遇中解救出来,人类才能意识到自己的焦虑实际上来自不信;[1]"望"是对未来的"信",只有对个人命运和人类历史采取信而望之的立场,只有相信人之存在与人类历史是上帝意志保证下的"具体的连贯的意义体系",人类的终极可能性才能有一个得以实现的领域,否则,人类面对的将是一个不受上帝意志支配的领域,"要么受盲目的命运的支配,要么受纯粹任性的摆布"。[2] 此时,尼布尔再次回到作为原义的"信、望、爱"的主题,将人性的完善之途与基督教信仰紧密联系在一起,一方面是对基督教信仰的维护,另一方面是重申了基督教人性论的合理性及其对于正确的社会伦理思想的指导意义。

原义论无疑是尼布尔人性论非常重要的组成部分。就结构而言,原义作为人类真实生存境遇中与原罪相对的另一方面,作为人类精神自由的最高和基本要求,与原罪时时处处相对应,只有对原义进

---

[1] 尼布尔:《人的本性与命运》上卷,第 257 页。
[2] 尼布尔:《人的本性与命运》上卷,第 243 页。

行透彻的分析，尼布尔才能对"人之罪"做出明确的规定，并在此基础上构筑起其社会伦理思想的理论框架。就作用而言，尼布尔将原义与人的罪和责任联系在一起，只有假定原义的可能存在，人才能够从自由的角度发现自身的有限性和罪的必然性，才能切实感受到自身所担负的道德责任。就内容而言，尼布尔对原义的新解释依旧与基督教信仰保持一致，意味着尼布尔的个性观及建立其上的社会伦理思想既不同于一般的社会伦理学，又是对基督教社会伦理思想的创新尝试。

第四章　群体道德与社会伦理

通过对个体与共同体关系的论述，尼布尔把人之自我的真正实现限定在人类群体的范围之中，即神学的语境下之个人的得救必须在群体内才能实现。既然如此，群体的问题就自然而然地成为社会伦理学当下的首要关注对象。

尼布尔所说的"社会伦理"主要是讨论群体的道德状况。作为行为主体的人类群体的道德状况决定了整个人类社会的道德水平和走向。尼布尔的思考基于以下两个基本出发点：一是群体具有道德意识，二是群体道德与个体道德的区分。其中第一点显然是第二点的前提条件。

尼布尔运用神学人类学方法阐释了群体的本质结构和自我意识，由此赋予群体独有的道德意识和能力，同时，个体和群体的本质同构性也使得尼布尔能够从更高的"社会"层面来探讨人类的道德问题，这就预示着他的思想逐步迈向一种崭新的"社会伦理"。

第一节 群体的形成与特征

一 社会性冲动与群体的形成

群体是构成社会的基本单位,尼布尔对群体的基本情况并没有进行系统性的论述,诸多描述散见于其著作之中。本书通过反复的参照和对比,梳理和总结出尼布尔对群体的一些基本观点,并凝聚在一个具有逻辑性的理论体系中。

以霍布斯为代表的社会契约论者给西方哲学带来一种倾向,即先验地把人设定为在自然状态下单独存在的独立个体,这种倾向在康德的思想中达到顶峰。康德有效否定了偶然、外在的因素在道德观点中的地位,把人从具有浓厚实质内容的描述中抽出,从而造就了具有纯粹理性和独立意志的自律个体。[①] 现代自由主义伦理学说的代表——罗尔斯的"无知之幕"后的个体清晰地体现出对这种思想脉络的继承和延续。

在尼布尔看来,人与社会的联系无处不在、无法分割,人是"具有社会性的造物,他本性里先天地具有社会性冲动",这是个体组成群体的根本动力。[②] 群体的形成来自人的社会性冲动,"人的终极目的虽然是实现自我,但首先需要的是实现自身的生存,这是人的自私性冲动决定的,但同时人还拥有非自私性的冲动,这种冲动使人倾向于与他人和谐相处"。[③]

---

① 参见康德《实践理性批判》,邓晓芒译,人民出版社,2003,第39~44页。
② Reinhold Niebuhr, *Man's Nature and His Communities*, p. 21.
③ 尼布尔:《道德的人与不道德的社会》,第16页。

人的社会性冲动体现在两个方面，分别是自然的社会性冲动和精神的社会性冲动。自然方面的社会性冲动比较简单，就是指人类出于与动物相同的生存和繁衍之本能，聚居成群，彼此依靠，通过协作、分工等方式满足自然本能的需求，这样形成的人类群体是"动物性共同体"（animal community）。[1] 精神的社会性冲动相对复杂。首先，人的自然的社会性冲动主要关涉自身的生存和繁衍，因此也称为自私的冲动，但人类还有一种非自私的冲动，倾向于相互依恋、同情和帮扶弱者，这种冲动同样为人之本性先天性地拥有。之所以称它是精神方面的社会性冲动，是因为它来源于人类的自我超越的能力，通过这种能力，人"得以在与自然和他人的关系中来了解自己，使自己的生命与其他生命一道和谐的流泻，而不是相互冲突"。[2] 其次，自然的社会性冲动对应的是一种一成不变和停滞不动的"动物性共同体"，自然性的人类群体仅仅满足于生存和繁衍的本能，一旦这些本能需求得到满足，群体也就停止扩大和发展，而精神的社会性冲动对应的是一种具有无穷的变化和扩展的"属人的共同体"（human community），使人能够将共同体的范围扩大到血缘之外的范围。[3]

精神性的人类群体源于人类的超越的自由精神，它追求自我的完全实现，这在自然性共同体内无法实现，同时对于自然性共同体里的个体来说可能不是件好事情，因为在自然性共同体内，合群顺应了自然的需求，离群索居则可能连生存都成为问题，自我的完全实现只有在超越了自然性共同体的、建立在共同理想或观念之上的精神性共同体中才有可能。[4] 就此而言，正是超越之自由精神对自

---

[1] Reinhold Niebuhr, Man's Nature and His Communities, p. 21.
[2] 尼布尔：《道德的人与不道德的社会》，第16页。
[3] Reinhold Niebuhr, The Children of Light and the Children of Darkness, p. 155.
[4] 尼布尔：《人的本性与命运》下卷，第95页。

我完全实现的追求，才使人类得以实现从动物性共同体向属人的共同体的飞跃，尼布尔说："孤立的个体不是真实的自我。而且，人们也不满足于仅仅生活在自然所建立的最小凝聚单元——家庭和小规模群体的范围内。人的自由使他超出自然的限制，也使建立更大的社会单元既为必要又有可能。"①

总之，自然性群体是共同体的最初形态，里面蕴含了精神性群体的萌芽。精神性群体是对自然性群体的否定和升华，然而其中仍然具有自然性群体的特征和功能，如有的精神性群体依然建立在血缘的基础之上，群体仍然需要为个体提供庇护，保证个体的生存、繁衍等。纯粹的精神群体在现实中是不可能存在的，所以尼布尔说："人的共同体的发展是从自然上升到所有类型的历史人造物。"②

尼布尔所探讨的群体实际上指的是国家、民族、政党之类的精神性的人类群体。在尼布尔的思想体系中，个体构成群体，不同的人类群体再共同组成人类社会，这条思考进路是非常清晰的。

尼布尔依旧从精神和自然的视角对群体进行分析，也就是说，他在群体分析上仍然沿用了神学人类学的方法，对于群体的理解也必须依托神学的依据。

基于《创世记》的内容，尼布尔认为随着最原始的个体（亚当）和夏娃的被造，最原初的共同体也由此被造，他说："家庭一直是个人与他人发生关系的最根本的地方，因为在所有共同体里家庭是最原初、最简单、最持久的共同体。"③ 由此可见，群体的自然属性无疑来自它的被造性，个体和群体的性质没有区别，都因属于上帝的造物而具有自然的有限性。同时，根据《圣经》，偷食禁果

---

① Reinhold Niebuhr, *The Children of Light and the Children of Darkness*, p. 5.
② Reinhold Niebuhr, *The Self and the Dramas of History*, p. 34.
③ Reinhold Niebuhr, *Man's Nature and His Communities*, p. 107; Reinhold Niebuhr, *The Self and the Dramas of History*, p. 34.

的决定并非亚当或者夏娃的个体决定,而是两者组成原初共同体"家庭"后的共同决定,这一共同体所具有的超越性自由使得亚当和夏娃企图摆脱自然的有限性,妄图完全成就自我(和上帝一样),这个家庭共同体因此获罪而被判逐出乐园。这充分说明群体具有自由之属性。家庭作为原初的共同体因此是精神和自然相互作用的产物。

此外,家庭覆盖了自然性和精神性两种人类群体,它一方面"根植于自然,根植于两性关系,根植于父母对个体在漫长的幼年时期所提供的保护";[1] 另一方面,家庭是个体与他人最初发生关系的地方,它不是纯粹的自然事实,而是具有原初公共生活的特征,其后所有类型的人类群体都可以溯及家庭。可见,群体的自由是存在的,否则,"靠血缘或群居关系而凝聚在一起的部落共同体,是不可能发展成为帝国或民族国家这样广大的共同体的,而在这一过程中,人类的智力为自然原初的、最低限度的社会凝聚增加了各种各样的人造物"。[2]

尼布尔对群体的分析以国家为范例。在尼布尔的思想里,国家指的是17世纪以来在民族自决原则上建立起来的现代民族国家。[3] 当然,当时世界上还有多民族国家以及多种族国家,不过尼布尔同样把它们看作建立在拥有共同利益、欲望、命运和价值观之基础上的群体,因此,尼布尔在说明国家和民族时不加区分地使用"nation"。

尼布尔选择国家来进行论述是有其考虑的。他在《道德的人与不道德的社会》中第一次明确提出群体的伦理问题,然而,人类群体的类型可谓多种多样,大的群体如阶级、种族,其规模可以上亿,

---

[1] Reinhold Niebuhr, *The Self and the Dramas of History*, p. 34.

[2] Reinhold Niebuhr, *The Children of Light and the Children of Darkness*, p. 54.

[3] 尼布尔:《道德的人与不道德的社会》,第51页。

小的群体如社团、企业，从几人到几十人、几百人不等，最小的群体是家庭。就群体内部的关系而言，有的建立在政治关系之上，有的建立在经济关系之上，有的则是建立在亲情或者友情的关系之上。人类群体如此复杂，尼布尔认为必须寻找出其中最具有代表性的来进行分析，他说："从分析群体行为的伦理这一立场出发，研究各个国家的伦理态度是可行的，因为现代国家是具有最强社会内聚力的人类群体，是具有最无可争辩的中心权威的人类群体，也是其成员资格界定得最清楚的人类群体。正如17世纪以来的情况所表明的那样，国家是所有的人类联合体中的至高无上者。"[1] 更重要的是，一个个体能在其中自我实现的共同体才是健康的共同体，它本身必须具有一定的统一性，这种统一性在历史中表现为基于民族、宗教、经济等条件的某种同质性（homogeneous），无论从哪个角度来看，现代国家都是最符合条件的。[2]

通常情况下，我们认为家庭是社会的基本单位，不过个体终究要走出家庭，在更大的群体内与他人产生联系。在现代社会，个体的生活往往以一国的公民的身份展开，个体的命运与国家的命运休戚与共。现代国家经历了四百多年的发展，在当今世界的人类群体形式中，现代国家相对稳定，是构成人类社会的基本单位，"国家组成了天然社会"，现代文明所理解的人类社会就是所有国家的集合。因此在尼布尔的社会伦理思想中，国家是讨论人类群体的典型范例，这也是尼布尔的社会伦理思想被看作政治哲学的原因。尼布尔凡是涉及群体的分析和研究，如无特别说明，都是基于国家展开的。

二 群体的本质结构与自我意识

自由精神的超越性决定了人可以站在一个超越的领域来打量自

---

[1] 尼布尔：《道德的人与不道德的社会》，第51页。
[2] Reinhold Niebuhr, *The Children of Light and the Children of Darkness*, p. 123.

身、自然和宇宙，人之自由的超越性就在于他具有表现为反思能力的自我意识。既然群体也具有超越的自由，就意味着群体也有自我意识。

尼布尔早年深受自由主义的影响，认为并不是所有群体都具备自我意识，国家格外如此。他在《道德的人与不道德的社会》中把国家说成机器，"是供民族支配的，通过它，民族方能巩固其社会力量，界定其政治态度和方针"。① 这是很典型的霍布斯以降的自由主义政治观念，国家是一台精密设计、以机械的形式来运转的机器。这种观念在现代自由主义那里得到最极致的发挥，国家的构成基于契约，其运转是依靠机械形式的法治，其立场是价值中立的。这种国家观彻底否定了国家具有道德能力和自我意识的可能性，即如施米特（Carl Schmitt）所言，国家是"被阉割了（自我决断能力）的利维坦"。②

思想成熟期的尼布尔承认自己早年没有注意到国家的精神特征，实属重大缺陷。在尼布尔看来，任何群体都是自然与精神的产物，只要是自然与精神的共同产物就会有自我意识。如果否认国家的精神特征，无异于说国家直接来自自然，何谈什么国家道德？因此尼布尔的成熟思想改进了这一观点，赋予了国家独特的自我意识。他说："不论何时，只要群体形成了一种意志和有机体，比如在国家这个水平上，那么它对个人来说就似乎成了道德生活的一个独立的中心。"③ 还说："国家可以像个体一样，处于一种自我要求和更普遍的要求之间的内在张力之中。后一种要求是否得到满足反映了超出纯粹审慎之筹划的精神性问题。这里存在着人类集体生活的负责

---

① 尼布尔：《道德的人与不道德的社会》，第51页。
② 参见施米特《霍布斯国家学说中的利维坦》，应星、朱雁冰译，华东师范大学出版社，2008年，第67~77、103~107页。
③ 尼布尔：《人的本性与命运》上卷，第208页。

的自我。"① 群体（以国家为范例）自我意识的出现，意味着群体本身及其行为具有了道德意义，群体因此成为有别于个体的道德实体，因为"没有自我超越的能力就不会有自我批判的能力，而没有自我批判的能力就没有合乎伦理的行为"。②

尼布尔认为，个体的自我意识是同时发生在线性时间和垂直维度上的，前者表现为反思和内省，后者表现为记忆和展望。对于群体的自我意识，尼布尔尤其强调线性时间上的记忆能力，认为这是群体自我意识的体现，他说：

> 人的共同体在一件事上与个体相同。它们都是对独特的历史事件作出回应的历史实体。对这些过往事件的记忆都是共同体的基本力量之一。处在国家水平下的许多共同体，比如少数民族共同体，如果它们具有共同记忆这一财宝，特别是它们本身就居于这些英雄般的或者悲剧般的事件的中心时，它们作为共同体就会更加团结。因此，就像个体一样，任何一个共同体也可以被用一个戏剧性的历史模式来定义。这一模式可能发展成这样一种程度的一贯行为，使得它更接近于自然的必然性或本体论意义上的命运。③

由此可见，任何群体究其本质都是自然与精神共同的产物，因此都具有自我意识，从而与个体呈对应关系，只不过个体是通过与他者的关系来意识到自己的统一性，而群体是通过"历史事件的流变而具有对自己的一贯的统一性的意识"。④ 这种对应关系是尼布尔的叙述神学中"类比"方法的体现：所谓的人，不仅指作为个体的

---

① Reinhold Niebuhr, *Faith and History*, p. 121.
② 尼布尔：《道德的人与不道德的社会》，第54页。
③ Reinhold Niebuhr, *The Self and the Dramas of History*, p. 40.
④ Reinhold Niebuhr, *The Self and the Dramas of History*, p. 40.

亚当，还指每个个体，同时也指作为"类概念"的人。

尼布尔把人的本质结构分为自然、理性和精神三部分，那么群体是不是也具有这样的区分？群体的自然、理性和精神又分别对应什么？

将群体的各部分对应于人的本质结构的思路始于柏拉图，他在《理想国》中认为，正像人的灵魂有三个部分一样，一个城邦也相应地分为三个等级，即统治阶级、武士阶级和劳动者阶级。这三个等级之间的关系相当于灵魂各部分之间的关系。这样，正如个人的欲望被理性和激情的同盟所统治，城邦中"为数众多的下等人的欲望被少数优秀人物的欲望和智慧统治"。[1] 理性、激情和欲望对应着国家的统治者、护卫者和劳动者，三者关系的协调导致人和城邦的行为的一致与和谐。柏拉图的方法启发了奥古斯丁，他在《上帝之城》里提出了"大字和小字"的理论。苏格拉底认为个人的正义看不清楚，所以要先研究城邦的正义；而奥古斯丁颠倒了这个顺序，认为要先研究个人，在此基础上才能理解国家。奥古斯丁主张人类灵魂的顺序是意志—理性—欲望，其中欲望服从理性，理性与意志完美协调，意志朝向爱上帝，形成有序的灵魂秩序，是为人之应然。[2]

奥古斯丁对尼布尔的影响不仅体现在神学方面，也体现在政治和社会思想方面，这是尼布尔公开承认的。柏拉图则是尼布尔较少谈到的思想家，但尼布尔的个体本质结构与群体本质结构之对应关系的思路至少可以追溯到柏拉图。尼布尔对人类群体也做了精神、理性和自然的划分，这是隐藏在尼布尔思想之中，没有被挑明的一种观点。

---

[1] 柏拉图:《理想国》，郭斌和、张竹明译，商务印书馆，1997，第151页。
[2] 奥古斯丁:《上帝之城》上册，吴飞译，上海三联书店，2007，第135~138页。

尼布尔认为国家有自我意识，它表现为国家意志，然而它"是由大众情绪及经济上的支配阶级的私利所决定的"。① 这导致国家是"历史上的一种以自我为中心的力量"。② 自由主义的国家观倾向于认为国家是按照理性规则运转的机器，尼布尔则相反，他不仅认为国家具有自我意识，同时更加强调国家意志非理性的特征，而且认为这种非理性特征源自大众情绪与权势阶层的私利。③ 他说："能够抑制个人生活中的冲动的理智，在民族中只以不发达的形式存在着；对政治问题的理性把握只是一种微乎其微的影响力，全民族的统一行动要么由统治集团的私利所促成，要么由俗众情绪和不时发生的民族歇斯底里所促成。"④

在此基础上，尼布尔对国家做出总结性判断："国家是一种肉体性的统一，与其说是由理智维系起来的，倒不如说是由势力和情绪维系起来的。"⑤ 显然，国家本质结构中的自然部分指的就是只为个人私利、不顾他人与共同体利益的人群，这部分人不受任何道德约束，不承认自己的意志和利益之外存在任何规律，除了扩张自我权力别无所求，他们从黑暗的一面理解人和社会，善于利用国家权力与公共意志，善于蛊惑大众利用道德信念追逐自我利益，所以他们险恶而有力，尼布尔把他们称为"黑暗之子"（children of darkness）。⑥

尼布尔虽然承认国家具有自我超越的能力，但是他没有明确说

---

① 尼布尔：《道德的人与不道德的社会》，第54页。
② Reinhold Niebuhr, *The Children of Light and the Children of Darkness*, p. 46.
③ See Robin Lovin, "Reinhold Niebuhr: Impact and Implication", in *Political Theology*, 6.4, 2005, pp. 460–470.
④ 尼布尔：《道德的人与不道德的社会》，第54页。
⑤ 尼布尔：《道德的人与不道德的社会》，第54页。
⑥ Reinhold Niebuhr, *The Children of Light and the Children of Darkness*, p. 10.

明这种自我超越的机制何在,他仅指出:"真实的情况是:群体只具有不成熟的心智,群体的自我超越和自我批评的机制与其意志的机制相比,是非常不稳定和短暂的。一个变动的而且不稳定的'先知式'的少数派是群体自我超越的工具,而国家则是这个群体意志的实体。"①

"先知式"一词对于尼布尔有着特殊的意义,首先,它意味着一种悖谬式的辩证思维方式,即以一种既超越又内在的眼光来看待世界;其次,先知的思维方式表现为一种先知精神和勇气,它是一种伦理精神,其根本作用在于保持人的生活的深度,防止其平面化和平庸化;再次,先知精神具体地体现为追求正义的精神,这种正义是一种可能的社会理想,它为社会行动提供了方向。此外,它还提供了"正义的必要条件",即用"爱的律令所要求的生命与生命的完全平等"来审视"人类的历史性的正义成果"。② 因此,一个国家的先知就是指那些拥有彻底的批判精神的人,他们存在的终极依据来自上帝的完满性,他们追求的是道德生活的深入性,他们相信的是上帝之国虽然从未在历史上实现,但它作为理想是在更为本质的层面上的一种生活秩序。③

国家的先知一方面以绝对的爱的律令来审视每个历史性的正义成果,并理所应当地指出这些成就的有限性;另一方面又把每一成就看作向终极的理想不断靠近的努力,因而都是有意义和有价值的。④ 先知对应的显然就是国家本质结构中的超越精神。先知与"黑暗之子"相对立,尼布尔称他们为"光明之子"(children of light),

---

① Reinhold Niebuhr: *The Children of Light and the Children of Darkness*, p. 120.
② Reinhold Niebuhr, *An Interpretation of Christian Ethics*, p. 39; Stanley Hauerwas, *Wilderness Wanderings*, Boulder: Westview Press, 1997, p. 53.
③ Reinhold Niebuhr, *An Interpretation of Christian Ethics*, pp. 5 – 6.
④ Reinhold Niebuhr, *An Interpretation of Christian Ethics*, p. 39.

第四章　群体道德与社会伦理

他们有意识地站立在恶的对立面，与罪恶进行不懈的斗争。由于恶"总是对某种自我利益的执意维护，而不考虑整体的利益，不管这个整体是与自己密切相关的共同体还是人类社会这个完整的共同体，还是整个世界格局，而善则总是各种层面上的整体的和谐"，光明之子就是"意欲将自我利益置于更具普遍性的规律之下，使之与更具普遍性的善相谐洽的人"；他们是"变动之中的少数先知先觉者"，能挣脱群体的自私和偏见，从更加超越的普遍性立场对群体行为进行检点批判，因而是群体的"不安良心"，是群体的"原义"。[1]

一旦明确了国家本质结构中的自然和精神部分，理性部分也就凸显了。在尼布尔看来，精神之自由在人的自我认识过程中起主导作用，理性虽然被当作精神的同盟和协同，但其重要性和作用被大大贬低。此外，由于人总是处于罪之中，理性也常常被罪所玷污，表现为有限性和相对性，成为自由之超越能力的内在障碍。尼布尔认为，"随着人走入社会，他的理性部分就变得越来越消极，而社会群体中的心智与目的总是瞬间即逝，不易形成"，等群体发展到了国家的规模时，群体理性水平的降低使"国家的行为几乎无法达到道德的水平"。[2] 因此，群体的理性部分的最大特点就是不确定性，它使群体的道德状况变得晦暗不明。

尼布尔没有指出群体的理性部分指哪些人，只是认为他们无论是从"社会关系和社会观念上都是模糊不清的，他们的地位从根本上来说也是难以稳定的，其立场的倒向总是错误的"。[3] 这些人本应该是作为光明之子的天然同盟军，警惕、预防和制止黑暗之子以任何方式对个体和共同体利益的侵犯，然而他们的热情却往往为黑暗

---

[1] Reinhold Niebuhr, *The Children of Light and the Children of Darkness*, pp. 8 – 10.
[2] 尼布尔:《道德的人与不道德的社会》，第24页。
[3] 尼布尔:《道德的人与不道德的社会》，第69页。

之子所利用。大多数研究者,如斯通、拉斯姆森等人认为,尼布尔在以很隐晦的方式表达对大众的怀疑,认为大众生来自私,倾向趋利避害,这种本性使大众无法凝聚起公共理性或公共意志。尼布尔的著作、演讲以及社交的主要对象是白人清教徒中的上层人物,尼布尔的思想能引起美国精英如此强烈的反响和共鸣,本身就说明他带有一定的精英主义倾向,对大众不可避免有着一定程度的看低。[1]不过,这从反面表明在自由主义社会中,个体一旦沦为"精致的利己主义者",就很难对"公共"有所意识,这种个体越多,社会就越向一盘散沙的状态发展。

根据尼布尔的观点,自然与精神之间的张力以生机与形式的模式体现出来,而生机与形式之间同样存在张力,这种张力正是人认识自身和实现自我的动力,是为人的生命力。生命力不仅体现在个体之上,也体现在群体中,这既是群体自由的表现之一,也是群体认识自身和实现自我的动力。尼布尔明确表示:"人类的生命力,既可以从个体的中心表现出来,也可以从群体的中心表现出来,并且可以有很多的发展方向,而且,不论其来自个体还是群体,都有可能产生难以预料的,既具有创造性也具有破坏性的后果。而且,创造性与桀骜不驯之间的界限,也并不容易断定。"[2]

同个体一样,群体最基本的生命力是求生存求繁衍求安全的生命力,"个人生活和集体组织之间最重要的相似性在于后者和前者一样,也能意识到人类生存的偶然性和不安全性"。[3] 因此,群体(如国家)能够通过历史,或者比照其他群体的兴衰存亡意识到自

---

[1] See *Reinhold Niebuhr: Theologian of Public Life*, Introduction; Ronald H. Stone, *Professor Reinhold Niebuhr: A Mentor to the Twentieth Century*, Preface; David Lotz, *Altered Landscape – Christianity in America, 1935–1985*, p. 5.

[2] Reinhold Niebuhr, *The Children of Light and the Children of Darkness*, p. 48.

[3] Reinhold Niebuhr, *Faith and History*, p. 218.

己终不免灭亡的结局，因此会产生对生存和安全的焦虑。为了消除这种焦虑，克服不安，群体会采取一切它认为合理可行的办法来扩张自己，争取在与其他群体的竞争当中脱颖而出，从而确保自己长久延续，对此尼布尔说："每一个群体，就像每一个人一样，都具有一种根植于生存本身而又超出生存本能之外的向外扩张的愿望。"① 这种愿望当然是无可厚非的，因为这是群体意识到自身的独特性，并寻求自我实现的途径，所以尼布尔认为群体的焦虑不必然是恶的，它能促使群体向更大范围更大规模的人类群体发展。②

事实上，超出自然的自我保存和繁衍范围内的扩张对个体和群体都是精神性的追求，体现了自由精神相对于有限自然的超越能力。个体和群体的目标都是建立更大的共同体，然而个体生命有限，能够比较明显地意识到自身的自然与精神之间的界限，因此不会把自身的特殊性等同于或抬升到普遍性的高度。群体越大，就越会把自己看作具有普遍性的存在，就越希望在更大的范围内实现这种普遍性，并最终建立"一个与人类精神的普遍性相一致的具有普遍性的共同体"。③ 在此过程中，群体神化自我利益，赋予自身以永恒绝对的价值，群体认为自身就是神圣的，群体之间的关系就变成了"诸神之间的战争"，群体对自身独特性的认识也建立在这种相互对立的基础之上，正是在"与其他国家的通常是咄咄逼人的对峙中，国家才真正达到充分的自我意识"，在这里，自然的生命力被精神化了，求生的意志被精神化变成了求权的意志。④ 尼布尔认为，在生存意志向权力意志转化的过程中，群体的罪产生了，这是一种隐蔽

---

① 尼布尔：《道德的人与不道德的社会》，第18页。
② 尼布尔：《道德的人与不道德的社会》，第29页。
③ Reinhold Niebuhr, *Man's Nature and His Communities*, p. 83.
④ 尼布尔：《道德的人与不道德的社会》，第11、58页；Reinhold Niebuhr, *The Children of Light and the Children of Darkness*, p. 166。

的偶像崇拜，是宗教意义上的罪。群体将自己的利益树立为绝对价值，相应地，其他群体的利益至多只有相对的、暂时的价值，这样它牺牲其他群体利益的行为就有了彼岸神圣性的支持。因此，群体的罪也分为宗教性的罪和道德性的罪，然而群体的这两种罪重叠交织在一起，难以分开。

第二节　群体的道德境遇

一　群体的道德意识和道德水平

讨论群体的道德情况的前提是确定群体具有道德意识，因而能够成为道德行动的主体。尼布尔早年认为只有个体才具有道德意识，道德只存在于个体生活之中。群体，不论是组织严密的团体，还是关系相对松散、缺乏统一组织的人群或社会，都只具有自然属性而没有精神属性，缺乏道德能力，不能作为道德考察的对象。原因很简单，人之所以能成为道德主体是因为他具有道德意识，而道德意识的前提是人具有的责任感和罪感，这两种感受产生于自我的超越能力。只有凭借这种超越的能力，人才能摆脱自然的限制，反思自身及其行为，对行为的可能性后果做出预计和评估，进而做出自由的决断，因此尼布尔说："没有自我超越的理性能力就不会有自我批判能力，而没有自我批判能力就没有合乎伦理的行为。"[1]

尼布尔后来修正了这种观点，逐渐倾向于承认群体具有与个体类似的本质结构，故具有成为道德主体的可能性。尼布尔运用

---

[1]　尼布尔：《道德的人与不道德的社会》，第54页。

神学人类学的方法，对共同体的形成和结构以及其背后的神学依据做了生存论的还原，从而奠定了群体能够作为道德行为主体的基础。群体是精神与自然的产物，具有自由的超越能力，以及如生命力、焦虑、良心等特征，因而也具有自我意识，能够成为道德行为主体。

确定和承认群体的道德属性是学界广泛认为的尼布尔社会伦理思想中的关键之处。[1] 严格来说，尼布尔对群体道德意识的肯定并没有经过细致缜密的论证，也就是说，他的依据仅仅是群体具有来自精神超越能力的自我意识，群体能够反思自身的行为，故群体是具有道德意识的。如前所述，个体具有道德意识是因为个体对自己的言行能够产生懊恼和忏悔，由此引出责任感与罪感。相比之下，无论是从经验事实出发还是从尼布尔的理论出发，都无法认定群体具有足够程度的责任感与罪感。尼布尔认为，群体可能会对自己内部的成员的生存状况抱有一定的责任感，但对于与之共同存在的人类社会中的其他群体就没有这种感受。[2] 因此，尼布尔认为群体具有道德意识以及能够作为道德主体，并不是说群体一定能够对自己的行为作出道德判断，而是说群体的行为是具有道德意义的行为，我们可以对之进行道德判断。尼布尔谴责自由主义认为国家无善无恶、没有道德性的观点，他说："国家的无道德性就是它的不道德性。"[3]

尼布尔认为，群体的道德意识是通过群体的自我意识表达出来的，体现为群体的集体性意识。集体性意识与卢梭的"公意"颇为

---

[1] See *The Blackwell Companion to the Theologians*, p. 286; *Fifty Key Christian Thinkers*, eds., Peter McEnhill and Georg Newlands, New York: Routledge, 2005, p. 200.

[2] Reinhold Niebuhr, *An Interpretation of Christian Ethics*, pp. 79, 142; Reinhold Niebuhr, *Faith and History*, pp. 95, 129, 199.

[3] 尼布尔：《人的本性与命运》上卷，第191页。

相似。首先，它不是群体内所有成员之意识的简单叠加，而是成员意识的总和；它是"组成群体的各成员关于群体应该采取何种行为的不同见解"，经过群体成员的意识加加减减，相互抵消之后剩余的共同部分。其次，集体性意识并不否定群体成员的个体意识，它强调的是当群体以自身的名义行动时，其成员个体的意识就算没有消失，至少也是不重要的，此时成员对群体产生强烈的归属感，把自己视为集体的一部分。①

群体的本质结构中理性部分的不确定性乃至丧失是导致群体道德意识淡薄的根本原因，集体性意识因而是"一种情绪的表达，而不是理性的态度"。因此，群体中纵然有光明之子的存在，但先知代表的是个人的良知，它"并不会妨碍群体按自身的意见进行道德决定"，群体的道德意识是晦暗不明的。同时，"大多数个体因为缺乏理智的洞察力而无法形成独立的道德判断，因而不得不接受社会的道德观"；"个体就倾向于屈从团体的各种妄见，并承认其对权威的要求，即便这些要求并不完全符合他个人的道德倾向与主张"。所以，群体的道德意识是"由大众情绪以及支配阶层的私利所决定的"，群体缺乏理性去引导与抑制自身的冲动，其自我超越的能力也受到压制，不能理解他人的需要，因此比个体更难克服自我中心主义。②

道德意识决定道德水平，群体道德意识的低下决定了它的道德水平远远低于个体的道德水平。尼布尔对个体道德和群体道德的区分和比较最早出现在《道德的人与不道德的社会》一书中，他在开篇就指出：

---

① Reinhold Niebuhr, *The Self and Dramas of History*, p. 235.
② 尼布尔：《道德的人与不道德的社会》，第 3～5、22、54 页；尼布尔：《人的本性与命运》上卷，第 22、189 页。

第四章 群体道德与社会伦理

与组成群体的个体在他的个人关系里所显示出来的道德状况相比,在每个群体里,可以指导和抑制冲动的理性更少,自我超越的能力更少,理解他人需要的能力更少,因而,具有更加不受限制的自我。群体的道德低于个体的道德,一部分原因是群体难以创造一种强大到足以对付人的自然冲突的理性的社会力量,只有凭借这种力量社会才能和谐,另一部分原因是,群体的道德只是集体自私的显示,这种集体的自私是由个体的自私混合而成的,个体的自私在集体的自私里得到了更加生动的表现,而且个体的自私结合成一种共同的冲动,这种共同的冲动与个体的冲动分别而且小心地表现自己时相比,具有更加故意的效果。①

尼布尔此时虽然承认了群体道德与个体道德的区分,但认为群体道德在很大程度上是个体道德在群体上的投射,从而限制了群体作为道德主体的能动性,拉姆赛对此评论说这里只能看到投身于群体行为的个体因素,即个体的动机和心智,并没有尼布尔所说的"集体人"(collective man)的意识与心智。② 刘时工也认为,尼布尔对群体道德意识的论述不够充分,而且稍显混乱,总是喜欢用类比的方式从个体很快过渡到群体,对深奥复杂的群体意识的挖掘不够,难免引起误解。③

尼布尔成熟期的思想明显强调了群体作为独立的道德主体的能动性,而且,如果将群体的道德意识仅仅看作个体意识的投射和放大,那么社会伦理学的问题就被还原为了自由主义所认为的

---

① 尼布尔:《道德的人与不道德的社会》,导论第 3~4 页。
② Paul Ramsey, "Love and Law", in *Reinhold Niebuhr: His Religious, Social and Political Thought*, p. 175.
③ 刘时工:《爱与正义:尼布尔基督教伦理思想研究》,第 162 页。

个体伦理学的问题,即通过个体伦理的改造和提升,社会就能逐渐进步和改善,最终消除弊端,达到公正友善的社会。这种逻辑如果推到极致,就会导向巴特式的个体伦理极端内在化私人化的观点,从而彻底割裂个体与社会的联系,这一点正是尼布尔长期以来所批评的。

总之,尼布尔在早期认为群体不具有道德,群体的行为反映的是构成该群体的个人自我的意志和倾向,但在思想的成熟时期他改变了这种观点,认为集体也拥有自我意识,集体的行为是集体之自我的表现。对于个体自我的投射问题,尼布尔并没有抛弃,只是在其思想中明显不再具有重要的意义,而且认为个体和群体可以互相印证着来看,即群体就是放大了的个体,而个体也可以被当作微缩的社会。

个体的道德行为与社会群体,如国家、种族和经济团体的道德行为存在巨大的差异,这种差异决定了纯粹的个体伦理并不适用于人类的社会活动,政治手段因此成为必要。① 在尼布尔看来,之所以说个体是道德的是因为个体在决断和行动的过程中不仅能够考虑自身的利益,还能够把他人和集体的利益放置在自身利益之前,进而能够做出牺牲自我的奉献行为。人生来便能够对他人产生同情之感,能够感同身受地理解他人,与杜威等人一样,尼布尔从来都不怀疑人的这种能力能够通过精心设计的社会教育体系得到增进。尼布尔认为,教育能够帮助个体消除过强的自我中心意识,使个体形成对正义的认识,能从客观的角度看待自我利益深涉其中的社会生活。然而如果人类群体(一个国家、一个民族乃至整个人类社会)能够通过这样的方式达到较高的道德水准,即使有可能,也是非常

---

① 尼布尔:《道德的人与不道德的社会》,导论第3~4页。

困难的。① 相比于个体，群体无疑不具有足以指导和控制冲动的理性，不具有足以超越自身的能力，也不具有足以理解他人之需求的能力，因此，群体也就表现得更加具有自我中心的倾向，更加难以控制自我的表现和扩张。

可见，群体的道德能力大大低于个体的道德能力，一方面是因为群体的理性力量没有强大到形成群体的凝聚力，因此不足以抑制群体的自然冲动；另一方面是因为个体的自我和集体的自我在群体里同时存在，他们都有实现自身的冲动，个体自我的冲动往往通过集体自我得到生动的表达，因而表现出一种群体普遍的冲动——如果说个体自我冲动的表达是谨慎而缓慢的，那么群体自我冲动的表达则是突发而激烈的。②

因此，无论是宗教的还是世俗的道德主义者在这一点上都犯了错，他们认为人类的自我中心倾向会随着教育的发展或者宗教劝诫的深入而得到改变，最终实现完全的社会和谐。③ 他们对当代社会的道德和政治混乱负有不可推卸的责任。道德主义者之失就在于没能认识到群体行为中的自然成分，这些成分来自群体的自然生命力，他们从来没有被完全精神化，从来没有被理性和良知完全控制，因此道德主义者也就不会在意在人类群体和社会中达到正义所必需的政治手段。

道德主义者对人类集体行为中的自然特征缺乏认识，也没能意识到群体内部关系中自私力量与集体自我中心倾向之间的交织和纠葛。从这个意义来讲，集体之自我出于其私利，必然会顽固地反对任何道德目标和广泛的社会目的，道德主义者对此一无所知，因此

---

① 参见罗伯特·威斯布鲁克《杜威与美国民主》，王红欣译，北京大学出版社，2010，第553~554页；*Reinhold Niebuhr*: *Theologian of Public Life*, p. 46。

② *Reinhold Niebuhr: Theologian of Public Life*, p . 47。

③ 尼布尔：《道德的人与不道德的社会》，导论第4~5页。

不可避免地会产生理想化乃至混乱的政治观念。在道德主义者眼里，社会冲突要么是一系列的强制和暴力行为，不会产生任何符合道德标准的结果，要么是一种暂时的过程，高度发达的理性和更加纯粹的宗教会终结社会冲突，政治手段因此也是权宜之计。殊不知无论是个体之自我还是集体之自我，都深深地为自然的有限性所束缚，都太容易屈服于偏见和情感，非理性始终存在于自我之中，故社会冲突将永远存在于人类的生命和历史之中。① 人类的历史，就是追求社会强制与公正的努力不断失败的历史。②

在尼布尔看来，对人类道德能力的浪漫化估量是现代社会与文化的主流，但这并不意味着对社会现状完全乐观的判断。人类并不是没用现实的眼光去打量社会现状，只是认为可以用一种新的教育方法或者宗教复兴来消除社会冲突。这确实是一种不够现实的空想，一战之后的国际联盟的失败便是典型案例。尼布尔评论说："道德学家们完全无视群体道德与个体道德之间最明显的区别，他们把只能适用于大家所公认的社会制度内的仁爱问题同只能适用于现代工业社会中握有不同权力的经济群体之间的公正问题完全混同起来。"③

总之，道德主义者的错误关键就是要么将社会伦理问题归结为个体伦理问题，试图通过个体道德的提升来解决社会问题，要么将个体伦理问题的解决思路僵硬地往社会伦理问题上套，却完全忽视了这样一个事实，"只要社会群体有一个自我，它就必然是自我表现的、骄傲自大的、自私自利的，这种自私是不可避免的"。④

群体道德的另外一个特点是群体规模越大，实力越强，其道德

---

① *Reinhold Niebuhr: Theologian of Public Life*, p.48.
② 尼布尔：《道德的人与不道德的社会》，第12页。
③ 尼布尔：《道德的人与不道德的社会》，导论第8~9页。
④ 尼布尔：《道德的人与不道德的社会》，第54、160页。

意识和水平就越低。尼布尔说:"在整个人类的共同体中,群体越大,就越必然要自私地表现自己。群体越有力,就越能反抗人类心灵所设定的任何社会限制,亦即越不服从内在的道德约束。群体越大,就越难达到共同的想法和共同的目的,因而也就越不可避免地靠瞬间的冲动与直接的不假思索的目的来维持其统一。群体范围的增大也就增大了达到群体自我意识的难度。"[1] 这种倾向是国家自我意识的一种表现,它固然是利他主义的一种高级形式,但是从绝对的立场来看,它只是自私的一种表现。国家自我意识的这种表现,虽然体现着其内部的统一性,但它是通过暂时的冲动和当下的、未经反思的目的来实现的,这种共同意见或者共同目的的前提是竞争与冲突,而不是理性与良心。群体的这一特点在帝国主义中体现得特别明显,帝国不断地寻找敌人,不仅是扩张的需要,也是维持内部团结的需要,而其集体意识和共同目的往往体现着其根本利益。

二 群体之罪的表现和性质

群体道德水平的低下引向对群体之罪的探析。群体之罪的出现意味着罪已经超出个体的世界,渗透到了整个群体结构之中,罪不再仅仅是一种个体经验,而是成为一个群体的共同经验和外在的支配性力量,因此对群体之罪的分析就必须深入群体结构内部,寻找造成群体之罪的结构性原因。这就要求必须从道德主体的角度出发来界定群体之罪,否则难以涉及其深层意义。

基督教伦理学传统一直倾向于强调罪的个体性质,直到施莱尔马赫才开启了对罪之社会维度的关注的传统。施莱尔马赫区分了"实罪"与"原罪",前者是一种个体行为和个体罪责,后者则是一种"集体行为以及人类的集体罪责"。施莱尔马赫开创的这一路向

---

[1] 尼布尔:《道德的人与不道德的社会》,第48页。

在自由主义神学传统中保持了下来,经过利奇尔、哈纳克等人的阐释,在美国社会福音运动中达到了高潮,其最著名的代表当数劳申布什。

劳申布什认为,罪从本质上来讲不仅背离上帝,也背离他人,由此而言,最大的罪就不是个体的悖逆与不信,而是社会的不义、压迫和剥夺以及对他人权益的践踏。① 从社会性的罪出发,劳申布什明确区分了社会福音与个人福音。个人福音仅涉及个体的罪与得救,但这是不够的,因为每个人都生活在社会之中,不可避免地会沾染社会制度的罪,所以个体之堕落和犯罪与社会的罪有着不可分割的关系。正是社会性的罪恶阻碍了福音理想的实现,所以要推行福音中爱的理想,必须首先改造不义的社会制度,清除那些隐藏在社会结构和政治制度中的罪恶,例如阶级仇恨、贫富分化、人情冷漠、国家敌视等。② 个人福音在一个充满了压迫和仇恨的社会里是无法实现的,社会福音就是要"寻求引导人们为集体的罪而悔改,并创造一种更加敏感、更加现代的良知"。③

社会福音运动认为上帝将按照终极的正义建立一个全新的国度,在这种终极正义中,一切社会制度均将显示出自身的不义,为此,它主张社会改造并做了很多相关的工作,然而社会福音运动不顾历史和社会现实,幻想只要通过用理智来对社会加以科学分析、靠良善来对他人进行忘我服务就能克服社会弊病、解决社会问题,从而"爱"之伦理会在个体以及社会中不断扩大和加深。④ 这种世俗的乌托邦思想一直受到尼布尔等思想家的批评,但是对社会之罪的关注被尼布尔完整地继承了下来。

---

① Walter Rauschenbush, *The Theology for the Social Gospel*, pp. 77 – 78.
② 刘宗坤:《原罪与正义》,第 204 页。
③ Walter Rauschenbush, *The Theology for the Social Gospel*, p. 5.
④ 卓新平:《尼布尔》,第 29 页。

第四章 群体道德与社会伦理

如前所述,个体之罪的产生与原罪紧密相连,尼布尔通过神学人类学的方法对原罪做了生存论的阐释,从而规定了"人生来有罪"的本质特征。现在若想说明群体之罪的来源与形成,也要寻找其生存论上的根据。

尼布尔认为,人类最原初的群体在道德上是中立的,处于一种无善无恶的"天真无辜"状态,这种状态不是完美,而是无罪,原因在于其中没有自由产生,"天真无辜是没有自由的生命与生命之间的和谐"。① 所谓没有自由是指人的行为出乎自然,不假道德思索,没有道德上的考虑。由于不存在自由,群体也就谈不上道德和罪恶。由于人祖偷食禁果乃他们的自由选择,因此"一种刚刚开始的自由就扰乱了自然的和谐"。② 自由始于人类认识自身并获得意志与行动上的独立性,它的获得意味着人不再是纯粹自然的一部分,人与自然之间的原始和谐随即宣告结束。当然,"天真无辜"的原初状态与霍布斯的"自然状态"或者罗尔斯的"无知之幕"一样,并不是历史真实存在的过程,而是一种象征化的理论预设。

由此可见,原罪同样是群体之罪产生的根据,只是群体能够犯罪却不能认罪,它很少能够察觉到自己的罪行并产生懊恼和悔恨,故能说群体能够成为道德主体,却不能说群体能够为自己的行为负责。尼布尔认为,一方面,人类的原初群体出于群居冲动和血缘关系而凝聚在一起,这是其不可避免的自然的特征;另一方面,它能够以种种习俗禁忌把个体严格地约束在群体的规范之中,这说明群体已经超出了按照自然本能组织群体生活的局限,开始运用政治手段为自身提供凝聚力,这是群体本身自由的表现,也说明群体的成

---

① 尼布尔:《人的本性与命运》下卷,第353页。
② 尼布尔:《人的本性与命运》下卷,第353页。

员拥有了自由，正因如此，群体才会由于无法宽宏大量地对待这种自由而不得不压制之。由此，原初群体体现出了最根本的追求——和谐统一和两种最基本的罪恶——专制（Tyranny）和无政府状态（Anarchy）；任何人类群体都是在追求和谐统一的过程中有意或无意地制造出由专制或无政府衍生的种种罪行。当然，这两种状态不是政治哲学意义上的，前者指完全没有差异性的绝对一致状态，后者指缺乏统一性的混乱状态。①

群体之罪是在由生存意志向权力意志转化的过程中发生的，当群体凭借自身的超越性自由意识到自身的独特性，并且开始通过扩张自己的权力以延续生命、制造和维持繁荣的时候，群体之罪就已经产生了。在尼布尔看来，群体之罪涵盖广泛、表现多样，具有比个体之罪更加严重和复杂的特征。

首先，群体比个体更骄傲。骄傲的最根本特征是以自我为中心，把自己当作终极的目标，设想能够依靠自己的力量在历史中实现自身。尼布尔曾将骄傲之罪分为权力的骄傲、知识的骄傲和德性的骄傲，其中最基本的是权力的骄傲。尼布尔认为，权力的骄傲虽然以初级的形式表现在人类所有的生活之中，但在拥有更多社会权力的个体与群体那里更甚。群体的权力骄傲有两种表现形式：一种是因为占据了社会权力而感到安全的群体，并因此忽视了自身的有限性和影响有限的特征；另一种是没有占据社会权力的群体，他们因为感到强烈的不安全，便希望通过获取更大的权力来克服或者掩饰自己的不安全。这两种形式都来自群体的无限想象能力和因为认识到自身的软弱性、有限性和依赖性而产生的不安。②

---

① 尼布尔：《人的本性与命运》下卷，第354页。
② 尼布尔：《人的本性与命运》上卷，第169~172页。

个体的权力骄傲无法与群体的权力骄傲相提并论，无论在什么情况下，群体的权力骄傲总是甚于个体的权力骄傲，成为个体权力骄傲的来源。尼布尔说："群体的骄傲虽然根植于个体的态度之中，但实际上它却达到了一种凌驾于个体之上的权威，最终导致群体对个体的无上要求。"[①] 这就是说，群体是个体内在于其中的秩序原则的具体化，是共同体真正价值的承载者，个体的骄傲是依托于群体的秩序和价值的。个体的骄傲在面对群体的骄傲时，最终免不了退却和屈服。同时，群体骄傲的形式是人妄想否认其存在的有限性与易变性的最后努力，因为人本性中寻找自我、谋求自利的强大惯性，往往会自知之明地把自身私利巧妙地与更高目标和价值理想相混合、相统一，使有限之人在群体中实现自我，在群体的神圣中升华个体。因此，群体骄傲对个体骄傲的压倒性就体现在它既是个体骄傲的一个来源，又是个体骄傲的最后完成。

其次，群体比个体更自私。在尼布尔看来，"群体的自私是不言而喻、不证自明的"，而且，"必须把人类群体的自私看作不可避免的，在这种自私过分的地方，只有通过维护利益的竞争才能对它加以控制，并且只有将强制的手段和理想的道德说教结合起来才有成效"。[②] 群体比个体更加自私有两个原因。第一，群体的利益是其成员的最根本的利益。在尼布尔看来，群体不仅是不道德的，还是自私的，或者说是一种较大范围的利己主义。每一个群体都有一种根植于生存本能而又超出生存本能的向外扩张的愿望，求生的意志难免变成求权的意志。因此，"群体的利己主义与个体的利己主义纠缠在一起时，只会以群体自利的形式表现出来，当它被表现出来

---

① 尼布尔：《人的本性与命运》上卷，第189页。
② 尼布尔：《道德的人与不道德的社会》，第50、54、57、160页。

的时候，会比个体的利己主义造成更严重的后果"。① 第二，群体总是优先考虑自己的利益，至少是在考虑自己利益的前提下才去考虑他者的利益，这一方面是因为群体的自私更接近于自然的力量，另一方面是因为群体的集体性意识中理性部分的模糊性。个体可能偶尔无私，能够考虑别人的需求和利益，群体却不可能为其他群体而牺牲本群体的利益，个体的无私冲动因此在群体中受到了抑制，仅仅表现为群体的自私。②

骄傲与自私是群体之罪的具体表现，往往导致残酷的严重后果。尼布尔说："家庭里残暴的父母绝不少见，国家内对同胞的残酷对待充斥着新闻，在世界范围内存在着战争，新的国家在战争中诞生，新的残酷也不可避免地同时出现。"③ 自诩民主典范的美国就充斥着群体的残酷，奴隶贸易以及对少数族裔、妇女和弱势群体的排斥、挤压和歧视都是极为典型的例子。④ 而且，群体对外部其他群体可能会格外残酷，这种残酷往往以战争、封锁、禁运、抵制等方式体现出来，在现代政治经济发展的背景下，这些措施对一个群体的打击往往是致命的。⑤

尼布尔对群体之罪的分析在很大程度上基于他对当时美国社会现实的观察，这种特殊的历史语境使尼布尔的理论具有很强的针对

---

① 尼布尔：《道德的人与不道德的社会》，导论第3页。
② 程又中、付强：《莱因霍尔德·尼布尔的基督教现实主义道德观》，《伦理学研究》2009年第2期，第91页；另见尼布尔《道德的人与不道德的社会》，导论部分。
③ Reinhold Niebuhr, *Man's Nature and His Communities*, pp. 76–77.
④ 参见许巧巧、石斌《基督教现实主义国际伦理思想浅析》，《外交评论》（外交学院学报）2010年第6期，第117~133页；Reinhold Niebuhr, *Man's Nature and His Communities*, pp. 78–80。
⑤ 参见方永《基督教现实主义与美国社会的转型——兼论莱因霍尔德·尼布尔的思想在美国的命运》，载卓新平、许志伟主编《基督宗教研究》第12辑，宗教文化出版社，2009，第247~262页。

第四章　群体道德与社会伦理

性，这一点尤其体现在他对群体的情欲之罪的分析上。

如前所述，尼布尔非常关注个体的情欲之罪，这种罪是"对自我和谐的破坏，因为自我不恰当地沉迷于且把自己等同于它身上的特殊冲动与欲望"，与那些对他人造成伤害与损失的罪不同，它是个体对自身的伤害，是"对受造的、可朽坏的价值的贪恋，这种贪恋源于对自我的根本之爱，而不是对上帝的爱"。[1] 在尼布尔看来，群体身上也存在这样的罪，那就是孤立之罪（isolationism）。孤立的概念在政治学当中被用来表示因为地缘而导致的自我保护的情况，但孤立行为的真正来源是群体的自我意志出于对自身利益的维护，而放弃了对其他群体的义务与责任，导致这些群体的利益受到损失。孤立之罪是放弃了更大的公共之善而去追求一己之利，"代表着历史上普适主义和自私自利主义因素的某种结合"。[2] 尼布尔据此谴责签署《慕尼黑协定》的国家以及盛行于美国社会的"孤立主义"，认为这是一种缺乏理智、不负责任、只顾自身利益的自私行为和罪行。[3]

群体的情欲之罪是尼布尔没有展开论述的部分之一，拉斯姆森认为这与尼布尔的听众和读者有关系，"他们都是历史的创造者，而不是接受者"（they make history rather than take it），因此尼布尔更强调罪是一种自负，而不是对他人自由的过度侵犯或者种种世俗的沉溺行为。[4]

群体之罪覆盖广泛、形式多样，具有复杂、隐蔽、深层的特征。尼布尔提醒我们，群体之罪更加具有精神性，如它渴求权力、

---

[1] 尼布尔：《人的本性与命运》上卷，第205、208页。
[2] Reinhold Niebuhr, *The Children of Light and the Children of Darkness*, pp. 55, 161.
[3] Reinhold Niebuhr, *Faith and History*, p. 97; Ronald H. Stone, *Professor Reinhold Niebuhr: A Mentor to the Twentieth Century*, pp. 155, 160.
[4] *Reinhold Niebuhr: Theologian of Public Life*, p. 19.

骄傲（包括威信与荣耀）、蔑视他国（这是骄傲的另一方面，是自尊在世界上受到其他国家的成就的不断挑战时的必然产物），伪善（冒充符合更高的道德原则而不是为了自己的利益），对道德自主性的高要求（在此要求中，群体的自我神化因其把自己表现为生存的根据和目的而变得更加明显），等等。① 所以群体之罪更具隐蔽性，因为它是"人妄想否认自己的存在的有限性和偶然性的最后的努力"，这种努力看起来成功了，但这种错觉也意味着群体之罪会更加危险，"所造成的客观的社会历史邪恶也最多，是产生不义和纷争的温床"。②

不过，尼布尔在被群体之罪震撼进而展开批判的同时，并没有忘记自己始终强调的"先知式的批判性思维"。在揭示群体之罪的骄傲和自私的同时，不能对群体做绝对的道德判断，任何时候也不能否认群体具有的道德优势和取得的道德成就。尼布尔明确地表示："国家既是内在于共同体之中的秩序原则的化身，也是存在于共同体之间的无序原理的化身。因此，国家在道德上是含混的。它声称自己具有绝对的道德价值，这是它的魔鬼品性的基础。也就是说，国家之所以属于魔鬼，就是因为它声称自己是上帝。另一方面，如果它不是真正价值的承载者，它也不可能声称自己是上帝。"③ 因此，不能仅仅看到国家作为统治机器的冷酷无情，也要看到它在维持秩序、保障安全方面所起到的作用。不仅是国家，任何群体严格来说都具有这样的道德模糊性。

---

① See Paul Ramsey, *Speak up for Just War or Pacifism*, State College: The Pennsylvania State University Press, 1988, pp. 69, 73, 114.

② 尼布尔：《人的本性与命运》上卷，第193页。

③ Reinhold Niebuhr, *Faith and Politics*, ed., Ronald Stone, New York: George Braziller, 1968, p. 85.

第四章　群体道德与社会伦理

群体之罪给尼布尔造成的震撼远大于个体之罪，实际上，尼布尔的罪性理论尤其来自对群体毫无顾忌地展示和纵容自己的骄傲和贪欲而给人类带来的无穷无尽的痛苦的深刻体会当中。① 不过不难看出，尼布尔思想的出发点其实是个体的安全、发展和实现，这充分反映出自由主义的个体本位是他思想的基调。尼布尔虽然承认群体对个体的重要意义，但他坚持主张，甚至放大了群体道德意识的模糊性和群体道德能力的不确定性，这种悲观的笔调造成的结果就是：首先，个体与群体的关系被割裂，二者甚至形成对立，群体会控制和压迫个体，个体不得不屈从群体，个体伦理和群体伦理之间出现巨大的张力，最终二者的道德问题都没有解决；其次，由于强调个体伦理问题必须在群体伦理问题之中解决，尼布尔的社会伦理思想的重心便偏向群体伦理问题，在一定程度上忽视甚至贬低了个体的道德努力。以上两点是当时学界对尼布尔关于个体伦理和群体伦理的论述的主要批评，本书后面的内容会逐渐展示尼布尔对这些批评的回应。

现在可以得出以下结论。首先，群体之罪与个体之罪具有共通之处，它们都属于"结构性"的罪，都出于道德主体的本质结构。其次，群体之罪并不排除个体之罪所起的作用，相反，两者之间存在不可分割的联系。最后，群体之罪与个体之罪一样具有普遍性，群体作为一种结构性的存在，与个体一样难以免受罪的侵蚀，个体和群体都处于一种"罪性结构"之中，只不过群体具体的罪恶和罪责会随着其具体制度和历史结构的不同而有所区别。于是，结构的一致性和普遍性就将群体之罪和个体之罪联系起来，可以从整个社会的统一的角度来进行探究。

---

[1] David Lotz, *Altered Landscape – Christianity in America, 1935 – 1985*, p. 250.

第三节　迈向社会伦理

一　社会的结构和组织

尼布尔对群体的本质结构做了类似于个体的理解，由此，群体是众多个体的集合，整个人类社会是众多群体的集合，或者说，许多个"小我"组成了"大我"，所有的"大我"构成了整个人类社会。这就意味着可以从"社会"这个整体和更高的视野来同时观察个体与群体。本书导论曾说，尼布尔并不像滕尼斯那样把社会理解为非自然、有目的之人的联合，也不像涂尔干那样把社会理解为自成一体的神圣之物。在尼布尔看来，不能对社会做个体和群体那样的本质结构式理解，它不是一种"超我"，反而压根就是混乱的。因此，讨论人类社会的结构和组织问题，视野必须高于个体和群体，但落脚点必须放在个体和群体上。

尼布尔用"权力"（power）的概念来分析社会。它是一种"社会性的、历史的积聚物"。[①] 在尼布尔思想中，权力是与权力意志紧紧联系在一起的，他说："历史意义的被蒙蔽不主要是因为自然的非理性、必然性和偶然性，而是因为一种独有的历史现象，即权力因素。因为自然只知道为生存的竞争而冲动，而不是为权力的竞争而冲动。"[②] 如此可知权力的两个特征：历史性和竞争性。尼布尔还认为，权力是"精神的产物，不过其中总是混有肉体的力量"。[③] 这就是说，权力尽管出于权力意志，因而具有精神性的特征，但它同

[①] Reinhold Niebuhr, *The Children of Light and the Children of Darkness*, p. 65.
[②] 尼布尔:《人的本性与命运》下卷，第301页。
[③] 尼布尔:《人的本性与命运》下卷，第301页。

时具有自然的特征。权力意志原本就是生存意志的精神化,这说明权力既具有创造性又具有破坏性,权力显然就是被精神化了的生命力。显然,所有个体和群体都拥有权力意志,也就都拥有权力。

权力虽然表现为历史的产物,但它有神学的根据,"权力是上帝的恩典,是上帝给人的并促使人实现自我的能力";① "权力是所有人平等地享有的"。② 他紧接着指出,上帝平等地赐予人类权力,是让人通过它来认清自己的有限性,对自己实现自身的可能性感到绝望,由此产生信仰,而不是通过它去竞争、去调和世俗的矛盾。然而事实恰恰相反,历史上所有的权力都变成了不义的工具。③ 可见,权力类似于生命或能量,是自然与精神、生机与形式之间动态的转换,从某种意义来说,生命的本质就在于权力。尼布尔说:"所有的生命都是权力的表达。和其他生命一样,人的生命必须通过权力才得以存在。因此,生命和生命之间的关系就是权力和权力之间的关系。这一事实并不因生命具有精神性的因素而改变。"④

可见,个体与群体都是独立的权力载体,所有的权力载体聚合起来构成了整个人类社会。个体和群体都是精神与自然的共同产物,都是具有生命力的存在,所以权力的第一个重要特征就是"生机与理性的统一,即机体与灵魂的统一"。这种统一是权力载体赖以维持和发展的根本原因,"如果没有一定的自然力量,或者没有超越生机力量之间的冲突和张力的精神顶峰,不管是个体权力还是社会权力都无法存在"。生命力是以权力意志的形式表现出来,所以权力的第二个重要特征就是"代表了人的罪孽和人的自私自利的力量","人的精神和肉体能力的统一与交互作用,使人能够创造出无

---

① 尼布尔:《人的本性与命运》下卷,第336页。
② Reinhold Niebuhr, *An Interpretation of Christian Ethics*, p. 67.
③ 尼布尔:《人的本性与命运》下卷,第302、336页。
④ 尼布尔:《人的本性与命运》下卷,第72页。

数类型的权力或者权力的结合,有纯粹体力上的,也有纯粹理性方面的"。①

整个人类社会由此就是一张权力织成的大网,个体和群体构成这张权力之网的节点。从个体到社会,权力规模自小而大地分出两个极端,居于其间的是家庭、企业、政党、国家、阶级、宗教等大小不等的血缘、种族、经济、政治和宗教群体,整个社会就是由不同层次、不同规模的权力载体所组成的。不过,尼布尔说:"没有任何个体或群体是丝毫不含自然成分的,或根本没有超越冲突的精神性力量的,它们无一不反映着人类整个生存中理性与生机的、心灵与自然的复杂统一的关系";"没有哪个社会是由良心或理性组成的单纯结构。一切社会都多多少少是人类生机所构成的和谐,这些和谐或者稳固,或者动荡。它们被权力所控制"。② 在整个社会的范围内,权力的斗争和分配、整合与分离是总在发生的。

权力的发展和变化总体上具有以下特征:一是精神权力对自然权力的不断替代;二是整个社会范围内的权力态势是动态平衡的。尼布尔清楚地认识到,当今社会经济权力的崛起和发展,大有取代政治权力的趋向,因为任何个体和群体都可以通过获取经济权力来在整个社会范围内进行权力博弈。他公开指出,"我们现代社会的一切根本性力量都是经济的力量,即所有权的力量。经济力量总是能够扭转政治力量为己所用。经济力量一直是极为强大有力的,但在现代社会中它更是高耸入云,成为不义的首要原因,因为生产过程的私人所有制以及由此而来的权力日益集中在少数人手里,不可避免会带来不负责任"。③

---

① 尼布尔:《人的本性与命运》下卷,第 516~520 页。
② 尼布尔:《人的本性与命运》下卷,第 515、517~518 页。
③ 尼布尔:《宗教与现代生活中的社会行动》,载尼布尔《光明之子与黑暗之子》,第 150 页。

尼布尔的目的当然不是解释权力的演化史，而是描绘这样一幅景象：当今社会多个权力中心的出现，意味着本来就体现为权力意志的各种权力载体，面临更加严峻和复杂的竞争关系。在尼布尔看来，竞争意味着"既互为依存又相互冲突"，"一切社会生活都代表着某种生命力的领域，它们发展为多种形式，因为相互依存又相互冲突而联系起来"。① 尽管表面呈现出复杂多变和千头万绪的态势，社会之网的各个权力载体之间的关系就根本而言是既相互依存又彼此冲突的竞争关系，"共同体的每个层次几乎是普遍的社会冲突、紧张和竞争"。②

尼布尔称权力之间的竞争性关系为"政治"的关系。尼布尔对"政治"有两种理解方式：一种是一般意义上所理解的政治，经常以政治权力、政治团体或者政治手段等概念出现，是与经济、文化、军事等并列的概念，基本上属于社会科学的范畴；另一种便是此处这种独特但更具重要意义的理解。在这两种理解方式中，后者是对前者的扬弃，但尼布尔并没有完全放弃前一种理解方式，从而使"政治"的含义显示出丰富的双重意蕴。

尼布尔的早期思想主要把"政治"理解为一个社会科学领域的概念，他认为政治就是建立在经济基础之上的上层建筑，是各个权力主体维护自身利益的特定行为以及由此结成的特定关系。这里的权力主体主要指的是国家，"长期以来，在群体关系中起决定性作用的是政治关系，而不是伦理关系。也就是说，群体关系的性质取决于每个群体所占权力的多寡，而很少取决于对每个群体的需要与要求进行理性和道德考虑"。③

---

① 尼布尔：《人的本性与命运》下卷，第521页。
② Reinhold Niebuhr, *Christian Realism and Political Problems*, p. 121.
③ 尼布尔：《道德的人与不道德的社会》，导言第9页。

随着1937年《超越悲剧：论基督教的历史阐释》的出版，尼布尔开始对一些关键性的政治概念如利益、权力、正义等进行基督教式的理解和阐释，以基督教思想观念涵盖它们，寻找它们的内在联系，把政治领域理解为人类在历史中取得成就的过程和场所，力求以一种更加宏大的视角来理解政治。拉斯姆森评论说："尼布尔对于政治的理解，一言尽之，就是认为政治是为寻找人类社会恒久问题的最佳解决方案而进行的艰苦卓绝的努力。"①

自此，尼布尔开始尝试以先知的口吻对政治进行观察和评论：政治是人类追求公平与正义的经验在历史中的展现，并且这些经验不是整全的，而是以碎片的形式出现的，故对历史的解释就格外重要了，在这种解释中，历史戏剧的展开就是政治，在这一过程中最为关键和重要的两个因素就是"道德和权力"（morality and power）。需要注意的是，在尼布尔的早期思想中，道德和权力分别对应着个体道德与社会、政治权力，而在其成熟思想中，这一对概念转向了各个权力载体的道德与整体的社会权力之网。②

与此相应，政治所反映的恰恰就是"人的本性与命运"，人类是依着上帝的形象而造的，必定有追求自我完全实现的意愿，这也是人性中上帝完满形象的体现，但不可否认，这一过程会不断地被人类自身的有限和愚昧遮蔽，而呈现出悲剧和反讽。③ 因此，尼布尔一方面强调宗教与政治的区分，避免两者之间的混淆，另一方面又着重指出基督教信仰对人类政治决断和历史抉择所起的定位和导

---

① Reinhold Niebuhr: Theologian of Public Life, p. 17.
② See John C. Bennett, "Reinhold Niebuhr's Social Ethics", in Reinhold Niebuhr: His Religious, Social and Political Thought, p. 99.
③ See Khurram Hussain, "Tragedy and History in Reinhold Niebuhr's Thought", in American Journal of Theology and Philosophy, 2010, 31 (2), pp. 147–159.

向作用。①

尼布尔对"政治"的理解体现了他向美国宗教政治传统的回归。对尼布尔而言，政治是一种道德事业，也就是说，它所涉及的问题势必关乎道德——包括是非问题，如何界定正义与不义的问题，何为公正、何为不公正的问题。换言之，组织和协调社会中的权力载体，进而实现共存、和谐与统一的唯一途径就在于围绕权力意志和道德规范进行统摄和筹划乃至博弈，这才是尼布尔"既不悲观，也不乐观"的现实主义立场。

基于这种现实主义的立场，尼布尔指出，社会是人实现自我的场所，自我实现是人的终极目的，为了实现这一终极目的，人必须实现整个社会内部的和谐统一，"人创造的目的就是确立、保持和完善人类的社会组织"；由此出发并结合权力的概念，尼布尔提出了人类社会的最基本的两项原则，一是"中心组织原则"（central organizing），二是"力量平衡原则"（equilibrium of power），"没有任何道德或者社会进步能够使社会脱离对这两项原则的依赖"。② 它们是人类社会"本质性的和持久性的"组织原则，其中前者强调的是社会作为一个整体的稳定性和社会秩序的必要性，后者强调的是社会内部各权力载体之间的平衡，也就是社会内部的自由。两者分别体现了社会的精神性因素和自然性因素的要求，同样保持一种辩证关系。

尼布尔把人类社会的关系理解为既互为依存又相互冲突的政治关系。毫无疑问，如果这种关系仅仅体现为彼此依存的友爱关系，那么世界绝对是完美和谐的。然而，"作为个体，人相信他们应该

---

① Reinhold Niebuhr, "Ten Years that Shook My World", in *The Christian Century*, 1939, 56 (17), p. 545.
② 尼布尔：《人的本性与命运》下卷，第515、558页。

爱,应该互相关心,应该在彼此之间建立起公正的秩序;而作为群体,他们则想尽办法占有所能获取的一切权力;群体并不完全受理智和道德的控制,个体在群体面前完全是无力的"。① 因此实际情况反而是,社会中个体与群体总是处在不断的纠葛之中,彼此总是试图控制对方,双方乃至多方利益总是在冲突之中,原因就是一些势力总是试图用自己的意志去支配其他势力,其根源当然是权力意志的作用。尼布尔认为,阻止和避免这种情况发生并使人类社会向友爱方向发展的最好办法就是"力量的平衡",这种办法防范了控制与奴役,能最大限度地"接近友爱"的状态。②

权力的平衡显然考虑的是组成社会的权力的多样性问题。由于每一权力载体都致力于扩张自身的利益以实现自身,大范围的利益彼此渗透、相互关联,其中必然会产生不稳定的因素,如控制和压迫。为了维护社会的稳定秩序,也为了各个权力载体能够自由地同时安全地发展和实现自身,就有必要以权力的平衡实现社会秩序的稳定。尼布尔认为,尽管对权力平衡的控制是一种有意识的行为,但基本来说,它属于"自然的事物",是处于权力之间的一种压力;③ 哪里有压力,哪里就有潜在的冲突,平衡既难把握又难维持。④ 同时,权力的平衡并不是一件容易的事情,其出发点是好的,然而在操作中很可能不仅没有解决问题反而滋生出"公然的对立,从而造成无政府主义的混乱状态",这就要求在社会领域之内,不管是某个群体还是整个社会,都必须有一个组织中心。尼布尔对此解释说:"这一中心必须以一种更无偏私的立场来仲裁冲突,而那是卷入冲突的任何一方都做不到的。该中心必须带来一种相互支持

---

① 尼布尔:《道德的人与不道德的社会》,导论第4页,正文第6页。
② 尼布尔:《人的本性与命运》下卷,第521页。
③ 尼布尔:《人的本性与命运》下卷,第522页。
④ Reinhold Niebuhr, *An Interpretation of Christian Ethics*, p. 116.

第四章　群体道德与社会伦理

的过程，从而使先前固有的紧张状态不至于爆发为冲突。每当仲裁与平息冲突的手段不够时，该中心就必须以优势的力量强迫当事各方服从社会进程。最后，每当平衡打乱走向不公的时候，该中心还得重新组合各方势力的平衡以避免因平衡的打破而出现不义。"①

力量平衡原则是一种自然的因素，与之相比，中心组织原则具有精神性的因素，它"处在一种更高的道德地位与社会必然性之中，而这是力量平衡原则所不可能达到的。前者（中心组织原则）更有意识地谋求正义"。② 中心组织原则试图设定一个超越社会内部所有竞争权力载体的参照中心，从而使人类社会具有发展友爱、取得更广泛的普遍性的无限可能性。它是社会秩序的来源，因为它能以合乎所有成员利益的立场统摄社会中的各种独立因素，建立起稳定的秩序和权力载体之间的和谐。③

然而，中心组织原则能否达到预期的效果则需要辩证地看。首先，这个中心总是体现某种统一性和普遍性，故能运用精神或者物质手段，结合社会条件来进行整合，以实现一定程度的和谐秩序。其次，这个中心肯定是社会众多权力载体中的一个，它肯定不是靠道德劝慰或者精神号召来进行组织和整合，而是必然要求结合权力来进行。这个中心在绝大多数情况下是一个政府（在群体内部范围内）或者一个国家（在整个人类社会范围内）。权力本身并不罪恶，与爱也并不矛盾，权力的善恶之分，取决于权力的目的，然而国家和政府是具有道德模糊性的，无法判定其运用权力产生后果的好坏善恶。再次，权力难免滋生腐败，而且越是不受约束的权力就越容易导致腐败，这是个体自私的必然，也是群体自私的必然，因为

---

① 尼布尔：《人的本性与命运》下卷，第522页。
② 尼布尔：《人的本性与命运》下卷，第522页。
③ 参见许巧巧、石斌《基督教现实主义国际伦理思想浅析》，《外交评论》（外交学院学报）2010年第6期，第117~133页。

"人的自私心必将竭尽个人或集体的意志所能控制的一切生机资源,来达到他或他们的自私的目的。所以,社会为了应付各种反社会的目的和行动,也同样需要汇集所能利用的资源"。① 最后,社会内的每个权力载体都有自己的利益诉求,组织和整合的过程更多需要考虑的是整体的利益,这就必然与局部利益产生冲突,如此,要么出现反抗,要么出现强制,不管哪一种情况都必然引发不义与混乱。

总之,中心组织原则设定了整个社会秩序化的必要性,力量平衡原则设定了社会内一定限度的自由的必要性。两者之间形成一种张力,通过调整两者之间的关系,维持两者之间的平衡,就能够推动社会秩序和正义的发展。尼布尔认为如果处理得当,社会就能接近完美的友爱状态。但是这一张力又内在地包含着与友爱精神相违背的因素,一旦张力被打破,要么"会产生出压制性的社会,危害其中的成员的自由与生存",要么"走向无政府主义的暗礁"。② 尼布尔说:"无论怎样修补美化社会势力和政治和谐,都不能消除友爱中包含的潜在冲突,那种冲突暗藏于权力的组织和平衡之中。"他紧接着又"语重心长"地补充了一句,"社会生活领域内的这种矛盾形势相似于基督教在别的生活领域中所见到的历史性矛盾现象"。③ 此处的"历史性矛盾"便是"人之本性为悖谬性统一"的问题,这就说明"政治关系"的问题只能在基督教的原则下解答,罪的问题以及权力的问题都需要某种超越于它们的东西来解决。

在笔者看来,尼布尔的"权力"的概念似乎源于霍布斯的"自然权利"。在霍布斯那里,"自然权利"来自自然法,指个体自我保存的权利,是个体的基本底线,尼布尔用上帝替换了自然法,"权

---

① 尼布尔:《人的本性与命运》下卷,第516页。
② 尼布尔:《人的本性与命运》下卷,第515~516页。
③ 尼布尔:《人的本性与命运》下卷,第516页。

力"指上帝赋予个体的自我实现的权利,只是这种权利总是以力量的形式表现出来,才成为权力,它是个体的终极目标。"权利"和"权力"的差别就在于前者决定了个体是一种孤独的原子式个体,后者决定了个体是一种处于种种关系中的个体。然后,尼布尔把"权力"赋予群体,这不能不说是"自然权利"的极化版本。在这个意义上,尼布尔并没有突破自由主义的思想范围,他所描绘的人类社会就必然是一个种种个体和群体都以权力为正当并致力于行使权力的严酷的丛林社会。由于权力是无法让渡的,这个社会的和平秩序就不可能通过契约实现,只能通过中心组织和力量平衡两项原则实现,其结果就是以某种权威为中心的社会秩序,而且这个权威通常是某个群体。尼布尔显然对群体的道德状况充满担忧,由此便引出下一小节的内容。

二 群体的道德完善何以可能?

超越自由使群体产生自我意识,因此群体能够作为道德行为主体并对之进行道德评价;群体也会犯罪,其道德水平远低于个体。[①]显然,群体也需要救赎,而且更需要救赎。群体能够被救赎的前提是,"即使在最自私的群体里也存在着残余的道德感和社会感"。[②]换言之,良心和原义在群体里是存在的,这是群体所具备的被救赎的能力。

在尼布尔看来,救赎的前提是审判。只有在审判之中,被审判者才能够意识到自己的罪行,产生罪感与责任感,才能产生对救赎的期盼。如前所述,先知是群体的良心和原义,他们能够挣脱群体

[①] 参见尼布尔《神意与当代文明的混乱》,载刘小枫编《当代政治神学文选》,蒋庆等译,吉林人民出版社,2011,第5~6页。

[②] Reinhold Niebuhr, *Man's Nature and His Communities*, p. 31.

的自私和偏见，从更超越的普遍性立场对群体行为进行审视和批判。先知式的批判虽然不能取代群体意志，但可唤起其他成员的羞恶之心，修正群体的道德态度，剥离群体自义的伪装。也就是说，群体的罪感与责任感来自先知的超越立场与眼光。尼布尔对此表示："如果说有些群体也接受那最后的审判，那是因为它们凭借群体中某些个体的良知与敏感才做到这一点的。"[1] 因此，群体的救赎就不是对整个群体的成员的救赎，而是通过拯救群体中的"残留的义人"来拯救群体。

群体的得救不能依靠和指望群体内个体的道德实践和提升，而是要诉诸群体自身的良心。先知是群体的良心和原义，群体受到先知的批判就可能使群体认识到自己的有限性与罪。如果群体接受了先知的批判，就说明群体的良心起了作用，群体的道德意识被唤醒，能够对自身的行为和问题进行审视。当群体意识到自身的不足和问题之后，会重视群体自身的道德建设，采取措施进行修补和纠正，这就体现为社会制度上的一系列变革，其效果的大小和持久性都是极为显著的，是个体凭借自己的救赎所无法比拟的，因此尼布尔说："个体的善良意志的道德成就不能代替社会控制的各种制度。个体的善良意志可能是完美的和纯洁的，但它不能确立基本的正义。任何社会里的基本正义都必须依靠对人的公共劳动的正确组织、他们的社会权力的平衡、对他们的公共利益的管理以及对相互竞争的利益所不可避免的冲突进行的恰当约束。任何道德理想主义都不能克服社会结构中存在的基本的制度缺陷。"[2]

然而，先知的声音很难被群体认可和接受，其始终受到压制和迫害。即使如此，他们仍然怀着一种使命感，选择宣讲群体之利益

---

[1] 尼布尔：《人的本性与命运》下卷，第599页。
[2] Reinhold Niebuhr, *An Interpretation of Christian Ethics*, p. 192.

第四章 群体道德与社会伦理

和荣耀在上帝面前的相对性,希望能够使群体有所醒悟,主动进行社会制度的改革,消除权力各载体之间的张力,以达到一个正义的社会。尼布尔认为先知是为了众人而牺牲自己、自觉自愿地把共同体的利益置于自身利益之上的人。他们不是以自我利益为中心,也不是在肯定自我利益的前提下将利益扩大到自身之外。他们完全粉碎了自我利益的中心,将他人的利益设定为自身的中心,他们是"光明之子"。① 他们的行为是一种理想主义,甚至看起来有些"冒傻气",② 实则包含着巨大的勇气,因为这需要暂时超脱出自己所在的群体,并承担巨大的苦难,因此尼布尔称之为"改变的勇气"(courage to change)。③ 同理,一个群体乃至整个社会若能积极地从社会制度方面入手,不把任何社会制度视为完美,并始终置于信仰的审视和批判之下,那么同样也具备了变革的勇气。

尼布尔对群体得救的论述引发了一些研究者的异议。第一,按照尼布尔的构想,群体行为之所以具有道德意义,是因为群体有着类似于个体的本质结构,因此"悔过之心"是群体道德意识和能力的前提,但尼布尔未能对群体何以拥有"悔过之心"以及"悔过之心"如何对群体造成微妙而内在的转变做出说明,这在很大程度上遮蔽了人们对群体行为的道德考量,更何况就文本来看,尼布尔似乎并不认为"悔过之心"是一种集体的和普遍的经验,所以群体道德和群体得救在根基上并不牢固。④ 第二,尼布尔主张个体只能在群体内实现自身、得到救赎,然而个体一旦融入群体,他的自由精神的超越能力就会大为削弱,并会成为群体意志的统摄对象,而群

---

① 尼布尔:《人的本性与命运》下卷,第379页。
② Reinhold Niebuhr, *The Children of Light and the Children of Darkness*, p. 11.
③ June Bingham, *Courage to Change*, New York: Charles Scribner's Sons, 1961, p. 2.
④ See Mark Douglas, "Reinhold Niebuhr's Two Pragmatisms", in *American Journal of Theology & Philosophy*, Sep 2001, pp. 222 – 240.

体认识到自身的罪、产生忏悔之感并寻求宽恕的可能性非常小,因此个体以融入群体来实现自身、得到救赎的可能性似乎有待商榷。如果尼布尔诉诸先知的个体力量来处理群体的道德问题,那么尼布尔岂不是明面上提升了个体及其自我牺牲精神,暗地里否定了群体的道德意识和道德能力,这等于回到了他一贯批判的自由主义的老路上。①

针对此类异议,尼布尔不断地对自己的理论进行修正,从《人的本性与命运》开始,尼布尔逐渐提高了如民族和国家等群体的道德能力,相应降低了个体的道德表现,到1965年的《人性及其共同体》,尼布尔强调了群体行为中所暗含的创造性的价值,同时比以前更加关注人类群体所包含的积极的道德因素。②

尼布尔最终形成的观点可以被称为"群体福音"或者"社会福音",但他的思路截然不同于美国社会福音运动时期那种旧式的社会福音。

传统的基督教伦理学往往把拯救的对象集中于个体,这就是一般意义上的个人福音,建立于其上的便是个体伦理学。个人福音不仅是自由主义神学对福音的理解,新正统神学对福音的看法也大致如此,只不过新正统神学的个人福音强调上帝的启示和恩典,贬低人的作为,而自由主义神学的个人福音则强调个体与上帝的交流,注重个体的作为。个人福音假定可以把个体从共同体里抽离出来,不考虑他与共同体的关系而只考虑他与上帝的关系,因此个人福音在突出信仰的同时也在贬低社会生活的价值,致使人与共同体的疏离,政治被边缘化乃至从人的视野里消失,甚至

---

① See Donald Meyer, "Reinhold Niebuhr: Religion and Politics", in *The Protestant Search for Political Realism:* 1919 – 1941, ed. , Donald Meyer, Berkeley: University of California Press, 1960, pp. 42 – 43; Dennis McCann, *Christian Realism and Liberation Theology*, pp. 23 – 24.

② *Reinhold Niebuhr: Theologian of Public Life*, pp. 35, 40.

被与福音对立起来,成为魔鬼管辖的领域。这种理解深深植根于基督宗教的传统之中,它只宣讲个体被审判和拯救的福音,远离现实的社会生活。①

个人福音在美国遭到社会福音运动的挑战,它兴起于19世纪末,在20世纪20年代达到高峰。社会福音是相对于个人福音而言的。个人福音只关注个体的罪与得救,对于社会的罪和完善则少有涉及,但是每个人都生活在社会之中,不可避免地沾染社会的罪,所以个体的沦落和罪与社会的沦落与罪密不可分,如果不关注后者,就会变得只关乎个体的罪与得救,而对世代相继的社会压迫无能为力。因此,社会福音的目的就是纠正个人福音的偏狭,以使上帝的福音达到社会的层面,"寻求引导人们为集体的罪而悔改,并创造一种更加敏感、更加现代的良知"。②

在格拉登(W. Gladden)、谢里丹(C. Sheldon)和劳申布什的倡导和带领下,美国的神学重心开始由强调个体主义和以皈依宗教为方向的个人福音向强调集体主义和关注社会现实问题的社会福音转移,体现了从建立在个人福音上的个体伦理向建立在社会福音上的社会伦理的重大转变。在"重建基督世界失去的社会理想"精神的指导下,社会福音运动不再注重那些关涉个体伦理的渎神、酗酒、淫乱等问题,而是转向关心劳工失业、童工现象、社会不公、贫富不均、社会福利等现实的社会伦理问题。③ 社会福音运动乐观地认为,上帝之国将会作为一种虽非尽善尽美但较为崇高的社会秩序在历史中降临人类社会,这种秩序以爱对人类事物的逐渐完善为标志。

---

① 参见克莱·G. 瑞恩《道德自负的美国:民主的危机与霸权的图谋》,程农译,上海人民出版社,2008,第86、179页。
② Walter Rauschenbush, *The Theology for the Social Gospel*, pp. 77–78.
③ 参见左芙蓉《美国社会福音及其影响》,载卓新平、南俊伯主编《基督宗教社会学说及社会责任》,宗教文化出版社,2009,第135~136页。

社会福音充分肯定人类的理性和善良,坚信通过宗教信仰可以改造和激发人类改变和完善现实世界的意识和能力,爱的伦理会在个体及社会中不断得以扩大和深化。

尼布尔的早期思想受到自由主义神学较大的影响,他基本接受了自由主义神学的个体本位立场以及人性本善、道德进步等基本观点。① 此时尼布尔所持的是个人福音的立场,不仅如此,他还在某种程度上反对社会福音运动。② 虽然日后尼布尔以对自由主义神学的批判著称,但自由主义神学对经验观察的推崇强调,培养了尼布尔注重社会政治经验的兴趣与习惯,并为他日后对自由主义的反思和批判、奠定自己独特的现实主义之精神埋下了重要伏笔。

底特律的教牧生活对尼布尔思想的转折有重要影响,学界一般称这一时期为"底特律经验",它构成了尼布尔思想认识上幻灭、痛苦、摸索、醒悟和革新的关键环节。他说:"我在教区任职时发现,那已经消失其古典信仰的简单化理想主义,对于个人生活的危机和一个工业城市的复杂社会问题,同样都毫不相干,(底特律的)社会现实迫使我重新考虑那种自由的、高度道德化的神学信条,而我却将之等同于基督教信仰";"我曾经等同于基督教信仰的那种温和的道德理想主义,与我们现代工业社会之重大现实毫无关系"。③

在尼布尔看来,美国的基督教已经完全沦为资产阶级的统治工具,如果指望它能够对社会的重建发挥任何认真的建设性作用,那就是无端的乐观。尼布尔发现,如果要使基督教在工业社会中真正

---

① *Reinhold Niebuhr: His Religious, Social and Political Thought*, p. 5.
② Ronald H. Stone, *Professor Reinhold Niebuhr: A Mentor to the Twentieth Century*, p. 11.
③ *Reinhold Niebuhr: His Religious, Social and Political Thought*, pp. 5–6.

发挥建设性作用，就必须发展出一种"更为英勇的宗教"，神学思想必须进行建设性的创新，要"努力为社会改革而不是为个体自身的完善而奋斗"。① 这段时期尼布尔对于基督宗教与社会现实问题的思考标志着他对福音和伦理的理解开始逐渐由个人福音和个体伦理转向社会福音和社会伦理。

在1929年之前，尼布尔对社会福音的理解与社会福音运动没有任何本质上的区别，他强烈谴责自由主义神学及其教导，认为它没有注意对社会伦理的强调，没有讨论基督教徒的不可避免的社会责任，也没有重视上帝之国的相关内容。为了实践社会福音运动，他本人也参加了大量社会活动，如与劳工团体的合作、对黑人争取民权斗争的支持、担任种族关系委员会主席、参加和平主义者调解联谊会等。他还批评一些教会人士只关心教友的个体伦理，而放弃了作为基督教本质的真实社会问题，他也承认自己"在批判个体主义与旧自由主义的乐观主义时追随了基督教社会福音派的风尚"。②

1929年，美国爆发了严重的经济危机，随着大萧条的日益严重，尼布尔逐渐对社会福音运动的现实效果悲观起来。从1931年起，尼布尔开始批判社会福音运动，认为它是一种误导，是一种充满了至善意义的和平主义，它错误地认为社会正义可以通过渐进的方式在人间慢慢地建立起来，误以为每个阶层都能够通过和平民主的方式逐渐实现自身的利益。③ 虽然社会福音运动深刻地揭示了社会制度的有限性与罪性，但它错在认为社会的改良能够通过道德与教育的手段来实现，其最关键的缺陷就在于完全无视群体的自我意

---

① Reinhold Niebuhr: His Religious, Social and Political Thought, pp. 8, 73.
② David Lotz, Altered Landscape – Christianity in America, 1935–1985, p. 290; Reinhold Niebuhr: His Religious, Social and Political Thought, p. 9.
③ Reinhold Niebuhr, An Interpretation of Christian Ethics, p. 114.

识以及在此基础上既得利益阶层与受压迫阶层的群体冲突,这才是社会困境的根本性问题。① 尽管如此,社会福音运动对社会现实问题的关注、现实主义的立场以及对社会变革必要性的认识已经融入了尼布尔的思想之中。

尼布尔进入纽约协和神学院执教后,接触了大量基督教的经典著作,开始重新反思自己的思想历程,并最终形成了独具特色的基督教神学思想和社会伦理思想。1932 年的《道德的人与不道德的社会》标志着尼布尔对社会福音运动的更深入批判和扬弃。尼布尔承认社会福音运动对自己的影响在这一时期开始消退,自己在经历一次心智上的转变。②

这段时期尼布尔对社会福音运动的批判达到顶峰,而且更富理论性。他认为社会福音运动虽然宣扬社会层面的犯罪和拯救,也意识到了通过变革社会制度来达到社会的福音化,但是其在方法上仍然诉诸旧的个体之良心发现以及道德提升,它完全无视了群体也会犯罪,也有待福音的救赎;个体伦理在面对群体之罪时往往是软弱无力的,只有少数先知才具备改变的勇气。因此,社会福音运动未能充分诉诸一个共同体的良知,没有看到共同体内部的利益集团的自私及其之间的利益争夺的不可消除性,也就没有看到社会生活中社会制度的根本地位,没有考虑如何去改变社会制度,没有看到社会生活根本的东西——权力及其分配原则。③ 不难看出,此处尼布尔的批判恰恰是基于他对社会伦理的全新认识

---

① Ronald H. Stone, *Professor Reinhold Niebuhr: A Mentor to the Twentieth Century*, p. 86.
② Reinhold Niebuhr, "A Third of a Century at Union", in *The Union Seminary Tower*, May 1960, p. 3.
③ 方永:《自由之三维:力量、爱和正义——R. 尼布尔政治神学研究》,第 37 页。参见许巧巧、石斌《基督教现实主义国际伦理思想浅析》,《外交评论》(外交学院学报) 2010 年第 6 期,第 117~133 页。

而展开的。

尽管尼布尔一再批判社会福音运动，但社会福音运动所倡导的基督教的社会向度，即"其最为核心的社会正义和革新的激情"，却一直为尼布尔所坚持。[1] 斯通因此评价说："尼布尔始终自觉地表达出福音与美国社会问题的相关性，他是社会福音运动真正的孩子。"[2]

总之，从 1932 年起，尼布尔看待理论与实际问题的立场逐渐转向现实主义，关注社会不公不义与社会改良实践的态度使得尼布尔转向倾听遭受社会不义之伤害的人，倾听那些受迫害者的声音。洛文对此评论说："尼布尔的现实主义的立场意味着他认识到解决政治问题的纯粹道德方法所具有的局限性，他呼吁人们注意规定社会的、政治的和经济的冲突的那些现实。"[3] 在梳理思想历程和总结现实经验的基础上，尼布尔认为人类社会的关系归根结底是权力的竞争关系，社会不公不义的根源就是权力分配的不公正；但是权力的完全平等也是不可能的，它只能是一种乌托邦的幻想。群体和权力这两个因素，构成了尼布尔的独特的社会福音以及建立其上的社会伦理思想的理论支柱。

三 社会伦理的整体视角

尼布尔的思想过程比较复杂。他最初认同和接受自由主义神学的个人福音和个体伦理，但由于美国的现实状况，他对自由主义神学失去信心并转而接受了社会福音运动。再后来，尼布尔接触了大

---

[1] Reinhold Niebuhr, "Professor's Column", in *The Union Seminary Tower*, May 1960, p. 3; Reinhold Niebuhr, *The Children of Light and the Children of Darkness*, p. 7.
[2] Ronald H. Stone, *Professor Reinhold Niebuhr: A Mentor to the Twentieth Century*, p. 180.
[3] Robin Lovin, *Reinhold Niebuhr and Christian Realism*, London: Cambridge University Press, 1995, pp. 6–7.

量基督教经典,深深折服于基督教传统智慧,由此逐渐发展出了注重群体与权力的独特的社会福音和社会伦理思想。

尽管经历了对传统的个人福音和个体伦理,以及美国社会福音运动和社会伦理的批判,尼布尔并没有完全否定它们,而是批判性地吸收了它们。尼布尔所理解的福音以及建立其上的伦理学说,既包含着个体的因素,也包含着社会的因素。这一点在尼布尔确认群体具有道德意识、能作为道德主体的时候就显明了。这就使得尼布尔能够站在整个人类的高度来看待福音与伦理的问题,福音对尼布尔来说是针对整个人类的"社会福音",相应地,伦理也就是作为整体的"社会伦理"。

尼布尔所理解的社会福音和社会伦理,虽然以群体和权力为支柱,但并不意味着取消了个人福音和个体伦理。作为一个基督教思想家,尼布尔的理论出发点和最终关怀对象始终是人类,人类与上帝关系的现状、走向与和谐目标,即人类能否以及如何具有完美德性是尼布尔最为关心的内容。

人在首要意义上指的是个体之人,因为人是被上帝以个体形式创造出来的,也就是说,尼布尔始终把个体之独立性维度,即把个体与上帝的和谐统一视为人之真实本性的实现。人的终极目标是自我的完全实现,他说:"人是这样一种动物,他不可能只是活着,只要他活着,他就会努力去实现自己的真实本性。"[①] 所谓人之"真实本性",指的便是人之应然的与上帝和谐统一的关系,显然,这种关系所体现的首先便是个人福音和个体伦理。在这种关系里,上帝对人的爱和人对上帝的爱完美地融合在一起,这种爱对上帝而言是"圣爱",对人而言是"牺牲之爱"。尼布尔把"爱"视为实现自

[①] Reinhold Niebuhr, *The Children of Light and the Children of Darkness*, p. 19.

第四章　群体道德与社会伦理

我的不二法门，是个体伦理的最高规范，也是一切道德行为的基础。① 然而问题在于，自我奉献和自我牺牲意味着置共同体利益于自身利益之上，它可能意味着生命的消逝，不是每个人都具有"改变的勇气"，这是先知才能拥有的精神境界，更何况先知也无法彻底地摆脱自身的有限性与罪。

在尼布尔看来，从来都没有原子式孤立的个体，人是精神和自然的共同产物，人之存在同时体现着垂直的超越性维度与横向的历史性维度，真实存在的只有处于共同体之中的个体，"孤立的个体不是真实的自我，离开了共同体，个体无法生活"，而且，"人只要活着就会努力实现自己的本性；而且他只能在他人的生活里实现自己的本性；在别人的生命中实现自己，就是人的真正本性"。② 也就是说，除非个体所在的群体被审判和被拯救，个体是不可能被真正地审判和拯救的——尼布尔的社会福音和社会伦理不仅包括群体的审判和拯救，也包括个体通过群体的审判和拯救而被审判和拯救。

一方面，个体的任何行为都不是简单的自我行为，个体的行为是在共同体的影响下形成的，"凭借人们对他们的家庭和共同体的责任，还有他们对许多共同事业的责任，人们被带离了自身，成为他们真正的自我"，同时，"其每一个决定，总是根据共同体的实际状况而做出的，并受其制约"，任何个体的罪，其所在的共同体都负有不可推卸的责任。③ 另一方面，绝大多数群体的罪，是通过个体以共同体的名义而犯下的，有的是以公谋私，有的是为了共同体利益而对其他个体或群体犯下的，因此，个体之罪在一定程度上以群体之罪的形式表现出来。就此而言，群体之罪的赎救能够带来个

---

① 刘时工：《爱与正义：尼布尔基督教伦理思想研究》，第111页。
② Reinhold Niebuhr, *The Children of Light and the Children of Darkness*, pp. 4, 19.
③ Reinhold Niebuhr, *The Children of Light and the Children of Darkness*, pp. 54–56.

体之罪的赎救。①

尼布尔的这一观点若用不那么神学的语言来说就是,"个体的意识与觉悟所可能达到的极限高度,都根植于社会经验,并在与共同体的关系中得到其终极的意义。尽管个体的独特性可以达到某种高度,似乎能够完全超越其社会历史,但个体是整个社会—历史过程的产物。作为一个个体,他的抉择和成就,既来源于共同体,也将汇流于共同体,并在共同体之内实现其最终的意义;个人必须忘我于比自己更伟大的事物中,并从中发现自己,才能努力实现其生命价值"。②

尼布尔说:"自我的实现是生活在他人身上并为了他人而活着,其取向是忠实于上帝并爱戴上帝。"③ 这就说明,对于个体的救赎来说,对共同体的依靠和对上帝的信仰缺一不可。然而问题在于,当今时代共同体遭到摧残,信仰变得淡薄,如果仅仅着眼于其中的一个方面,个体都不可能得到救赎。人与上帝的关系是疏离的,人天生而来的罪性使得人只能以自我为中心,不可避免地犯罪。就此而言,个人福音具有强烈的末世论意义,其根本特征就在于"不可能的可能性",即向人展示其所面临的危机处境,促使人实现"信仰的一跃",在这"信仰的一跃"中领悟危机处境的根本症结所在,从而做出探索性的但承担责任的行动。

福音一方面向人展示其所面临的真实处境,另一方面向人指明得救的道路,给人提供希望。但是,这希望永远只是一个路标,而不是一个可以实现的现实。正是在这层意义上,尼布尔批评社会福音运动实际上还是一种个人福音和个体伦理,他说:"福音派的完

---

① 参见黄其松《和平与得救——〈利维坦〉的两面》,人民出版社,2011,第二章"通过利维坦得救"。

② Reinhold Niebuhr, *The Children of Light and the Children of Darkness*, p. 51.

③ 尼布尔:《人的本性与命运》下卷,第379页。

美主义源于它的个体主义,它过分强调宗教体验具有的'拯救的恩典'。社会纪律和社会败坏的所有根源因而不被认识。个体为了被'称义'和'宽恕',只能信靠上帝。人的社会本质使这种纯粹纵向的关系成为不可能。"① 在个体的得救或者说自我的实现过程中,与上帝的和谐统一只是终极目标,而整个过程必须依靠共同体,仅仅专注于个体自己的宗教信仰是在"为个体自己搭建通往天堂的梯子",而"任凭人类的整个事业都陷在过度的自私和败坏之中"。②

真正在个体的实现与救赎中起作用的是以一般的恩典出现的社会制度和社会力量,"把人从过分的自我关心里拯救出来的力量通常是'一般的恩典'的力量,因为这些力量代表着所有形式的社会安全、社会责任或社会压力,它们促使人重新思考其社会本质,促使人不企图通过追求绝对的自我实现来实现自己"。③ 共同体作为上帝赐予人类的恩典,不仅是个体得以实现和拯救的场所,其所包含的社会制度和社会力量更是人得以实现和救赎的唯一的现实有效的力量。尼布尔指出,绝大多数个体之罪在本质上是通过共同体的具体的社会制度而形成的。从来都没有完美的社会制度,总是存在不公不义的权力的分配,从而造成内部的压迫与外部的扩张。对群体之罪的审判是涉及共同体所有成员的,即使某个成员没有直接涉及共同体犯下的罪,即便是先知,也必须为之担责,因为个体与共同体之间存在责任与义务的联系。④

由此可见,真正的社会福音必须依靠社会制度的变革,而这必须建立在群体的良知的基础上。所以,无论是社会实际问题的解决

---

① Reinhold Niebuhr, *Man's Nature and His Communities*, pp. 123 – 124.
② Reinhold Niebuhr, *Man's Nature and His Communities*, p. 277.
③ Reinhold Niebuhr, *Man's Nature and His Communities*, p. 125.
④ Reinhold Niebuhr, *Discerning the Signs of the Times*, New York: Charles Scribner's Sons, 1946, p. 28.

还是个体的自我实现，仅仅诉诸人的宗教冲动，是注定要失败的；最为根本和有效的途径是诉诸社会制度的变革和诉诸群体的力量。尼布尔总结说："必须坚持，个体善意这一道德实现不能代替控制社会的机制。个体的善意可以完善、可以净化，却不能产生基本的正义。任何社会的基本正义均取决于人们共同创建之正确的组织，取决于他们社会权力的平衡，取决于调整他们的共同利益，同时，也取决于恰当地限制彼此之间不可避免的利益冲突。社会有机构成的健全，有赖于其社会结构的合理性。没有一种善意能单独弥补自然产生的缺陷；也没有任何道德的理想主义能克服社会结构中基本的、自发的弊端。"[1]

综上所述，在经过漫长而复杂的思想历程之后，尼布尔终于完成了从旧式的个人福音向其独特的社会福音的转向，形成了成熟而独特的社会伦理思想，它以群体和权力为主干，内在地包含着个体伦理与群体伦理两个部分。其中，前者是终极的目的，但是它不能代替后者；后者先于前者，是前者的基础和前提，内在地包含着前者，两者是相辅相成的关系，"如果缺乏道德的帮助，社会便不会朝着有利于正义的方向改变；而倘若道德的目的不想被破坏、被腐蚀的话，它必须实实在在地将自己与恰当的社会制度结合在一起"。[2]

赋予群体道德能力，进而比较分析个体伦理与群体伦理，被一致认为是尼布尔的重大理论贡献，然而在具体评价时，多出现毁誉参半的现象，即一方面认为尼布尔创造性地提出了群体伦理的说法，赋予了伦理学和政治哲学在解释社会问题时更高的视角；另一方面指责尼布尔的这一区分存在重大的断裂，个体伦理的法则无法顺畅

---

[1] Reinhold Niebuhr, *An Interpretation of Christian Ethics*, p. 111. 参见克莱·G. 瑞恩《道德自负的美国：民主的危机与霸权的图谋》，第77页。

[2] Reinhold Niebuhr, *An Interpretation of Christian Ethics*, p. 112.

第四章 群体道德与社会伦理

地过渡和应用至群体伦理，个体伦理因而与社会伦理成为互不相干的两个领域。本书认为，如果深刻理解尼布尔提出的是一种截然不同的统合了个体伦理和群体伦理的社会伦理思想，就不会出现这种既褒扬又批评的结论。

批评者的论断是基于这样的认识：由于群体的道德水平远低于个体，因此作为个体伦理原则的爱无法在群体得到贯彻和实现，群体伦理的原则因而是正义，爱的原则是奉献而正义的原则是审慎，因此个体伦理与群体伦理存在断裂。本书认为，这种观点并没有深刻认识尼布尔对于个体、群体和社会这三者与伦理之间的具体关系，仍是从孤立和中立的个体在某一具体的道德处境中如何选择的角度来看待问题，完全忽视了个体的社会性维度，即任何个体都是生活在共同体中的个体这一明显事实。在尼布尔的社会伦理思想中，群体并不是多个个体的简单集合，群体的产生、存在和自我意识皆有神学上的根据，它与个体一样，都是道德行为的主体，都是权力的载体。尼布尔伦理学的思考对象是权力的载体。只不过该载体如果是个体，便称为个体伦理，如果是群体，便称为群体伦理，两者之间没有质的差别，它们能够共享同一个由启示而来的道德原则。爱与正义因此必然不是两个不相干的领域，它们同时适用于作为整体的社会伦理。尼布尔的社会伦理学在宏观层面针对的是整个人类社会，它内在地涵盖了个体伦理学和群体伦理学。进入微观领域，它还有个体伦理与群体伦理的区分，即个体伦理是终极的目的，但这一目的只有在群体伦理中才能实现，因此群体伦理是个体伦理的前提和基础，是社会伦理的首要问题，不可能出现群体伦理的问题没有解决而个体伦理得到解决的情况，而且这种区分完全是为了便于理解而进行的理论性区分。

第五章　爱论：社会伦理的统摄原则

人有什么样的本性，就有什么样的命运。人是精神与自由的悖谬统一体，当其进入社会历史活动后，这样的本质结构决定了人的悖谬的历史生存处境。具体地说，原罪作为个体和群体的生存状态伴随人类历史的全过程。无论是个体还是群体，都是历史之中的具体存在，原罪随之在历史中体现为实际之罪，这样就使历史本身表现出一种暧昧不清，历史之意义的问题随之凸显了出来。

有限之人追求自身意义的实现和完成，此为人的终极目的。在尼布尔看来，人与历史处于半融入半超越的关系之中，因此人的终极目标一部分是在历史中，通过历史意义的启明和完成而实现的，另一部分则要以超越历史的方式来实现。在比较分析了现代和基督教的历史观之后，尼布尔认为只有基督教的历史观合理地解答了这一问题，答案通过基督的形象而被启示给人类，表现了甘愿自己受难的爱。由此，一方面，基督的形象澄清了人生和历史的意义，即人不能凭借自己的力量来实现历史的意义；另一方面，基督的形象以表现为爱的仁慈化解了人与历史的罪孽，实现了人与历史的救赎。不过正因为人的罪性本质结构没有改变，故历史的意义只是在原则上被澄清，人类的罪孽只是原则上被克服，因此爱只能是原则上的社会伦理规范，它需要与正义相联系才能真正发挥作用。

第一节 历史中的道德完善

一 人与历史的张力

20世纪上半叶可谓充满危机，第一次世界大战、经济危机和第二次世界大战的接踵而至彻底击毁了自由主义乐观、进步的道德乌托邦幻想。正是在此背景下，尼布尔展开了对历史的批判性思考。

尼布尔认为，人类的生命并不是一个纯粹的自然和时间的过程。人虽然是被造之物，受制于自然的必然性，但是人能够意识到时间的流逝，能够通过时间的片段而把握时间的连续。这说明人内在地超越了时间的界限，暗示着一种能够超越人自身而把握时间连续性的神圣的"全面同时"的意识，它表现为意识的自由能力。[1] 这意味着人能够从一个超越的高度对表现为线性时间的自然过程进行思考，这一思考的结果，便是"历史"。[2] 就此而言，历史是由人类创造出来的，而非客观存在，"人既是处于自然和时间的变化进程之

---

[1] 尼布尔：《人的本性与命运》下卷，第287、294页。
[2] Peter Kennealy, "History, Politics and the Sense of Sin: The Case of Reinhold Niebuhr", in *The Promise of History: Essays in Political Philosophy*, p. 150.

中,又处于该进程之外。人超越自然变化进程的能力也赋予了他创造历史的能力。人类历史根植于自然过程之中,但这一历史既不是自然因果确定的顺序,也不是自然世界的反复无常的变异。它是人的自由和自然必然性这两者的综合体。人超越自然变化进程的自由使他能够把握住时限并以此认识历史。这一自由也使人能够将自然的因果顺序加以改变、进行重新安排和改造,从而创造出历史;人能不断地改变形式,与那只能在既定形式的范围内不断地重复而不知有历史的自然过程不同,这正是历史的基础"。[①]

人是精神与自然的辩证统一,历史便产生于这种辩证统一的结构。不过尼布尔更多地将历史的创造归功于人类的自由精神,"人类自由是独一无二的,因为它使人尽管在自然进程之中,却能通过知识、记忆和自我决断超越之"。[②] 这里的自由精神概指全人类的自由精神,它是个体自由与群体自由的集合。在这个意义上,尼布尔也把历史看作自然与永恒共同的产物,在这里时间被等同为自然的内容,而永恒指向人类的自由精神。[③] 尼布尔对历史的解释就是他的人性论的放大版,因为于历史中包含了与人类相似的不同因素、同样的晦暗不明和同样的发展前景。

人创造了历史,但不意味着人凌驾于历史之上,恰恰相反,人同时是历史的被造物。尼布尔借用马丁·布伯(Martin Buber)的观点,把历史比作一出戏剧,人在其中既是解说者又是参与者,以自我与自身、他者之间的对话来说明这一问题。

尼布尔说:"自我之所以拥有超越自然进程的自由,是因为他能够成为历史的创造者,能够创造我们所知的人类历史现实的新层

---

① 尼布尔:《人的本性与命运》上卷,第 24 页;《人的本性与命运》下卷,第 287 页。
② Reinhold Niebuhr, *Faith and History*, p. 15.
③ 尼布尔:《人的本性与命运》下卷,第 288 页。

面。然而自我不仅是这个新维度的创造者，他也是历史脉络中的被创造物，他本身也参加了这一创造过程。"① 这就说明人在创造历史的同时，那些从历史中呈现出来的血统、共同体、地理环境、传统文化等因素也在制约和影响着人类的创造行动。可以说人活在历史之中，也可以说历史就是现实，因为历史不仅是过去了的时间，它也对当下产生影响。因此，"人不能通过渐进或者革命的方法使自己从历史进程的受造物变为历史的主宰，人一直并继续处于被历史进程所支配和支配历史进程的暧昧性之中"。②

总之，人类创造历史和认识历史与历史影响人类和缔造人类是同一个过程。人和历史处于一种"半融入半超越"的辩证关系之中：融入是指生命的过程往往就是历史的过程；超越一方面是指人能够创造和改变历史，另一方面是指人生短暂，人无法在自己有限的生命中理解历史的意义。

传统的基督教历史观倾向于把历史看作一个线性发展的历程，起点是上帝的创世，终点是末日的审判，中间的就是上帝的经世（economia）。这种历史观往往因为贬低尘世生活而淡化历史的意义，现代基督教甚至会把历史当作上帝设定的一套能够自我运行的程序。相应地，末世因被理解为历史的终点而备受关注，因为一切的问题都将在末世被解决。也就是说，历史的一端是充满罪恶和苦难的过去以及当下，另一端是由上帝而来的全新的未来。因此，传统的基督教历史观被理解为末世论的历史观。

尼布尔的历史观体现出很强的辩证性。上帝作为造物主、审判者和救赎者超越于当下的生活。这一方面说明了历史不是线性的时间序列，过去与未来不再构成辩证的关系，另一方面说明上帝凌驾

---

① Reinhold Niebuhr, *The Self and the Dramas of History*, p. 53.
② Reinhold Niebuhr, *Faith and History*, pp. 11–12.

于历史之上并对它产生影响才是历史的意义的原则。这种辩证显然不是末世论的历史观中当下与未来的前后关系,而是超越与有限、永恒与时间、上帝与世界之间的垂直关系。在这种垂直的辩证关系里,有罪之人与上帝之关系的复归和谐只与当下有关,而不再以未来的应许为条件,末世论里未来的上帝变成了当下的超越的上帝。这一新的辩证关系就统一在作为上帝之启示的耶稣基督身上。[1] 在这个节点上,人与上帝的直接交流成为可能,而不是如末世论那样寄托于历史在末世的完全实现。历史的意义便通过启示与人类的自由联系在了一起,而不是如末世论那样与上帝在未来的运作相关。[2]

上帝在这种辩证关系中具有既超越又临在于此世的特征,恰恰反映出人之受造性、自我超越性和罪性,一方面再次说明人身上超越性和有限性的交织;另一方面也指出了人面向上帝和未来的敞开,即人的精神在历史中的可能高度。对于尼布尔来说,敞开意味着人的本质结构与生存境遇决定了他的达至完美的条件性和可能性。[3]

人之所以能超越当下之自我就在于他能够追忆过去和展望未来。这就说明:首先,人能够意识到无论是当下还是未来,自己都是受条件约束的,这其中既有积极的条件又有消极的条件,既有创造性的条件又有摧毁性的条件;其次,人在未来具有有限的可能性,人能意识到这一点是出于自身的自由精神,这种未来的有限的可能性因此表现出无数种可能的结果。因此,面向未来的敞开便体现在人的行动上,它具有积极和消极的双重形式,并由此产生人类的双重焦虑。前者是创造性的,它渴望突破限制达到新的可能性;后者是

---

[1] 参见尼布尔《人的本性与命运》上卷,第 126~137 页。

[2] Reinhold Niebuhr, *Faith and History*, p. 139. See Langdon Gilkey, "Reinhold Niebuhr's Theology of History", in *The Journal of Religion*, 1974, 54 (4), pp. 366–367.

[3] Langdon Gilkey, "Reinhold Niebuhr's Theology of History", in *The Journal of Religion*, 1974, 54 (4), p. 368.

摧毁性的，它来自人意识到自己受条件约束后，妄图通过摆脱这种约束而取得安全的心理。所以，人面向未来的敞开带来的并不是人类历史的完成和人性的救赎或完美，而是罪，表现在人妄图依靠自己超越限制来取得安全。人之所以有罪不是因为他的过去，而是因为他向未来的无数种可能性敞开，如果没有信仰的支撑，可能性只会化为罪的必然性。因此，"历史具有模糊性（ambiguity），但这一模糊性揭示出，在人的自由中有着人的活动与人的认知的共同本源"。[1]

共同本源是一种信念和规范，它指向普遍的秩序与和谐，"历史运动于自然的限度和永恒之间。人的一切活动，一方面受自然的必然性和局限性的支配，另一方面又取决于人对那蕴含于变化之中的不变原则的或者公开或者隐晦的信念。他对那些原则的信念，促使他去消除变动过程中的偶然性和矛盾，达到实现他生命的真实本质的目的，而这一本质是由支配它的永恒不变的力量所决定的"。[2]所以，人的本质决定了历史的意义，生命的意义就在于如何看待历史，在于认识到历史是一种进程，它"企图彻底揭示并最终实现生命的根本意义"。

有论者指出，人之存在本质与历史的对应性使尼布尔把历史看作自然与精神的产物，与个体和群体是一样的，这种对应性说明正是人（既指个体也指群体）的本质结构在时间中的延续使得历史成为历史。[3] 这种观点说明，处于线性时间序列末端的未来无法摧毁或者消除这种辩证的本质结构。换言之，只要人一直存在，历史就一直被其本质结构所决定，从而表现出一种连续性和统一性。人的本质结构会以种种形式表现出来，如有限与超越、生机与形式、自

---

[1] 尼布尔：《人的本性与命运》下卷，第288页。
[2] 尼布尔：《人的本性与命运》下卷，第288页。
[3] Langdon Gilkey, "Reinhold Niebuhr's Theology of History", in *The Journal of Religion*, 1974, 54 (4), p. 368.

然与精神、个体与群体等,人生存于两极的激荡之中,其与上帝之间纵向的维度和与他人之间横向的维度是这种张力的现实化,人的内省反思和集体协作是克服这种张力的努力。

人的这种永恒的本质结构暗示历史具有以下三点特征。

第一,人在历史中的持续不断的创造性使得历史是动态的、具有创造性的和持续进行的。人始终向未来敞开,能够打破旧有的形式,建立新的秩序,然后再对之进行变革。人之精神的自由超越了历史,与人的理性能力、安全和繁衍的本能、社会性的冲动与需求以及道德的要求结合在一起,使得技术的更高发展、理性与道德的更高层次、社会与政治组织的更高形式以及自由、正义的更普遍的实现具有了"模糊的可能性"。① 这种模糊性就在于其结果可能是创造性的也可能是摧毁性的,因为历史过程中的偶然性和矛盾并没有得到根本的消除。人是开放的具有创造性的,历史也是一样的,但对于两者始终不能太乐观。

第二,人之自由精神永恒地超越了思想和社会的架构。这说明在历史中是没有终极的社会形式的。由于人的自由的永恒存在,即便人能够抽象地(在思想中)发现消除人类之罪和社会不义的可能性方式,现实中也不可能有任何社会秩序可以被认为是永恒的或者牢固的。这一点在群体之中表现得特别明显,人总是会构建出各种社会方案,由于个体的生命力和群体的生命力都无比旺盛,精神总是超越于具体的社会组织,因此,再理想的社会也会成为改良和变革的对象。②

第三,人的本质结构在历史中的永恒存在,意味着除非人在本质上发生了变化,否则人堕落和犯罪的可能性就伴随历史永远存在。

---

① See Reinhold Niebuhr, *Faith and History*, pp. 2, 126, 199, 232.
② 尼布尔:《人的本性与命运》上卷,第 26~27、38 页。

尽管尼布尔认为罪是派生的，不是必然的，但由于人的本质结构的无法改变，罪是不可避免的。这就是说，罪在本质上不是必然的，但它作为一种可能性在历史中会不可避免地发生。这从反面说明只要历史还在继续，就不可能有完美的个体、群体和社会出现。可见，罪的产生与历史无关，它既与时间的发展毫无关系，也与特定的社会结构或者文明与道德的进步扯不上关系。① 正如尼布尔所说："只要有历史就会有自由，只要有自由就会有罪孽。"② 人与历史的垂直辩证关系在此一目了然。

总之，历史永恒的模糊性是理解尼布尔历史观的关键。这种模糊性来自作为历史的创造者的人，人的生命活动就是要消除历史的这种模糊性，以"达到实现其生命的真实本质的目的"。③ 人生的意义就这样与历史的意义紧密联系在了一起，"历史意义的问题常常就是生命自身的意义问题，因为人是一个既陷于自然和时间的流变之中，又超然于自然和时间的流变之外的历史性的存在物"。④

人的救赎不能超脱于历史，而是要在历史中完成。不可否认，当历史前进的时候，社会和文明也在前进，但同时罪的可能性也在增加，而且这种可能性来自人对自身以及业已取得的成就的误识。⑤ 罪贯穿了历史的全过程，尽管不是必然的，却是不可避免的。只要人还是自然与精神的产物，那么他就会对未来产生忧虑；只要他不信靠上帝，这种忧虑就不会消失，人就会犯罪。对于尼布尔来说，只有当人为完美的神圣性所改造，才能够不以诱惑、焦虑和堕落的

---

① Langdon Gilkey, "Reinhold Niebuhr's Theology of History", in *The Journal of Religion*, 1974, 54 (4), p. 368.
② 尼布尔：《人的本性与命运》下卷，第 354 页。
③ 尼布尔：《人的本性与命运》下卷，第 288 页。
④ Reinhold Niebuhr, *Faith and History*, p. 140.
⑤ Reinhold Niebuhr, *Faith and History*, pp. 94, 123, 232 – 233.

方式在历史中存在。然而,即使是内心为智慧与恩典所充满的基督教的圣徒,也无法摆脱历史中罪的纠缠。此处的辩证法则是:对罪的问题思考或者担忧得越多,神圣之爱所成就的新希望也就越多。[1] 只有意识到罪在历史中持续不断,由此产生的悔过之心才能被感知到,通向其他可能性的路向才能被确认。[2]

在阐释历史意义的基础上,尼布尔认为现代文明的最大特征就是进步和发展,把历史的进步看作人类不断得到救赎的过程,"现代文化最为深刻的信念就是,历史过程本身就具有救赎能力,因为能够保障生活的意义及其实现,简言之,它相信进步"。[3] 这种观念把人的力量和自由的历史发展视为对人的每一困惑的解决,以及对人的每一邪恶的解脱,因此人类可以在这种历史进步过程中解决人类的问题,完成历史的意义。也就是说,救赎就在历史之中,历史本身就承担着救赎的使命。此种历史观必然导致人们产生乌托邦的幻想,人们就容易将历史的进步与发展错误地当成自身的救赎之道,而无视和拒绝人性中罪的存在,充斥对历史进步的迷恋,易于破产。[4]

现代文明对进步的迷恋明显来自科学的出现和迅猛发展。必须承认,科学在对人的创造才能的重视方面、在对历史中出现的新事物的理解和解释方面以及基于对规律的把握而对未来的预测方面都具有巨大的优势,然而问题在于:我们固然不能为人类的发展设定

---

[1] Reinhold Niebuhr, *Faith and History*, pp. 201, 205, 229.
[2] Langdon Gilkey, "Reinhold Niebuhr's Theology of History", in *The Journal of Religion*, 1974, 54 (4), p. 372.
[3] Reinhold Niebuhr, *The Children of Light and the Children of Darkness*, p. 132.
[4] 尼布尔:《人的本性与命运》下卷,第297页,另见欧阳肃通《莱因霍尔德·尼布尔论神学的历史进路》,载许志伟主编《基督教思想评论》第14辑,上海人民出版社,2012,第68~69页。

明确的界限，但是无论人的能力怎么发展，都无法消除其自然有限性。由于把发展视为历史的意义同时也是历史模糊性的救赎之道，现代文明就很容易把历史模糊性归因于发展不充分或者没有达到一定的发展阶段，也就是归因于有限性对无限性的拖累。在尼布尔看来，这根本未能触及生命和历史之意义的问题产生的根本原因，即基于自由的罪的问题，而是埋头在具体罪行的解决上做文章，把罪归因于无知和落后。因此，现代文明面对历史中出现的一个接一个的问题，已经开始无能为力。

现代文明的历史观困境根源在其理论预设。这一预设是，发展就意味着心智与同情心的发展，也意味着人类的奋斗目标的发展，因此发展本身就是有意义的。这一点无论如何都不能直接推出历史的意义就是发展，从"认识自然和历史的发展"到"确定发展是历史的意义"之间存在一个跳跃。① 同时，发展意味着自由的发展，更确切地说，是理性的自由的发展，理性因而成为心灵和世界的秩序原则，人类的历史和道德生活也以它为规范。

尼布尔认为这种预设有两个基本错误。一是它扩大了人类自由和能力的发展程度，二是它把自由与德性混为一谈，这两个基本错误导致现代文明将"在历史中完成"（fulfillment in history）等同于"历史的完成"（fulfillment of history）。② 这就等于把历史本身当作了拯救的神明，而没有认识到历史充满着善与恶的无限可能性，人类的每一种新能力、每一个新发现，既可以是产生秩序的工具，也可以是制造混乱的帮凶。然而，历史是不能解决自身的问题、完成自身意义的，"历史从它本身的角度是不能被充分领悟的，也不能以

---

① 刘时工：《尼布尔论历史的意义》，载许志伟主编《基督教思想评论》第1辑，上海人民出版社，2004，第220页。

② Reinhold Niebuhr, *Faith and History*, pp. 68-69, 214.

它自己的力量得到完成"。① 历史的结构决定了它不具有自我救赎的功能,"历史有创造性,但没有救赎能力"。② 现代文明虽然没有把历史的模糊性看作必须摆脱的恶,但是它把这种模糊性归于人的有限性,认为历史就是有限性不断被克服的发展过程。根据尼布尔的观点,历史是永恒和时间相结合的产物,那么现代文明所理解的永恒就是人类的普遍理性,这实际上等于把一种偶像崇拜式的中心意义赋予了人类自身,从根本上讲是人类之罪的表现形式。

二 反讽: 自我完善的悖谬性

尼布尔从《反思一个时代的终结》开始思考历史的问题。这一思考的成熟主要体现在 1943 年出版的《人的本性与命运》下卷和 1949 年出版的《信仰与历史》中。以上作品集中体现了面对国际社会的混乱局面以及西方精神世界的普遍危机,尼布尔对历史意义的思考。1952 年的《美国历史的反讽》则是对前期思想的修正和升华,表达了尼布尔在战后的和平年代对人类命运问题的更深入思考。③

此时的尼布尔明确把历史的意义规定为"反讽"(irony)。这一称谓的灵感来自《圣经·诗篇》:"那坐在天上的必发笑,主必嗤笑他们。"尼布尔认为反讽体现了人类将永恒等同于自身的理性,以此出发理解和赋予历史意义的行为。他结合悲剧、喜剧来说明反讽:反讽与喜剧有重合的部分,但是又超越了喜剧,因为喜剧是由偶然性引起的,而引起反讽的固然有荒谬性和偶然性的因素,但这些因素被呈现出来时,却往往表现为非偶然性。反讽也不仅仅是悲剧,

---

① 尼布尔:《人的本性与命运》下卷,第331页。
② Reinhold Niebuhr, *The Children of Light and the Children of Darkness*, p. 132.
③ Ronald H. Stone, *Professor Reinhold Niebuhr: A Mentor to the Twentieth Century*, p. 190.

因为悲剧意味着行为者自由地选择了为恶或者犯错,尽管他可能出于善的动机,反讽却揭示了行为者的无意识状态,属于对自由的误用,因此反讽超越了悲剧。①

概言之,历史的反讽具有以下特点和意义。

第一,"(反讽)由于人的一些弱点而相互联系起来。比如一个强有力的人要是被发现实际上是很虚弱的,而他的虚弱恰恰是由于他对自己的自负导致的,那他就陷入了反讽的境地之中;又比如一个聪明的人在某些方面也会很无知,要是他没有意识到这一点,他也会陷入反讽的境地之中。"② 反讽根植于人的某些内在的东西,但人往往不能直接意识到这一点,这就是人性的悖谬,也是反讽的基本特征——人的自由导致了自己对自由的妄用,而这种妄用正是人用来理解和实现自我的途径,人发现结果总是超出自己的控制而趋于失败,并试图去理解和摆脱这一状态,却没有意识到这正是对自由的更深入更严重的妄用。在现实中,"人性的反讽有可能导致人试图做出超越自己能力的事,并且还深深地不自知"。③

第二,反讽针对的是普遍意义上全人类的历史。在这里不能把全人类看作所有个体的总和,而是要看作所有个体和群体的集合。群体比个体更有能力也更骄傲,因此更倾向于认为凭借一己之力就能够实现历史的终极意义,实现人类的完善。于是,群体便会自认为对其他群体乃至整个人类社会负有责任和义务,从而"天真"地去履行之,但在这一过程中,不免出现对其他个体和群体的侵害。

---

① Reinhold Niebuhr, *The Irony of American History*, p. 158.
② Reinhold Niebuhr, *The Irony of American History*, p. 154. See Khurram Hussain, "Tragedy and History in Reinhold Niebuhr's Thought", in *American Journal of Theology and Philosophy*, 2010, 31 (2), pp. 147–159.
③ 欧阳肃通:《莱因霍尔德·尼布尔论美国历史的反讽》,载许志伟主编《基督教思想评论》第8辑,上海人民出版社,2008,第142页。

因此，一方面，反讽表现了人对自身责任的认识，尽管这种认识的来源是人自身而不是一个批判的超越领域，但这种认识为秩序与和平，以及更大的共同体的形成创造了条件，因此历史的反讽有其益处；另一方面，反讽意味着向更多的道德可能性敞开，也意味着必须对人的罪行保持清醒的认识。①

尼布尔认为，反讽在生活中可谓既浅显又深刻。"在当代历史中有着明显的反讽因素，任何观察者都可以看到这一点。不过也得承认，反讽在历史事件中的一贯存在最终也要依靠一种支配性的信念或者世界观"；"对于反讽，除非当事人具备深刻的自我批评精神，否则很难意识到，因此对反讽的认识往往为观察者而不是当事人所把握"。② 这就是说，反讽不是一种外在的东西，它包含价值判断，它既不是随时能被意识到，也不是总能被观察到，因此无法直接诉诸经验。换言之，这种外在的当事人的清醒把握是指不能从人类的正面，而是要从其相对面或者说反面来理解历史的反讽意义。

尼布尔想表达的无非就是，"要解释历史和人生的意义，就必须或明或暗地引入信仰的前提。有了明确的前提，才能解释历史，我对历史的解释就是以基督教为前提的"。③ 这是他基于宗教信仰的一贯立场。

尼布尔认为，基督教对反讽的认识基于其对人性的深刻洞见：它对人类历史中恶的真正来源，即原罪，保持了一贯的反讽基调，它从罪中获得救赎的观点又超越了单纯的讽刺。基督教对历史之反讽意义的一贯基调是："全部的人类历史舞台是处于对之不断审视

---

① Ronald H. Stone, *Professor Reinhold Niebuhr: A Mentor to the Twentieth Century*, pp. 192–194.
② Reinhold Niebuhr, *The Irony of American History*, pp. 152–153.
③ 尼布尔：《人的本性与命运》下卷，第291页。

的神圣判决之下的,它嘲笑人类的自负但对人类的热情并无敌意,所谓神圣的判决也就是对自负的嘲笑。"① 人类的自负在于认为仅凭自己就能澄清历史的模糊性,使历史达到顶点,并且实践了这种幻想;而这种自负所体现的虚妄和傲慢,歪曲了历史的真实,把人类和历史拖入邪恶和罪孽之中。②

在尼布尔看来历史本身是有意义的,但不是盲目乐观的历史乌托邦论者所论述的那种意义,而是上帝启示人、拯救人的意义,历史的意义源自上帝而非来自处于二元悖论中的人自身。因此,基督教历史观所要处理的首先是人的自由和历史结构之间的关系,它既不能无视人的自由的超越性,也不能听任历史处于混乱、断裂的状态,而是要兼顾历史的独特性和统一性。③

基于这种认识,尼布尔认为现代文明承认历史是有意义的,但现代文明只是部分正确,因为有限之人只能看到或者部分地实现生命和历史的意义,无法揭示并实现历史的超越性意义。真正的问题在于,"尽管有限性的问题没有被取消,可人生的基本问题,或明或暗地都是原罪问题而非有限性问题"。④ 这样,历史的意义问题就被尼布尔拆分为两个子问题:一是历史的意义得到澄清,二是历史的意义得到实现或者完成。与此对应,尼布尔认为一种可接受的历史观"必须既是先知的又是救世的",显然,只有基督教历史观能够满足他的条件。

对于第一个子问题,尼布尔认为,基督教承认历史是有意义的,但不认为人凭借自身能够理解和实现这种意义,任何类似的企图和

---

① Reinhold Niebuhr, *The Irony of American History*, p. 155.
② 尼布尔:《人的本性与命运》下卷,第 294、304 页。
③ See Khurram Hussain, "Tragedy and History in Reinhold Niebuhr's Thought", in *American Journal of Theology and Philosophy*, 2010, 31 (2), pp. 147 – 159.
④ 尼布尔:《人的本性与命运》下卷,第 289 页。

行动都是罪的表现。而且相反,历史的意义由于人的妄行而模糊不明,"历史的意义固然是支离破碎和已经变质的,需要人去补充完整和加以澄清,但是这一行动必须借助神圣的力量"。[1] 对基督教而言,历史的终极意义源自超越的上帝,这就意味着不只是把信仰当作心智的理性架构来洞察终极的意义,而且应当认识到这种终极意义是超越理性心智的,必须从神话的非理性角度来理解,因此,信仰能够把不同时间整合在一起,并把各种具有地方性或者特殊性的历史事件统合到整个历史之中。[2]

对于第二个子问题,历史意义的实现并非"历史终结论"所说的那样人类社会达至一种完美状态,历史就无须更新了;历史意义的实现也并非末世论历史观所说的那样进入了一个超乎历史之上的某个彼岸领域。尼布尔指出:"历史的最后完成必须包括粉碎和摧毁人想使历史达到顶点的那种徒劳的、过早的企图。"对尼布尔而言,历史本身不可预测,也没有规律可言,它只有在历史过程中才能得到最终的实现,因而是一种意识或境界的拔升。[3]

基督教对这两个子问题的回答以基督之启示的形式表达出来。尼布尔认为,历史意义的问题不仅意味着审判,还意味着审判之后的救赎。[4] 他说:"基督的意义就在于,他就是神圣目的的启明,他在历史进程之中支配历史。"[5] 通过基督,"在启明那支配历史的力量和意志的过程中,人生和历史都发现了它们先前半隐半明的意义",由此"产生了对整个历史意义的揭示,并且所有问题都得到

---

[1] 尼布尔:《人的本性与命运》下卷,第291、333页。
[2] Reinhold Niebuhr, *Faith and History*, pp. 28–29.
[3] 尼布尔:《人的本性与命运》下卷,第290、543页。
[4] See James C. Livingston, *The Modern Christian Thought*, p. 469.
[5] 尼布尔:《人的本性与命运》下卷,第290页;Reinhold Niebuhr, *Faith and History*, p. 232.

了解答"。① 此处可见，历史意义的澄清和历史意义的完成都在启示中得到了解决，原本被拆分为两个子问题的历史意义问题重新合并为一个整体，并且通过基督而得到了回答。当然，第二个子问题是下文重点要探讨的内容。

三 爱的伦理意义

历史的反讽充分说明，在自我实现的过程中，人越是依靠自身的力量就越陷入罪的状态，人发现了这一问题并试图去解决，其自认为恰当的解决方式却把自己推向罪的更深处。相比于历史的意义问题，人类的救赎或者说生命的意义才是尼布尔始终最为关切的问题。

如前所述，尼布尔认为人生与历史是半融入半超越的关系，他说："（基督教）明确地将历史意义包括在人生意义之中，它还暗示人生意义超越历史意义。历史无论有多丰富的意义都不能赋予人生以充分的意义。每一个体的人都既超越历史进程又属于历史进程。在他属于历史进程的时候，人生意义必须来自历史；在他超越历史的时候，人生意义之源必然超越历史。"② 这就是说，一方面，人生意义部分来自历史意义，"人生至少部分地是在历史进程中完成的"，"生活的部分意义是在人的社会关系中创造和实现的，历史对之无法做全部解答，只能提供部分满足，且本身充满困惑"。③ 另一方面，人生意义超越历史意义。这就意味着人的救赎超越了历史的完成，人生意义必然要从超越历史的维度来理解。这就说明，人生意义的完成即人的救赎需要通过一个既超越历史又处于历史进程之

---

① 尼布尔：《人的本性与命运》下卷，第 315~316 页；Reinhold Niebuhr, *Faith and History*, p. 26。

② 尼布尔：《人的本性与命运》下卷，第 316~317 页。

③ Reinhold Niebuhr, *The Children of Light and the Children of Darkness*, p. 133.

中的事件来实现，但由于人生意义超越了历史意义，因此历史不可能在自身内完成自己，因为只要人生意义没有得到完成，人就始终处于罪之中，从而始终在败坏着历史意义，这便意味着实际上没有历史意义的实际完成，而只有历史意义的启明和原则上的完成。简言之，人生意义和历史意义已经被启明，但它们还在等待真正的完成。

由此出发，尼布尔区分了两种救赎——基于正义的救赎和基于爱的救赎。[1] 前者比较简单，就是善终将战胜恶，上帝将对人的罪行进行审判并将人从中解救出来，于是便有了对正义的王者、国家和民族的期待。

尼布尔当然不会否定基于正义的救赎的价值，而是试图从更高的层次来理解它的相对意义。他分析指出，一方面，历史中的义和不义是相对的，所有人、所有民族都可能是有罪的，历史中善包含着恶，义也包含着不义。不仅个体和群体违背了上帝，而且"整个历史都在违背上帝的律法，这一罪孽比权势的不义和意志的纷争还更大，它是更为根本性的骄傲之罪"。[2] 也就是说，无论个体之罪还是群体之罪，都只是暂时和细微的，人类之罪被统一到历史之中，使历史的意义变得模糊不明，这是人类最大的罪。另一方面，上帝并不会通过改变人和历史的本质结构来平息愤怒和达至公义，因为若是这样就意味绝对的预定论，等于取消了人类的自由选择，也就无从谈论犯罪和救赎了。因此"自然强制和社会强制都不足以作为人类的终极规范"。

尼布尔在此揭示了基于正义的救赎的相对性。正义是运用权力

---

[1] 尼布尔：《人的本性与命运》下卷，第323页。See Reinhold Niebuhr, *Christianity and Power Politics*, New York: Charles Scribner's Sons, 1940, p. 144.

[2] 尼布尔：《人的本性与命运》下卷，第307页。

第五章　爱论：社会伦理的统摄原则

对不义的审判和惩治，而权力虽是精神的产物，但总混有肉体的力量，因此正义也是精神与自然的结合物，不可避免地含有自私的因素。因此，"历史的最后之谜不是义者怎样战胜不义，而是每种善中的恶和义中的不义应该怎样被克服"，但其方式不是"救世主帮助义者战胜不义，也不是和平取代了冲突或者扶弱抑强，而只能是通过一种神圣的仁慈，只有这一神圣的仁慈使历史不再是反复的审判"，"每一生命和历史阶段都骄傲地对抗着神圣的、永恒的目的，这就意味着只有一种超越性的仁慈能够克服这一冲突"。①

这种超越性的神圣的仁慈体现在基督的受难之上，尼布尔说："历史中完美的善只有用对权力的摒弃来体现，但这一道理只是在那唯一的上帝出现后才被人看清楚；基督拒绝所有救世主的高高在上，成为一个'受难的仆人'。"② 基督具有无上的权柄，却以最谦卑的方式否定了一切权力，这便是"无权柄的战胜了有权柄的"。上帝选择亲自承担罪，"将人的罪性归于自己，并在他自己的心中克服那在人生中所不能克服的一切"，"这不仅是解释历史全部意义的最后范畴，而且也是每个人不安良心的最后解决"。③ 通过这一启示，上帝让人们"看到自己的本相，认识到自己的自我矛盾之深"，也充分认识到自己的罪孽之重，从而带来绝望之感，由此才能生出悔罪之心。④ 人此时才能理解和超越自己的处境，认识到企图逃避自己的有限性是一种罪，转而诉诸上帝来清除自身的虚妄和徒劳，由基督启示出来的爱因此就是人类的另一种救赎之道。

---

① 尼布尔：《人的本性与命运》下卷，第307、317、322页。
② 尼布尔：《人的本性与命运》下卷，第302页。
③ 尼布尔：《人的本性与命运》上卷，第129~130页。
④ Gordon Harland, *The Thought of Reinhold Niebuhr*, New York: Oxford University Press, 1966, p. 20.

尼布尔认为，基督的受难就是上帝之爱的最完美的表达，受难所启示的上帝的仁慈就表现为上帝的爱，爱必须以毫无权力（powerless）的受难的方式启示自身，才能表现出其完美性，从而揭示出"人类唯一充分的规范，就是一种完满之爱的历史体现，这爱只有被钉上十字架，才能既超越历史又出现在历史"；"也表明人想在历史中取得完美是不可能的"。[1] 由于爱是耶稣基督将自己奉献出来而启示给人类的，故尼布尔一般称之为"agape"，汉语学界译为"圣爱"或者"仁爱"。尼布尔也经常使用"love of sacrifice"，汉语学界译为"牺牲之爱"或者"奉献之爱"。为行述之便，特指情况下本书会选择相应的表述，一般情况下本书统一表述为"爱"。

通过启示，尼布尔从基于正义的救赎转向基于爱的救赎。后者是对前者的超越，但没有消除前者，因为"历史中善与恶之间的区分并没有被取消，然而在最后审判中没有所谓义者。人类的一切在上帝面前都是不义"。[2] 罪与义因而不是人与人之间的区别，而是人与上帝的区别。简单地说，爱是对正义的超越，正义是取胜的"义"，而爱是上帝的仁慈与正义合一的"义"，它既否定正义又实现正义。然而这种否定不是消除而是成全，基于爱的救赎内在地包含着基于正义的救赎，将人生与历史的问题统一地加以解决：上帝将人类和历史从罪中解救出来所凭借的并非在历史中取胜的力量，而是超越了历史的受难的爱，正是它"最终澄清并揭示了上帝对于历史的权威"。[3]

人的罪性结构的永恒性使历史始终处于持续的内在矛盾之中，

---

[1] 尼布尔：《人的本性与命运》上卷，第133页；《人的本性与命运》下卷，第345页。
[2] Reinhold Niebuhr, *Faith and History*, p. 224.
[3] See Langdon Gilkey, "Reinhold Niebuhr's Theology of History", in *The Journal of Religion*, 1974, 54 (4), p. 375.

尼布尔由此实际上否定了历史在其自身中完成的可能性。他把历史视为"启明历史意义与完成这一意义之间的间歇（interim）"。① 这就说明，启示揭示了人生意义和历史意义的实现要持续到历史的终结，但这一终结既不在历史过程之中来临，也不发生在超乎历史之上的某个领域。由于人的罪性结构并未改变，因此历史的意义在被启明之后依旧表现出模糊不清的状态，也就是说历史继续违背着自己的真正意义。被启示出来的爱只是在原则上克服了人的罪，具体到社会伦理，爱就只能是原则上而非实际的规范，它必须下降到正义的维度并在正义的配合下才能发挥作用，正如"上帝的最高正义配合着他神圣的仁爱一样"。

总之，通过烦琐的神学语言，尼布尔试图论证，爱是对人的罪性结构的原则性克服。此结构不仅是个体的本质结构，也是群体的本质结构，因此，爱也是对群体之罪的原则性克服。个体和群体作为道德行为主体在结构和性质上的相似，使它们可以拥有一个共同的道德资源，那就是启示之爱。也就是说，被启示出来的爱是社会伦理的统摄原则——"爱不是神话般的狂想，它是最高级的道德理性，它象征着一种理想，这种理想与人类生命最深的经验和洞悉相联系"。② 同时，人类的救赎部分地在历史中进行，它因此具有社会的维度，那么爱所针对的就不是个体的自我实现，无论这种实现被理解为内在的虔敬还是自我理解的转变，它在首要意义上针对的是旧的社会现实向一个可能的新的社会现实的转变。③ 它将一种新的反思带给人类，让人类对自由的成果——群体、社会和历史保持一种新的谦卑，不再试图通过超越它们去寻求自我的实现，同时也使

---

① 尼布尔：《人的本性与命运》下卷，第 327 页。
② Reinhold Niebuhr, "The Truth in Myths", in *Faith and Politics*, p. 30.
③ *Radical Christian Writings*, eds., Andrew Bradstock and Christopher Rowland, Malden: Blackwell, 2002, pp. 252 – 253.

人类对未来怀有新的信心,以爱为原则去构建没有恶存在的人类社会,这才是自我实现的最终形式。[1]

第二节 爱与互爱:伦理的典范

一 爱:超越历史的绝对律令

在尼布尔看来,启示事件不仅启明了历史和人生的意义,也确立了爱作为终极和最高的原则,爱在基督的形象之中得到最完美的体现,他说:"揭示出上帝支配历史这一真理的基督也就是人性的完美规范。"[2] 因此,基督是"本质的人",基督作为人性的完美典范,就在于"他为历史中的人界定了什么是最后的完美。这种完美并非是多种美德的综合或者从不触犯律法。它是为爱而奉献自身的完美表现"。[3] 同时,基督的形象"揭示了仁爱与正义之间的奥秘关系",即"上帝的公正审判保留着历史中的善恶之分,上帝的仁爱最终宽恕了人的罪过"。[4] 也就是说,基督的形象所启示出来的爱既是自我实现的象征,也是伦理的最高规范。当然,这并不意味着历史中的耶稣就是完美无瑕的,毕竟他有过焦虑,也受到过诱惑,历史中的耶稣与信仰中的基督不是完全等同的。

那么,人性和伦理是如何做到统一的呢?在尼布尔看来,"人类一切行为产生的全部深度只有在自我反省中才能实现",自我意

---

[1] Langdon Gilkey, "Reinhold Niebuhr's Theology of History", in *The Journal of Religion*, 1974, 54 (4), pp. 377-378.

[2] 尼布尔:《人的本性与命运》下卷,第345页。

[3] 尼布尔:《人的本性与命运》下卷,第353页。

[4] 尼布尔:《人的本性与命运》下卷,第345页。

识是一种内省反思的能力,即反思的自我对行动的自我的审视。究其本质来说,人的自我反省是一种深刻的伦理体验,"因为在反省中,人对善与恶将做出何种可能的抉择会被充分地披露"。因此,自我意识就是同时意识到上帝与罪的过程,"倘若用道德观念来解释这一宗教感觉的话,此感觉就成了爱的圣律与自私的欲望之间的张力,成了追求和谐统一与一切竞争欲望之间的张力"。[1]

尼布尔由此认为,"追求人与人之间统一的自觉欲望就是人之本性的最恰当的象征,而一切道德要求都是对统一的要求"。[2] 人之本性对于统一性的追求决定了人与上帝的和谐统一是自我实现的象征,而人的内在道德要求人在上帝面前称义,以上帝的爱和正义的内在统一作为自身德性的内在统一决定了上帝是伦理的最高规范。这两者由耶稣基督奉献自己而被启示了出来,爱便内在地统一了人性之完成与伦理的最高规范。

爱是伦理的最高规范,理解其意义的关键在于把握"最高"的含义,当然,尼布尔的思维方式必然是悖论式的。

一方面,最高意味着绝对性和终极性。尼布尔认为爱是人类的终极律法,它表现为完全舍己无私地自我奉献。[3] 爱具有超历史性,体现为以下几点特征。首先,它是对人所具有的一系列自然本性的拒斥。生存意志是任何生命的根本意志,是生命的基础,爱要求为他人付出自己的生命,这明显是与自然法则相对立的。其次,它是对人类的社会属性的否定。人类的社会属性决定了社会的最高道德成就是正义,然而"对非正义的愤恨是一切形式的正义的基础,而又是对正义的一种带有利己目的的败坏",爱的舍己无私恰恰是对

---

[1] Reinhold Niebuhr, *An Interpretation of Christian Ethics*, pp. 40, 49.

[2] Reinhold Niebuhr, *An Interpretation of Christian Ethics*, p. 23.

[3] Reinhold Niebuhr, *Faith and History*, p. 171.

带有利己目的的正义的否定。最后，它是对道德回报的否定。尽管爱有可能导致好的社会效果或对行为者的回报，但在爱的视域之下，正确的行为所收到的短期的、具体的益处或者根本不被考虑，或者被明确拒绝。① 因此，"爱超越任何有关公正和互惠的法则。它寻求与神圣之爱的一致，而不是寻求与既得利益和生机的和谐"。② 爱的超历史性决定了它在历史中不可能实现的性质。

另一方面，最高意味着最高级。尼布尔说："生活不能在相互龃龉中度过。自我必须建立一种自身欲望与渴求的内在统一，他也必须将自身与他人，以及其他的内在统一和谐相连，因此，产生于爱的要求的伦理学与任何可能存在的伦理系统有关"，爱作为最高级的伦理规范表示它是历史伦理所能达到的最高形式。③ 最高级与终极性不同，它意味着爱与历史的相交，因为毕竟"爱是历史中的一个行为"。④ 虽然爱是被启示出来的，但是并不意味着在启示之前人对它无所感知，尼布尔说："爱的理想如同先知信仰中上帝与世界的关系一样，与人类经历的事实和必然有着类似的紧密联系。爱出自所有的道德经验，并与之息息相关。它在生活中的固有性就如上帝对于世界的固有性一样。"⑤ 这就是说，爱作为人类伦理的最高规范，是先天地嵌入人类灵魂之中的，是作为原义天然地与人类历史发生着联系的，人虽然对之有所感知和意识，但只有通过启示，才能够了解其真正含义。既然爱内在于人类灵魂，它必须有其历史表现形式，而且这种表现形式至少在理论上是人类历史伦理的最高

---

① Reinhold Niebuhr, *An Interpretation of Christian Ethics*, pp. 27, 46.
② 尼布尔:《人的本性与命运》下卷，第348页。参见刘时工《爱与正义：尼布尔基督教伦理思想研究》，第114页。
③ Reinhold Niebuhr, *An Interpretation of Christian Ethics*, p. 23.
④ 尼布尔:《人的本性与命运》下卷，第345页。
⑤ Reinhold Niebuhr, *An Interpretation of Christian Ethics*, p. 22.

形式，更何况因为启示，人类对爱有了深刻而切实的认识，从而在理论上具备了在历史中实现爱的可能性。

爱的内在辩证法决定了它是一种理想，但不是与人类经验无关的、置于人类生活之上的理想，而是与每一种可设想的人类道德经验相联系的。爱一方面满足了一般观念中的道德标准，存在于每一个道德追求与道德成就之中；另一方面又谴责了任何历史的伦理标准、追求和成就，因而是对历史伦理的否定。尼布尔面对的问题是：当人们都非常清楚地知道自身的终极律法是爱的时候，为什么还是没法做到遵循它？为什么它始终不能成为世界上大多数人的道德指导原则？为什么作为法则的爱会被人抗拒和蔑视？①

尼布尔认为，终极律法并不意味着人们在现实生活中应该完全忽视自己的切身利益而为他人奉献一切，他据此提出了"爱的法则"（law of love）来凸显爱的律法意义。所谓"爱的法则"，就是尼布尔所说的宗教诫命，即应该"爱上帝，爱邻人"。在尼布尔看来，这是一切律法的总纲。尼布尔非常重视"应该"（ought to）这个词语，当他说人类的终极律法是爱时，他并非描述一种存在于历史过程中的道德规范，而是指向作为人之本质结构的内在律令。"爱是人的终极律法，这是与人的自身条件息息相关的，因为人之自由是不能把人之自然当作自身的目标的。自我太纠结于自身的渺小，当有条件的自我不顾一切地要去保存自我的时候，真正的自我反而死亡了。"② 很明显，爱作为终极律法是与人的终极目标紧密联系在一起的。人的终极目标不是出于本能的自然保存，而是相应于自身的无限超越能力的某种绝对——要么是作为真正的绝对的上帝，要么是作为伪绝对的自我。也就是说，如果人能够将自我的中心和

---

① 尼布尔：《人的本性与命运》下卷，第332页。
② Reinhold Niebuhr, *Faith and History*, p. 174.

目标设定为上帝,那么自我实现就是可达至的,仅仅在这个意义上可以说爱是规范性的"应该"。

作为内在律令的爱与外在道德规范的区分来自尼布尔对罪的区分。这种区分的结果就是,爱是人类的终极律法,因为它对应的是人类的本质结构,但是除此之外,还存在别的准则规范,对应的是罪之存在,它们与人类的现实生活具有更大的相关性。有鉴于此,尼布尔警告说:"圣徒式的放弃自身的利益是天真地追求自我牺牲的理念,这会招致强者与卑鄙者肆无忌惮的残忍扩张。"①

爱的超历史性决定了当它被引入历史的时候,就会由一个绝对的价值概念变成一个相对的价值概念。在尼布尔看来,这不仅不意味着会产生不好的结果,相反,它"极有益地提醒我们:运用被罪污染的工具与邪恶进行斗争,既是必然的也是有危险的"。② 那么,超历史性的爱是如何与那些处在历史和现实之中,具有相对性的价值相联系的?

结合自我的本质结构便能较好地理解这个问题。爱是自我的舍己无私和奉献,它超越了人类自身利益的所有形式,它在实现的那一刹那具有终极的意义。人类利益的产生既在历史之中,又与历史的发生相同步,其源头在自我设定终极目标的过程中,即在自我通过生机与形式的再组合、实现自然的生命力的被精神化的过程之中。正是在此过程之中,人类开始了对利益的追求和维护。这种追求与自然息息相关,使人类的追求发生了质的变化。这一现象背后的实质就是:个体在历史中对自己的利益负责。由于爱是一种纯粹的形式,当人之自由与自然发生联系时,自由本身就变得晦暗不明,利益由此在历史中产生,人类在爱之中将无从寻找为利益负责的源头。

---

① Reinhold Niebuhr, *Faith and History*, p. 184.
② Reinhold Niebuhr, *Faith and History*, p. 208.

因此，爱作为一切利益的对立面，它对规定特定的责任或者解决历史中的利益冲突问题是无用的，于是，"当共同体之实现社会和谐、正义与和平的愿望被提出来时，爱这个理念除了尴尬还能是什么呢？对于权力和利益的斗争，社会的正义需要谨慎的、有差别的决断方式。爱的无视利益、抛弃一切的教诲，只会给决断带来困扰"。[1]

二 互爱：绝对律令的历史形式

为了克服上文中"由爱的绝对性带来的爱的相对性"的问题，尼布尔引入了爱的律法的历史形式，它在一定程度上包含了爱对利益的否定，同时又是一种历史中的相对的价值，尼布尔称之为"互爱"（mutual love）。"互爱（在其中对他人的无私唤起一种互惠的回应）是历史所能达到的最高可能性，因为它能够经受历史之因果关系的证明。"[2] 从历史的立场看，相互的爱是最高的善。只有在相互的爱之中，在一方对另一方的关爱促发相互的感情时，历史性存在的社会要求才得到满足。在这种情况下，历史中的最高的善与整个历史性领域相和谐，个体的、群体的各种利益和各种要求均被顾及，相互之间和谐统一，因此，尼布尔也称互爱为"友爱"（brotherhood），表示互爱在社会中的扩展和实现。

互爱的引入绝不是一个偶然。尼布尔认为，互爱的前身是互惠的法则，他说："凭借经验也凭借发自理性的团结需要，人认识到生活应该有和谐统一的目的，个人自己的和人际之间的冲突都是邪恶。在这种意义上，自然宗教和道德都认为互惠就是人生的法则。任何认真看待社会历史存在的宗教和文化，只要它们不试图逃避现

---

[1] Reinhold Niebuhr, *Faith and History*, p. 184.
[2] 尼布尔：《人的本性与命运》下卷，第507页。

实而进入人生的非历史性统一,都会把它作为规范。"① 显然,人类对互惠法则的认识基于几个最基本的原则和能力:传统历史的道德规范、人的天然禀赋、人的审慎和理性、人的社会要求,这些都属于历史的相对因素。因此,互惠法则体现的是为了互惠而互惠的精神,虽然它是历史中的最高规范,却掺杂着自私自利的因素。然而问题在于,人类在历史中所能达到的和谐统一,仅仅是"达到摆脱自然和历史一切生机冲动的境界,并不是最高的完美。须知,最高的统一是爱的和谐,在那种和谐中,自由的我与自由的他人同在上帝的意志下发生关联"。② 那么,是什么使互惠法则被精神化后而质变为互爱,又是什么使潜在的互惠之爱成为能被人认识和践行的互惠之爱?

经验告诉我们,在现实中,人可以不为自己的利益而去关心别人,这说明历史中存在一种互相的爱,它是被因果规律证明为合理的,所以它是人类历史伦理的最高可能。然而这种互爱却是出自一种不顾本身的利益、不求历史证明其为合理的爱,所以,道德理想的高峰既是超乎历史之上,也寓乎历史之中的。就爱之能吸引相互的爱以改变人与人之间的关系来说,它是寓于历史之中的;就爱之不能要求相互的反应,否则便失去其超脱利害关系的性质来说,它又是超乎历史之上的。如果将目光放大到群体与社会,情况也是类似的。历史经验所支持的是更为复杂的社会活动,在其中个体与群体一方面要保持自身的生存,另一方面要与其他生命有和谐的关系。

正如上节所说,尼布尔认为唯有在启示之中,爱与正义才实现了在历史中的统一,而人类任何兼有爱与正义的行为,若不是从启示中得到感应,势必无法维持。光靠历史经验,而无别的能力来维

---

① 尼布尔:《人的本性与命运》下卷,第356页。
② 尼布尔:《人的本性与命运》下卷,第365页。

系自己的友爱行为，很容易由互爱贬低为自利，由注重社会利益沦落为注重生存的冲动。在现实中，人们能够彼此关怀，互相感召，引起回应，并产生一种互惠的结果，这就是对爱的证实。在尼布尔看来，人如果不仅关心自己也关心别人，必定会引出一些不能完全按照现世的意义来理解的行为，只有凭借启示，伦理的真实含义和最高规范才得以启明，人能如此者，在于心中有原义的先在。

有鉴于此，正如启示对于历史的意义一样，启示弥补了历史意义的欠缺，澄清了一切影响历史意义的妄见，纠正了人从自我中心主义这一错误立场出发对历史的谬见。爱同样在三个方面超越了互惠的法则，从而使历史中的互惠法则被精神化和明朗化为互惠之爱。

第一，爱使不完整的互爱变得完整。互惠法则的根本原则是获得回报或共赢，其中必然含有私心，当然谈不上舍己为人。这种互惠法则就算是一种爱，"那也是一种软弱的自爱"。[1] 互爱企图以从自我的立场出发追求自私的幸福这一手段来与人生关联，导致互爱总是半途而废。只有被启示出来并被当作恩典给予人类的爱才能终结和完成互爱，克服其相对性和不完全性。"互爱不能是行动刻意追求的结果，这种结果很靠不住，不足以鼓励对他人的友爱行动。互爱只能是不求而得的自然结果，而纯粹的爱心不计较得失，这才是真正促使人发挥爱心的力量。"[2] 就社会层面来看，可以说互爱是社会道德生活的最高规范，然而它是经过审慎理性的衡量和有关正义的权力平衡而得出的结果。在这种情况下，没有爱的支撑，互爱难免蜕化为精明的算计，最终"导致怨恨。"[3]

第二，爱澄清了历史的含混，确定了在历史发展中可能性的限

---

[1] Reinhold Niebuhr, *Christianity and Society*, Spring, 1948, pp. 27–28.

[2] 尼布尔：《人的本性与命运》下卷，第357页。

[3] Reinhold Niebuhr, *Faith and History*, p. 185.

度。爱作为人类历史伦理的批判准则,将给社会带来更大的包容性。爱使正义在互爱中完成,而互爱也在爱的激励中成长。爱以不同的等级存在于人类关系之中,在个体与群体之间表现出来。但无论如何,人类的互爱不可能达到终极的完美和历史的和谐,人类社会总会存在不公正,尼布尔认为基督教伦理的目标就是努力达成更多的公正和自由,人类社会生活有达到更高和谐的可能性。

第三,爱否定了互爱的自私与狭隘。任何互爱的行为都含有自私的成分,它们是败坏爱的根源。爱一方面肯定了互爱的相对价值,告诉人们不应该因为互爱的相对性而放弃在历史中实现相对正义的责任;另一方面否定了互爱,告诉人们不可赋予相对的成就以绝对的价值。互爱没有界限也没有终点,即使历史达到了最高阶段,依然不能消除互爱中的自私成分。[1] 从爱的本质来看,上帝的超然与世人的有限乃鸿沟相隔,人类历史混杂着罪恶,人的政治实践及其对世界的改造都充分证明了这一点。[2]

总之,爱被启示给了世人,它完全超越了人类的任何道德规范,因此它是对所有历史伦理的否定。互惠法则所指向的和爱所追求的都是和谐统一,前者是自由领域内生命与生命的和谐,后者是超越罪与历史的灵魂与上帝的和谐。前者以获得回报或互惠共赢为根本原则,因为"如果个体处处担心自己对他人的关爱得不到回报的话,个体就不会去建立相互关爱的关系",所以互惠法则是互爱的现实基础。然而如果把互惠明确作为行为的目的和意图,反而是不可能实现真正的互惠的,因为这里面包含着自私的因素,是自爱自利的表现。只有在爱被启示出来之后,人明白了"自己在道德成就

---

[1] See David K. Weber, "Niebuhr's Legacy", in *The Review of Politics*, 2002, 64 (2), pp. 339 – 352.

[2] 卓新平:《尼布尔》,第 172 页。

的各个层面上都犯有罪过,因为自己徒劳地试图自己来完成人生和历史,支配历史的是上帝的神圣的爱",①才能理解爱就是自觉地把自己奉献给自己为之献身的对象。由于有了爱,人不再斤斤计较自我与他人的各种需要,因为爱会满足他人的需要而不考虑自己的利益,以此出发的互惠法则,才真正成为互爱。此时,"爱是历史性伦理的完成和终结,代表历史伦理领域内超脱常规通向永恒的行为,尽管如此,它却是一切历史伦理的支撑点",因为它在历史中以互爱的形式出现,并统摄一切人类的历史伦理原则,爱作为历史事件超越了历史,却始终与历史相交。②

虽然互爱在层次上低于爱,然而就同样指向生命与生命的和谐统一来说,它们有共同之处。爱是对任何利益乃至公道正义的无条件超越,而互爱是有条件的,可以预期得到回报的爱,表现为互惠关系中的爱,并可以在历史中得到验证。互爱并非出于纯粹的互惠考虑,而是同样包含了不计个人利益的爱的因素,只是相比之下,它更多地以审慎为基础,混合了自私自我与自我牺牲的因素。尼布尔对此解释说:"(我)从来没有坚持爱与互爱之间有截然的区别,只是反对将这两种爱完全等同起来的做法,一句话,两者之间的关系包含着末世和历史的关系问题。"③

尼布尔对爱与互爱的论述很明显是针对当时喧嚣一时的新正统主义的。以巴特为代表的新正统主义主张"上帝在天上,而你在地上"。这一主张首先意味着上帝是全然的他者,其次意味着人性完全败坏,没有哪怕一丝向善的意识和能力。因此,当爱被作为启示之恩典赐给人类时,人只能被动地接受。相比之下,尼布尔则要温和许多,他批

---

① 尼布尔:《人的本性与命运》下卷,第345、351页。
② 尼布尔:《人的本性与命运》下卷,第346页。
③ *Reinhold Niebuhr: His Religious, Social and Political Thought*, p. 379.

评巴特道:"巴特神学否认人与恩典的接触点,那是错误的;这种接触点总是存在于人身上,因为人的存在中还残留有原义。"① 在尼布尔看来,人并非对上帝之道一无所知,"人的经验不断帮助人认识到,关心他人而不是自己必然导致纯历史纯现实所不能解释的结果"。② 这就是说,人先天地具有对上帝之道的认识,而且人对这种认识也有所意识,但并不明晰,因此人需要一个恰当的引导途径,才能彻底了解上帝之道,否则,人的这种先天性认识必然走向歧途。爱和互爱就是这样的关系:互爱先天地包含着爱,人们能够理解互爱,因此也就潜在地拥有对爱的认识。只有当爱被启示出来,人们才能将对互爱的理解提升到爱的高度,才不至于使互爱"要么沦落为自私的实用主义,把自利动机作为伦理规范;要么堕落为一种神秘的伦理观,它逃避历史中的紧张和缺陷,试图使人生在永恒中达到浑然一体"。③ 爱与互爱的辩证关系影响和推动着人类的伦理行为,这种辩证关系是尼布尔伦理思想的活力来源。保持理想和现实的巨大张力是尼布尔的社会伦理思想的基本特征,它使尼布尔能比别人更加敏锐地发现人类历史现实中的罪恶和欠缺,又避免了因此而导致的犬儒主义态度。④

第三节 不可能的可能性:爱的理想与现实

一 爱的适用性难题

人是自由精神和有限自然的产物,两者的结合导致内在的生命

---

① 尼布尔:《人的本性与命运》下卷,第338页。
② 尼布尔:《人的本性与命运》下卷,第346页。
③ 尼布尔:《人的本性与命运》下卷,第347页。
④ See David K. Weber, "Niebuhr's Legacy", in *The Review of Politics*, 2002, 64 (2), pp. 339 – 352.

力的焦虑。自由精神渴望摆脱自然之有限性，追求自身欲望与渴求的内在和谐统一。然而人毕竟无法摆脱自然有限性的影响，人作为历史存在物有着不可避免的合群冲动。因此，人的自我实现涉及了精神的自由与自然的结合两个方面的内容。尼布尔说："人的自由与独特性超越了那些把生命与生命维系起来的自然结合与心智统一，不管自然的联系有多么紧密，人因为每一精神的独特性和个体性而彼此分开，所以，只有被维系在爱中，精神与精神才能在其最深处相遇。"[1] 可见，爱就是人之自由的必然要求，"人与人之间的真爱，是精神与精神在这样一个维度上的一种关系：在这个维度上，自然的一致与差异被同时超越了，然而只有通过爱上帝的方式，这种超越才有可能"[2]。由此出发，尼布尔把"爱上帝"作为爱的第一律令。爱作为人类精神的终极律法之内容，自然与"爱上帝"相等同。当然，爱作为上帝的本质与精髓并非经由论证而得出，而是被尼布尔视为理所当然。

然而，人不仅要追求自身内在的和谐统一，还要追求"将自身与他人、与其他的内在统一和谐相连"[3]。人必须在与他者的相互关系中实现自己，这对个体和群体来说都是适用的。那么，爱作为一种纵向坐标，所衡量的就仅仅是纯粹精神的纵向维度。也就是说，此时自我的实现完全是"思想中的自我实现"，与社会维度完全不相干，这种情况也不能算是完全的和真正的自我实现。因此，爱只能是一种爱的理想，无法在人类历史和社会中实现。爱的超历史性也充分说明了这一点。

对于爱的理想与现实的张力，尼布尔明确表示，"耶稣的伦理

---

[1] 尼布尔：《人的本性与命运》上卷，第 243 页。
[2] 尼布尔：《人的本性与命运》上卷，第 260 页。
[3] Reinhold Niebuhr, *An Interpretation of Christian Ethics*, p. 23.

丝毫不处理和应付一切人类生活中现实的道德问题,即不在各种对抗的派别与对抗的力量之间协调休战的问题,它与政治经济毫无关系,也超越了存在于或必须存在于最密切的社会关系中的那种必要的权力平衡","爱既不与政治和社会的伦理建立某种联系,也不与某种个体伦理在特定的环境下得出联系",恰恰相反,爱"以一种无所不包表达出来,它反对人的同情中所有狭隘的形式,也反对将它说成是一种对最不可避免、最难以对付的自私保持着某种批判活力的至善主义"。① 可见,由爱的超越性导致的理想与现实的张力决定了将爱运用于社会实践的不可能性。

尽管爱的绝对的伦理态度经常能够产生理想的社会效果,但这并不意味着能够从其中直接制定出一套社会道德政策。相反,这种直接制定的做法常常导致"爱深刻与精辟之处的黯然失色",因为这会使人产生道德上的自得自满,而不是使人引发忏悔之心。尼布尔称这种实践为"好人行为",并认为好人往往倾向于宽恕邪恶或对敌人行善,来表示自己对爱的理解和践行,他警告说:"别在战胜现存的邪恶上寻求自己的满足,应该在自己的生活与其最终本质的一致性上寻求之。"我们宽恕别人,不是为了表达我们的宽宏大量,而是因为我们在上帝面前与他们一样都是罪人,包括基督教自由主义神学在内的种种和平主义就是这样亵渎了爱,犯了德性骄傲之罪。②

"爱不适合当代社会,同时迄今也想不出有何种社会能适合它",它不考虑历史伦理所关注的道德行为的后果,而是对上帝意志的绝对顺从,这意志是指无所不包的爱。然而在上帝意志的审视下,人类的自私的现实,以及出于该自私的非正义与暴虐被充分地

---

① Reinhold Niebuhr, *An Interpretation of Christian Ethics*, pp. 23 – 24, 30.
② Reinhold Niebuhr, *An Interpretation of Christian Ethics*, p. 29.

揭露了出来,因此,爱的伦理可以为批判某种社会伦理提供有价值的观点。① 就此而言,爱作为人类的最高伦理规范,又是适用于人类历史的,不过,不是作为一种历史策略直接适用的;正相反,它只是作为一种"极限概念",指明了人类经验中可能的事物之界限。②

有鉴于此,爱对人来说绝不是简单的可能性,也不是不可能,尼布尔称之为"不可能的可能性"(the impossible possibility)。其可能性在于爱始终是一种历史中的可能性,它是形成人类历史生活的一种强大而有决定意义的因素,绝不是与这个世界毫不相干的另一个世界的雕像;爱是有机地与一切人类之爱相连的,并作为最高标准能对人类的任何动机和行为加以评判。与此同时,爱却总是历史中的不可能性,总是超越任何历史中的成就,历史在成为现实之后,表现为对理想的某种接近,而爱却不在其中。③

蒂利希在评论"不可能的可能性"时说:"它在纯逻辑的意义上是一个悖论,但它表达出,上帝和人的永恒统一在人极端疏离上帝的条件下出现了。"④ 蒂利希的评论很好地道出了爱与人之间的关系。爱体现的是人类生命与历史的统一性和融贯性的意义原则,不预设一种生存的意义人们根本无法生活。以此而论,每个人都可以说是"宗教人"。因此,爱所体现的是宗教的德性,对它的违反是宗教的罪。⑤ 爱对应的是人与上帝的关系,作为统一性的意义体系的超越来源和有意义的生存的神圣核心,上帝为人类生活提供了一个垂直的维度。就此而言,上帝与人之生命与历史既

---

① Reinhold Niebuhr, *An Interpretation of Christian Ethics*, p. 33.
② 陈跃鑫:《作为伦理的最高典范:圣爱(agape)》,《金陵神学志》2005年第2期,第132页。
③ Reinhold Niebuhr, *An Interpretation of Christian Ethics*, p. 36.
④ *Reinhold Niebuhr: His Religious, Social and Political Thought*, p. 38.
⑤ 尼布尔:《人的本性与命运》上卷,第243页。

超越又相交。

超越是说，上帝所体现的爱是一种对个体意志顺从的绝对要求，即要求的灵魂与上帝的完全契合，个体意志完全顺从上帝意志，并由此使自身的冲动和功能彼此和谐。在这种关系中，只有个体与上帝的单独关系，不涉及个体与自然、与他人的任何关系，自我的自然基础在这种关系中被抽离了，因此爱是与任何社会伦理毫不相干的。相交是说，"生活中的每一事件，无论如何琐屑、如何隐晦，都因为和上帝直接相连而获得意义"。[1] 爱与历史的相交则使得我们得以将之与人类存在的另一个维度相联系，它与垂直的超越、宗教维度相对，是世俗、伦理规定的水平维度，互爱就是这个维度上爱的体现。

尼布尔认为，互爱与爱并非逻辑上的前后关系，而是历史与永恒的辩证关系，因此，爱的律令的第二条"爱邻人"与第一条"爱上帝"也就是历史与永恒的辩证关系。在尼布尔看来，历史与永恒并不是线性时间序列上的前后关系，也不是说历史在终末之际会实现向永恒的反转。永恒总是寓于历史之中，它只能在历史中实现，它的意义总是通过历史的意义而被呈现出来。[2] 由此可见，尼布尔试图通过生存论的方式来完成从爱到互爱、由第一律令到第二律令的转换。

如前所述，尼布尔始终强调对"神依着自己的形象创造了人"的辩证理解，一方面人具有神的形象，另一方面人是被造物。在这里，第一律令对应的是"人具有神的形象"，第二律令对应的是"人是被造物"。"人是被造物"的观念描述了人的生存的偶然性和

---

[1] Reinhold Niebuhr, *An Interpretation of Christian Ethics*, p. 19.
[2] See Langdon Gilkey, "Reinhold Niebuhr's Theology of History", in *The Journal of Religion*, 1974, 54 (4), pp. 360 – 386.

有限性，人与人之间相互依赖的关系成为人类生存的必要条件，人与人之间的理想的伦理状态就是爱的关系。① 对尼布尔来说，生命与生命之间的和谐皆是由爱上帝而来，没有对上帝的爱，人以自我为中心所产生的焦虑难免使他以他人为消除忧虑、获得安全的工具，这必然导致人与人之间的关系的紧张，结果更加剧了人的不安全感。因此，没有"爱上帝"，就没有"爱邻人"，"第一律令与第二律令必须被视为相同"。② 在尼布尔的理解中，第一律令是第二律令的前提和保证，第二律令则是第一律令在人际关系中的规范原则；作为第二律令的互爱依赖于作为第一律令的爱，可以理解为体用关系。

对比传统基督教伦理学，可以更好地理解尼布尔的转换方式。传统基督教伦理学认为第一律令与第二律令的关系是这样的：因为我爱上帝，而上帝爱每一个人，所以我要爱每一个人——这是逻辑上的蕴含关系。然而在实践之中，第一律令和第二律令之间的关系被转换成了宗教义务与道德义务之间的并列关系。这两者并不互相依赖，因为两者规定的行为针对不同的对象，分属不同的领域，一个是宗教德性，一个是伦理德性，因此，第二律令可以独立作为一个规范体系的原则，从中引出我们对他人的一切义务。③ 这就是说，第二律令仅仅是由第一律令而来的逻辑后果，两者在实践上存在断裂。这种逻辑如果推到极致，带来的要么是极度向内的信仰私人化，要么是认为上帝之国可以在人间实现的基督教乌托邦。前者所指的是巴特，后者所指的是以劳申布什为代表的社会福音运动，这两者都是尼布尔所强烈反对的。

---

① Hans Hofmann, *The Theology of Reinhold Niebuhr*, New York: Charles Scribner's Sons, 1955, p. 155.
② 尼布尔：《人的本性与命运》上卷，第93页。
③ 参见威廉·K. 弗兰克纳《伦理学》，关键译，生活·读书·新知三联书店，1987，第122页。

刘时工认为，从爱到互爱的转换，尼布尔是通过两种方式实现的：一为生存论的方式，二为伦理的方式。[①] 本书赞同第一种方式，生存论的转换方式弥补了基督教伦理学传统的不足，从理论层面和实践层面将爱上帝和爱邻人联系起来，从而实现了从宗教德性到伦理德性、从人存在的垂直维度到水平维度的顺畅过渡；但对于第二种方式，本书认为有必要进行更加细致的分析。

对尼布尔来说，爱的律法不仅是道德伦理的典范，更是精神自由的必然要求，这两方面是统一的。在他看来，自我实现是每个人的自然期望，否则就不会有原罪的生成了，因为原罪正是对这种自然期望的错误满足。生存的真相和启示的真理一经显明，对自我实现的期望便立即成为促使我们遵从爱的律法的内在动力。[②] 爱作为人类自由精神的必然要求和人类道德行为的内在动力，它超越了阶级、社团、种族等，无疑具有绝对性。爱的有效性恰恰来自这种绝对性，因为，"对于人所提出的最终道德要求绝不能以人类存在的实际来加以肯定，它们只能以某种统一、某种可能性、某种超越人类存在的神意的现实来加以肯定"。[③]

随之出现的问题就是：在从爱向互爱的转换过程中，自由精神的必然要求与道德行为的内在动力这两者的有效范围和有效性是否一致？

本书认为，尼布尔在这个问题上出现了比较明显的不一致。从自由精神的必然要求来看，互爱意味着精神与精神之间在爱中的接近和对话，从而使精神与精神之间的和谐统一成为可能。在理论上，它可以发生在任何个体，甚至任何群体之间，因为无论对于个体的

[①] 刘时工：《爱与正义：尼布尔基督教伦理思想研究》，第121页。

[②] See Robin Lovin, "Reinhold Niebuhr in Contemporary Scholarship", in *Journal of Religious Ethics*, 2003, 31 (3), pp. 489–505.

[③] Reinhold Niebuhr, *An Interpretation of Christian Ethics*, p. 30.

自由精神还是群体的自由精神,都有达至自身内的和谐统一、与上帝的和谐统一以及与他人的和谐统一的要求。由于它是精神的必然要求,只能发生在思想之中,所以在思想的实践上是能够完全实现的。然而当互爱作为道德行为的内在动力时,我们却发现无论其有效范围还是有效性都大为缩减,无法被贯彻到底。这个情况通过经验就可以得到验证:最纯粹的互爱可能就是父母对子女的爱,它不问回报、不求利益,父母为了子女是能够做到牺牲自己的,可以说非常接近爱在历史中的实现了。我们发现,互爱似乎只能发生在个体对个体或者个体对群体之间,群体对个体、群体对群体的互爱之情则较为少见。即使如此,如果跳出类似家庭的圈子,我们很容易发现无论是一个人还是一个群体,都不会轻易和无缘无故地对另一个人或者另外一个群体产生互爱的感情,因为个体或群体本身都没有充分的理由和动力来实现这种互爱。

二 道德完善与爱的限制

尼布尔实际上意识到了爱的适用性问题,他一方面表示:"人应该被爱并非因为他们同等的神圣,而是因为上帝同等地爱他们;他们之所以要被宽恕,是由于所有人均同等地远离上帝,同等地需要上帝的仁慈。"[1] 另一方面又说:"任何朝向更广泛友爱领域的发展,都必然同时也包含着友爱关系遭到败坏的进程,因为没有哪一个历史发展能够逐渐清除掉与爱的法则相反的对友爱关系的破坏。"[2] 这充分说明他认识到作为伦理规范的互爱的理论和实践之间的不一致性。如何解决这个问题?一种合理的解释是:他对互爱做了悖论式的辩证理解。也就是说,尽管互爱是经得起历史验证的人

---

[1] Reinhold Niebuhr, *An Interpretation of Christian Ethics*, p. 31.
[2] 尼布尔:《人的本性与命运》下卷,第366页。

类伦理的最高形式和典范，但是由于其效力和适用的局限性，它在一定程度上也是一种"不可能的可能性"。爱之为"不可能的可能性"的关键在于它与历史之间的既超越又相交的关系，而互爱之为"不可能的可能性"则要从自由与有限、善与恶两个方面分别去看。

首先，互爱从爱转换而来，它体现着人之自由精神的必然追求和要求。就此而言，互爱是对人类自身有限性的克服，只有在这种精神追求中，人与人、群体与群体才能实现深层的和谐统一。需要注意的是，互爱在这里并不涉及个体以及群体彼此之间的利益纠葛，也不涉及个体以及群体彼此之间的责任与义务，它的发生只是因为人们意识到其他人、其他群体与自己一样是有限的，一样需要摆脱有限性而实现自我。互爱的针对对象或者说"敌人"是人们所共享共有的自然有限性，互爱因此具有普遍性和绝对性。严格来说，这种互爱是发生在思想和意志层面的，表现为一种意识行为。

其次，互爱是人类历史伦理所能达到的最高层次。在尼布尔看来，道德行为来自人类的内在道德动力，它针对的对象或者"敌人"却不是有限性，而是罪。尼布尔将内在的道德动力规定为责任与义务。责任与义务直接产生于人类对罪的认识：人类能够先天地意识到自己与上帝、与他人本应该处于一种和谐统一之中，因此人类应该对之承担义务，并对破坏这一和谐统一负有责任。尼布尔认为罪是一种混乱，是对人类统一与和谐之意义体系的败坏，当人在原义的运作下意识到自己是造成与上帝、与他人之间关系混乱的有罪之人的时候，责任与义务也就自然产生了。由此可见，作为人类历史伦理最高典范的互爱，本身是具有普遍性的，例如"你要爱你的邻人"与"己所不欲，勿施于人"体现的都是这种普遍的性质。

因此，造成互爱内在不一致性的实质原因就在于：作为自由之必然追求与要求的互爱，其内在动力是自我实现；而作为伦理规范的互爱，其内在动力是责任与义务。那么，这种内在不一致性有什么意义或者后果呢？

如前所述，互爱作为自由的必然要求无论在理论上还是实践上都是能够贯彻到底的，因为它发生在思想中，任何人都能够在思想中摆脱有限性，设想与上帝、他人的和谐统一。因此，问题就出在作为历史伦理的互爱之实现过程中，更确切地说，就出在人类对责任与义务的认识之上。尼布尔说："道德生活只有在有意义的存在中方有可能，义务也只有在某种连贯的制度以及某种主宰的意志里才能察觉到，因此，道德义务总是一种增进和谐、防止混乱的义务。"[①]

什么是有意义？"生活与存在的有意义指的是超越它自身的一种源泉和目的"，那么以此产生的道德观念就是指"一切道德的价值和标准是基于或朝向一种统一与和谐的最终完善"。[②] 在尼布尔的语境里，这种统一与和谐指的自然是上帝，不过将之理解为一套超越的价值体系似乎更为恰当。因此，所谓的义务是针对上帝的爱而言的，"上帝是无限的爱，是无限的卓越和美，因此，反对上帝的罪就是对无限义务的侵犯，是无限凶恶的犯罪行为，必须遭到无限的惩罚"。[③] 换言之，义务是对统一的、更为超越的源泉而言的，我们感觉到对他人有责任和义务也就来源于此。人需要被爱、人会爱是因为上帝同等地爱人，同时人同等地有罪，同等地远离上帝。[④] 只有在承认人与人在某种统一与和谐中彼此相关时，责任和义务才会产生。然而互爱作为历史伦理不可避免地含有罪的因素，"人类生活的全部内容不仅包括某种不可能的理想，还包括罪与恶的现

---

① Reinhold Niebuhr, *An Interpretation of Christian Ethics*, p. 63.
② Reinhold Niebuhr, *An Interpretation of Christian Ethics*, p. 64.
③ 尼布尔：《道德的人与不道德的社会》，第41页。
④ Reinhold Niebuhr, *An Interpretation of Christian Ethics*, p. 30.

实"。① 也就是说，罪在互爱之中是先天性地存在的。罪的先在性致使互爱作为历史伦理出现了一个悖论：人去爱和要求被爱是一个矛盾，因为爱是不能被获得和被要求的。倾心地去爱上帝，去爱所有的灵魂就意味着人类存在中一切裂缝的愈合，要求被爱的事实又证明这一裂缝尚未愈合，悖论的存在说明作为具有普遍意义的互爱是不能被普遍地实现的。

尼布尔认为，责任与义务是先天性便存在的，但罪的本质是背离上帝，以自我为中心；罪严重地阻碍了人类对责任与义务的认识，导致人要么无法认识到责任与义务，要么对之产生有限或者错误的认识。以家庭为例，"即便是在最亲密的社会团体里，家庭、父母、夫妻、子女的爱并非正义与和谐的有效保证"。② 真正维持家庭和睦的是成员之间的责任与义务，家庭成员往往错认为这就是最纯粹的爱。所谓家庭成员的互爱是一种"狭隘的家庭忠诚"和"有限的和谐"，不能说它不是互爱，但它必然是有局限的，因为真正的互爱是具有普遍性的；与其说它是对责任与义务的明确认识，不如说它是一种来自血缘或团结的自然的爱欲（eros），除非能像上帝一样去宽恕，像上帝一样去爱敌人，这种爱欲才能被转换和升华为爱。③ 此外，牺牲自己意味着生命的消逝，意味着自我的不复存在。在尼布尔看来，爱是一种诉诸意志的行为，其真正的动机是感恩和忏悔，牺牲自己的生命很明显是一种血气的、没有经过深思熟虑的行为，这样的行为更应该算是自然欲望的勃发和升华。④

由此可见，互爱之为"不可能的可能性"就在于伦理规范要求的普遍性与效用范围的局限性：一方面，互爱作为伦理规范要求全

---

① Reinhold Niebuhr, *An Interpretation of Christian Ethics*, p. 38.
② Reinhold Niebuhr, *An Interpretation of Christian Ethics*, p. 76.
③ Reinhold Niebuhr, *An Interpretation of Christian Ethics*, pp. 129–130.
④ Reinhold Niebuhr, *An Interpretation of Christian Ethics*, p. 133.

第五章　爱论：社会伦理的统摄原则

人类，包括个体与个体、群体与群体、个体与群体之间都能互爱互助，在爱中实现互爱，克服自身的有限性，达至和谐统一；另一方面，道德行为的内在动力是责任与义务，在它们的驱使下才能做出互爱的行为。然而问题在于，除了内部关系非常紧密的人类群体和部分个体对群体之外，很少有个体和群体能够对他人产生互爱的感情，原因就在于责任感与义务感的缺乏或误识，他们都不认为自己对其他人或者其他群体负有什么责任与义务，即使宣称有也只是说说而已。责任与义务的认定与实践基本上仅发生在关系紧密的个体之间以及个体对群体的单向关系中，而且这种认识和实践是相当狭隘的。[①] 不过，互爱的内在的普遍性与局限性之间的张力并不像爱之中的张力那么绝对，它体现的是历史之中的伦理金规则的普遍性与人的遵循能力的对立。

综上所述，尼布尔对互爱同样做了悖论式的辩证理解，视其为"不可能的可能性"。其不可能性表现在互爱的内在的普遍性和局限性之间的张力，其可能性表现在互爱毕竟是历史中的伦理规范，是能够在历史中实现的，因为作为自由精神之必然要求的互爱始终是顺畅地贯穿整个过程的。只有这样，我们才能够理解尼布尔为何一面说互爱是"人与人之间的生命的律法，只有它能公正对待人的精神自由和人与人的相互依靠，以及人们在相互关系中完成自己的那一需求"，[②] 一面又说"要求人像爱自己那样去爱他的邻人必定既是不可能，同时又是可能的，而这一理想的最终之不可能并不限制它的可能"。[③]

通过这种悖论式的理解，尼布尔"刚刚通过对爱的生存论转换

[①] Reinhold Niebuhr, *An Interpretation of Christian Ethics*, pp. 76, 124, 134.
[②] 尼布尔：《人的本性与命运》下卷，第 366 页。
[③] Reinhold Niebuhr, *An Interpretation of Christian Ethics*, p. 124.

而引入了互爱,但立刻又通过对互爱的悖论式理解将它从社会伦理学中转移了出去"。① 这样,爱与互爱作为一个完整的爱的体系似乎被尼布尔排除在了社会伦理的规范原则之外,他说:"十分自然,用基督教充满爱的至善论制造的张力来为人类存在的迫切社会问题编织某种恰如其分的伦理学是不易的,另一方面,用这种理想主义去设计一种伦理学也将是困难的。"②

马丁·路德·金坦言自己深受尼布尔的影响,但也指出:"尼布尔的全部著作所体现的道德观点里存在一个缺点,就是它不能充分地考虑作为基督徒的生活的事实之一的相对完满性。一个人怎样才能在灵性上发展,基督宗教的价值观通过什么力量才能进入一个人的人格,内在的爱如何才能具体实现于人的本性与历史之中?所有这些问题,尼布尔都没能解决。他没有看到,爱的有效性是基督宗教的一个根本的信仰。"③ 尼布尔的同事,同为基督教现实主义代表人物的本尼特也认为:"当我们努力使爱与社会伦理关联起来的时候,我们发现,在尼布尔对爱的精辟分析中,实际上缺少使二者联系起来的桥梁。"④ 质疑互爱的声音也不少,本尼特就认为它的适用范围太小,只适合于规模小、关系亲密的社会群体,对于规模较大的社会群体便失去了效力,拉姆赛甚至认为,"尼布尔所设想的互爱,既不是相互的,也不是爱"。⑤

---

① Peter Kennealy, "History, Politics and the Sense of Sin: The Case of Reinhold Niebuhr", in *The Promise of History: Essays in Political Philosophy*, p. 154.

② Reinhold Niebuhr, *An Interpretation of Christian Ethics*, p. 61.

③ See Martin Luther King, "Reinhold Niebuhr's Ethical Dualism", in *The Martin Luther King, Jr. Papers Project*, Vol. Ⅱ, Stanford: University of California Press, 1994, pp. 141–150.

④ John Bennett, "Reinhold Niebuhr's Social Ethics", in *Reinhold Niebuhr: His Religious, Social and Political Thought*, p. 57.

⑤ Paul Ramsey, "Love and Law", in *Reinhold Niebuhr: His Religious, Social and Political Thought*, p. 107.

第五章 爱论：社会伦理的统摄原则

这些评论实际上并没有抓住理解尼布尔思想的关键。这些批评背后所涉及的依然是个体伦理与群体伦理的断裂问题，即爱是个体伦理的原则，由于群体的道德水平远低于个体，因此爱无法在群体中得到贯彻和实现；群体伦理的原则是正义，爱的原则是奉献而正义的原则是审慎，因此个体伦理与群体伦理存在断裂。对于这个问题，前文已经做了充分的说明，此处需要补充说明的是：批评者对互爱的判断并没有问题，它的确很难在比家庭更大的群体中实现，然而批评者只看到了互爱在历史中实现的局限性，却忽视了尼布尔对互爱的局限性所持的现实主义的立场。

尼布尔对爱的理想与现实有着清醒的认识，在以技术为主导的现代社会中，人类社会的规模在不断扩大，传统的以血缘为特征的共同体（如家庭、宗族等）在国家这一超稳定的共同体的冲击下，其规模和功能都日益萎缩。尼布尔甚至预见到，就连国家也开始面临阶级、跨国公司、金融帝国等以经济权力为内核的群体的冲击，人类社会中的权力正在以前所未有的速度分离、聚合与发展，"政治与经济问题在当今生活的每一阶段越来越重要，因为，技术的进步大大地加剧了社会凝聚的深度和广度"。[①] 就此而言，人类的现状与未来必然将是如此：人类社会是一个个权力载体的集合，彼此之间处于竞争的"政治"关系中，不同的权力载体总是倾向于组成一定的权力共同体，通过中心组织和力量平衡两项原则维持存在与发展。在这种态势下，尼布尔说："人类的幸福越发依赖一个正义的组织和指导人们日常生活的政治与经济体制的协调"，因此，"政治与经济问题是一个有关正义的问题，它的内容是如何用强制的手段将人类利益冲突所引起的混乱纳入某种秩序之中，从而为人类提供

---

① Reinhold Niebuhr, *An Interpretation of Christian Ethics*, pp. 84, 113.

能彼此支持的最大机会"。① 对尼布尔来说,爱是理想,正义则直面现实,正义问题与权力紧密相连,现代社会的伦理势必由爱出发并最终落实到正义这一关键原则上。

---

① Reinhold Niebuhr, *An Interpretation of Christian Ethics*, p. 85.

第六章　正义论：道德完善的现实途径

在"爱论"部分，尼布尔把爱理解为"不可能的可能性"，这一理解等于将爱从社会伦理的规范原则中排除出去了，尼布尔本人也承认爱的原则不宜直接应用于人类的社会现实。① 如果研究者就此认为尼布尔将爱限定在了个体伦理的范围内，转而在社会伦理中诉诸正义，那肯定是误解了尼布尔的原意。若沿着这种思路展开研究，无论是说他在社会伦理范围内追求正义，还是说他主张通过权力的制衡来达至正义，都是略显片面的解释，因为这些解释都将关注点放在"现实主义"之上，这样就很容易受制于政治哲学的框架，无法进入尼布尔思想的核心，真就把尼布尔解读成了一个现实主义政治哲学家了。

---

① Reinhold Niebuhr, *An Interpretation of Christian Ethics*, p. 61.

尼布尔的核心思想必须在"基督教现实主义"的框架下才能得到理解,但不能仅仅立足"现实主义"(Realism)而忽视了基督教(Christianity),也就是说必须结合爱与正义的关系来理解,即"爱不能直接作用于社会伦理,只能充当支配和完善社会伦理的原则"。① 在尼布尔看来,爱的理想从来都不缺乏社会相关性,它总是深深地内在于人类的历史与社会现实之中,同时对于基督教来说,必须坚持爱的理想与社会斗争的联系,这既是使命也关乎声誉。为此,尼布尔试图打通基督教和"现实主义",主张爱的理想是"对诱惑人们去漠不关心自己历史与社会存在中的现实问题的那种宗教所采取的一种合乎情理的抗议",同时,爱的理想时刻对历史上的相对正义保持警惕,对任何社会和政治制度都持批判态度,始终以自身的不可能性否定一切正义的可能性。②

第一节 正义的形成与内容

一 平等原则:正义进程的起点

尼布尔认为,建立和完善社会的共同生活,是一种要求人们与上帝所造的万物和谐相处的义务。这种共同的社会生活既是个体的需求也是群体的需求,所以爱是人本性中最为根本的属性,互爱则是人的社会性生存的基本要求。这就要求爱作为最高的伦理规范原则必须能够适用于作为精神和自然共同产物的人类社会。在它的作用下,人类社会生活的方方面面能够超越悲剧,达到一种普遍的和谐统一。然而正如凯格利所评论的:"毫不顾及自我的爱,必然是

---

① Nicholas Wolterstoff, *Justice in Love*, Grand Rapids: William B. Eerdmans, 2011, p. 56.
② Reinhold Niebuhr, *An Interpretation of Christian Ethics*, pp. 61, 80, 99, 130.

第六章 正义论：道德完善的现实途径

任何互爱的发动者，而对相互利益的计算，则使爱成为不可能。不用心计的爱，通常能赢得爱的响应。这是历史的道德内容的一个象征。然而这种响应是无法担保的。这象征着历史的悲剧性的方面，而且也是个证明，说明超越于历史的永恒总是在历史中实现和完成的。"①

作为最高伦理规范的爱是无法在人类社会的整体范围内完全贯彻实施的，爱的不可能性在于其超越性，互爱的不可能性在于其内在的普遍性和局限性的张力，然而爱又是一种"可能性"，这说明爱与历史有相交的地方。尼布尔说："爱既谴责又满足了一般观念中的道德标准，而且，此种爱是存在于每一道德追求与道德成就之中的。"② 可见，爱之可能性就在于它作为一种普遍性的追求而寓于人类的一切道德行为之中。当人类的道德行为将爱作为最终的追求时，生命与历史便成为有意义的过程，同时也意味着"一切道德的价值和标准是基于或朝着一种统一与和谐的最终完善方向，而不是在任何历史环境下能够得以实现的东西"。③ 然而问题在于，"纵然是最不妥协的社会伦理体制也必须将其道德要求建立在现实的秩序之上，而不是建立在某种可能性之上。似乎有这么一处地方，在那里，世界的统一必须是，或必须成为某种既成事实，而不只是一种可能性，它所要求的行为必须与现实协调一致，而不能与之矛盾冲突"。④

所谓的现实就是："人类生活的普遍倾向是相对之善同相对之恶的混合，幸福是由多一点或少一点正义，多一点或少一点自由的

---

① Reinhold Niebuhr: His Religious, Social and Political Thought, p. 424.
② Reinhold Niebuhr, An Interpretation of Christian Ethics, p. 63.
③ Reinhold Niebuhr, An Interpretation of Christian Ethics, p. 65.
④ Reinhold Niebuhr, An Interpretation of Christian Ethics, p. 34.

程度变化而决定的,这种程度取决于人对他人权力和利益的认识程度。"① 可见,人类所能达到的最高的道德成就,始终是一种历史的可能性,因为它总是在朝着一个不可能实现的目标进发,而这个目标又是使道德行为具有意义的根源。如果把人类对最高道德目标的追求看作一个整体,那么它是一个变动不居的过程,一方面它包含着罪与恶的现实,另一方面它包含着某种不可能的理想。于是人类的道德行为总是面临双重的任务:一是整治世界的混乱,使之成为某种即刻被人接受的秩序与统一;二是将这种初步的、不保险的统一与成就置于最终理想对它们的批判之中。这就是说,人类道德行为始终是在普遍的原则对混乱的现实持续统摄、混乱的现实对普遍的原则一再违背这样的互动中进行的,因而历史不是一部善良战胜邪恶、和谐战胜混沌的进步大事记,而是在逐渐增大的井然有序中不断地产生着逐渐增大的混乱之可能性的过程。

在尼布尔看来,这一变动不居的过程就是"正义"。既然正义是一个过程,那么我们就从正义的最初形成开始分析。

正如上文所言,尼布尔认为人类获得正义的程度是与对他人的权力和利益的认识程度相关联的。人类社会是由各种权力载体所构成的,彼此处于竞争的关系之中,人类的罪行就体现在权力载体因自私而相互妨碍所导致的冲突上。显然,对他人权益的损害是一种非正义,它既体现为权力的凝聚,也体现为权力的无抑制。

人们对非正义的最正常不过的反应便是愤恨,这是道德意识健全的表现。"当有人利用我们或我们关心的人时,当有人侵犯人的尊严时,当有人犯其他极其严重的错误时,我们都会被激怒。我们在不义之事出现时愤恨,因为我们是理性动物,也是感情动物。我们在健全的品格中应对邪恶,只有一个在道德上冷酷无情、漠不关

---

① Reinhold Niebuhr, *An Interpretation of Christian Ethics*, p. 62.

心的人在审视恶行时能够不动感情。"① 对于恶行的容忍，就是对生命的漠视、对责任的放弃。"面对恶行，任何如斯多亚派那样的不动情都是错误的，是不道德的，正确的态度是愤恨。"②

然而"愤恨带来复仇"，人们出于对非正义的愤恨而采取报复性的惩罚措施，施行惩罚的权力往往被交给受害者本人或其家人，原因是他们报复的愿望更迫切，积极性更强。在尼布尔看来，这种积极性说明受害者对自身权益受损的直接关切。因为人本自私，对与自身相切相关的损失尤其敏感，这也决定了报复往往是血腥和残酷的，经常会超出界限，"愤恨是正直的根源，也是犯罪和恶行的根源。当我们愤恨时，我们会变得更不公平。如果我们在愤恨里以伤害还击伤害，我们通常还击得更多。愤恨成为犯罪的根源，就在于我们的感情具有自私的狭隘性，我们对自身被伤害的愤恨，远甚于对他人被伤害的愤恨，而且，我们总是要加倍还击伤害，因为我们低估了这种做法的严重性"。③ 因此，"对非正义的愤恨既是一切形式的正义的基础，又是对正义的一种带有利己目的的破坏"。④

愤恨是面对非正义的正确态度，对愤恨的限制是正义形成的必由之途。尼布尔认为尽管历史上各种道德体系之间存在巨大的差异，但有一种意见是一致的，即不应该夺走别人的生命与财产。这种意见的一致性说明人们心中有着对肯定和保护他人生活这一义务的认识，尽管这种认识可能是比较模糊的。正是在这种义务的作用下，人类对自然正义的血腥报复进行限制和修正，其结果便是最低正义的出现，即"以公共正义（public justice）来代替私报血仇"，可见，这种最初的正义是一种矫正的正义（corrective justice），其核心

---

① Reinhold Niebuhr, *Discerning the Signs of the Times*, p. 21.
② Reinhold Niebuhr, *Discerning the Signs of the Times*, p. 25.
③ Reinhold Niebuhr, *Discerning the Signs of the Times*, pp. 21 – 22.
④ Reinhold Niebuhr, *An Interpretation of Christian Ethics*, p. 28.

是惩治犯罪。①

由此出发，尼布尔从肯定和保护他人的生活这一义务引出另外一条并列的义务，即人类有义务去组织日常生活，以使他人能够维持生活。这一义务要求人们尊重他人，平等地对待他人。于是更高一层正义应运而生。这两个义务是人类社会最为基本的义务，肯定和保护他人的生活是从消极方面来讲的，它意在防止任何人去破坏或渔利他人；组织日常生活，维持生活是积极的，它是对他人权益以及他人行使自己权力之自由的肯定和尊重。

如前所述，尼布尔将责任和义务的源头追溯至上帝。责任和义务是对统一的、更为超越的源泉而言的，我们感觉对他人有责任和义务就来源于此。人需要被爱、人会爱是因为上帝同等地爱人，同时人同等地有罪、同等地远离上帝。只有在承认人与人在某种统一与和谐之中彼此相关时，责任和义务才会产生。也就是说，责任与义务的产生"只是因为所有人对生活的最终准则——爱之圣律有某种初步的责任感"。② 在尼布尔看来，这种责任与义务肯定了每个权力载体拥有一样多的权力，因此包含了一种平等的理想。这一理想是正义的调节原则，有一种爱的原则于其中回响：你要像爱自己一样爱邻人。爱邻人不仅要肯定和尊重对方的权益，而且要对自己的罪有忏悔的表示，要对双方的罪有一种共同的责任感，因为在上帝眼里，所有人都是有罪的。③

综上所述，平等的原则是正义王国（the realm of justice）的起点，它对血气之愤恨和报复的限制与调节是原初的正义或者说正义的最低标准。正义王国的每一成就都自然而然地与它相联系，"早

---

① Reinhold Niebuhr, *An Interpretation of Christian Ethics*, p. 67.
② Reinhold Niebuhr, *An Interpretation of Christian Ethics*, p. 75.
③ Reinhold Niebuhr, *An Interpretation of Christian Ethics*, pp. 29, 68.

期社会的生活与财产的基本权利,法律上的最低权力及社会中的义务,并非法律却已经被广泛认识和认可的道德权利与义务,家庭中有待被社会认可的标准,等等",这一切在原初的正义基础上构建起来,并形成了一系列的道德可能性,同时,平等基于对他人拥有与自己同等的权力和利益的认可,它不仅是正义的起点,也是正义的追求,其目标是"爱你的邻人"。因此,"正义王国的每一成就也与至善之爱的理想相连,即与确认邻人有与自己同等的生活以及同等的利益这一意义相连"。① 人类的每一个道德成就都是对前一个成就的扩大和完善,当然有时候是扬弃,也是朝着爱的理想迈出的又一步,人类社会可以不断接近这一理想,但十全十美的理想则由于人类本性所限,无法得以实现。

尼布尔认为,正义的过程始于平等的原则对原始报复的限制与调节,这种限制与调节基于对权力的认可和尊重。这就是说,正义不是受害方对加害方的权力的反损害和剥夺,而是在整个社会的权力架构下,在承认加害方的权力的前提下,对其进行某些方面权力的限制。在整个过程中,报复的因素并没有完全消失,而是尽可能地减少并逐渐用改造的方式来代替纯粹的惩罚。所以,人类的历史就是一个正义不断得到完善的过程,确切地讲,是一个基于权力的正义之分配不断完善的过程。鉴于正义的终极目标是在历史中不可能实现的爱的理想,尼布尔也说:"人类历史就是追求社会强制和公正的努力不断失败的历史。"②

总之,在正义的王国里,"正义的一切标准一方面与原始的报复心,另一方面又与宽容的爱有机地结合在一起"。③ 我们可以看

---

① Reinhold Niebuhr, *An Interpretation of Christian Ethics*, p. 66.
② 尼布尔:《道德的人与不道德的社会》,第 12 页。
③ Reinhold Niebuhr, *An Interpretation of Christian Ethics*, p. 67.

出,宽容之爱既不超越也不绝对,它体现的是一种责任和义务的普遍性。这种普遍性通过对自身与他人的罪的认识与忏悔、对自身与他人权益的认可与尊重而体现出来,它不要求自身道德的完善,在罪的条件下亦能存在,它反映的是平等的理想。不过尼布尔反复指出,宽容对于任何个体和群体来说都是非常困难的,可以说是"道德成就中最困难、最不可能实现的东西,然而如果意识到它的不可能性,察觉到自我中有罪的话,它则是一种可能性",宽容之爱在个体身上才有可能出现,但极为罕见,对于群体来说是力不能及的,宽容之爱是真正意义上的不可能。[1] 从个体到群体,规模越大越难以意识到自己与他人是处于一个统一连贯的意义体系之中,也就难以认识到存在于彼此之间的责任与义务。

二 正义的形式和质料

如前所述,正义是一个进程,它是作为"质料"的权力和作为"形式"的原则的持续结合的产物,尼布尔称之为"正义的构架与原则",其中正义的原则与律法是抽象地构思出来的,而正义的构架和组织却体现着历史的生机。[2]

正义的构架指的就是整个人类社会中的所有的权力。在技术化的时代,社会中权力分离聚合的深度和广度都是前所未有的,权力载体处于复杂的竞争关系之中,不同的权力载体总是形成一定的权力共同体,通过中心组织和力量平衡两项原则维持其存在与发展。尼布尔说:"历史上的正义与不正义的各种形式,都取决于社会里每一势力内部的平衡或者不平衡,取决于一切势力之间是否平衡,社会势力越是不均衡,就越产生不公道的事,无论你用什么努力来

---

[1] Reinhold Niebuhr, *An Interpretation of Christian Ethics*, pp. 67, 79, 137, 145.
[2] 尼布尔:《人的本性与命运》下卷,第508、514页。

抑制它。"①

在这种情况下,整个人类社会实际上处于一种自组织和自平衡的秩序之中。这种秩序可能是稳固的,也可能是动荡的,但不管怎么样,人类社会在任何时候都必然处于中心组织和力量平衡两项原则的支配之下,这是任何社会本质性和持久性的特征。尼布尔指出,即使如此,人类社会的组织总是混乱的,平衡是脆弱的,原因就在于权力的相互制衡是一种无意识的、自然的结果,它可能会达到一种自然的和谐,但其过程必然充满了不公不义,而且这种自然和谐既不稳固也不持久,权力的此消彼长会使社会重新进入竞争状态。因此,无论是在群体内还是在整个社会中,都要求有一个权力中心来主持权力的组织和分配。然而,权力中心本身也是一个权力载体,它无法做到毫无偏私;权力难免滋生腐败,而且越是不受约束的权力就越容易导致腐败。此外,社会内的每个权力载体都有自己的利益诉求,组织和整合的过程更多地考虑的是整体的利益,这就必然与局部利益产生冲突。如此要么出现反抗,要么出现强制,不管哪一种情况都很容易引发不义与混乱。

为了将人类社会这一自组织和自平衡的权力体系纳入稳定的秩序之中,就势必要求有一种原则对之进行规范和调节,而且这种原则必须超越任何权力之竞争性,与任何权力无涉,且不以任何权力载体的形式出现,尼布尔说:"虽然权力本身不是邪恶,但历史上所有权力都有变成不义的工具的危险,因为它本身就是人类社会里的一种竞争力量,即使是它在试图成为调和次要矛盾的一种超越性力量时也是如此。"② 这一原则显然应该是由爱而生出的互爱,它是人的社会性生存的基本要求,也是人类历史伦理的最高规范。它出

---

① 尼布尔:《人的本性与命运》下卷,第519页。
② 尼布尔:《人的本性与命运》下卷,第302页。

自对利益毫不顾及的爱,却得到了互惠的效果,互爱因为爱而成为可能。然而正如前文所言,互爱这种善意的举动,其得到响应的确定性是非常模糊的,是无法得到担保的,其适用范围也是异常狭窄的,因而是一种不可能的可能性。

以正义为核心的社会伦理要求其调节原则既超越正义的质料,即竞争性的权力,又不能建立在一种可能性的基础上,而必须来自现实的确定性。这就是说,正义的原则必然出自互爱,同时又与现实的确定性相关,能够适用于现实秩序。现实的确定性便是责任与义务。在尼布尔看来,无论个体还是群体,对自身的权益都有着极为清醒的认识和肯定,与此同时,对于他人的权益,不管是无法认识、认识模糊还是有意无视,总之"没有任何现代人能够以完全无动于衷的冷漠去看待别人的生活"。[1] 人类之所以能如此,是因为"人们对生活的最终准则,即爱之圣律有某种初步的责任感"。[2] 在此意义上,平等便是正义的调节性原则(regulative principle),它被尼布尔称为"爱的圣律的一种理性与政治的版本"。[3] 这一称谓极为恰当地反映了平等的双重性质,即一方面平等最真切并且尽可能地表现出了爱的律令,另一方面它内在于正义之中并且高于正义,而且能够在某些方面变成可操作的准则。[4] 不过需要注意的是,正义的原则并不直接参与权力的分配,而是从普遍性的高度,用"其对全部人类状况的理解去完善一种更为合适的社会伦理学"。[5] 因此,平等是正义的调节性而非构成性原则。

尼布尔把平等看作爱之圣律的理性与政治的版本,说明平等也

---

[1] Reinhold Niebuhr, *An Interpretation of Christian Ethics*, p. 68.
[2] Reinhold Niebuhr, *An Interpretation of Christian Ethics*, p. 68.
[3] Reinhold Niebuhr, *An Interpretation of Christian Ethics*, p. 65.
[4] 方永:《自由之三维:力量、爱和正义——R. 尼布尔政治神学研究》,第 161 页。
[5] Reinhold Niebuhr, *An Interpretation of Christian Ethics*, p. 61.

分有（share）爱的超验性（transcendence）。此处译为超验性而不是超越性的原因在于，"平等的原则不是属于超越的完美之一范畴里的原则，它是不完善世界中爱的圣律的近似值"。① 平等是互爱在罪的存在前提下的体现，它属于历史的正义的范畴，但在本质上体现的是伦理原则的普遍性。然而一个非常现实的问题是，任何社会都不可能完全地实现平等。在现代社会中，权力的聚合与交错、权力的职能与功效、权力的组织和制衡，所有的因素都充分说明，再平等的社会也不可能不存在某些差异。因此平等应该得到充分的实现，却又无法完全实现。尼布尔指出："平等原则在一方面为必要，而另一方面又不可能完全实现，这恰好表明正义的绝对规范与历史相对性之间的关系。"② 强调绝对的平等是不妥的，忽视平等原则对社会伦理的批判性而只讲自由竞争也是片面的，平等之无法完全实现的更为深层的原因是完全的平等有可能抑制自由。

尼布尔认为，平等的原则预设了人与人之间的竞争，他提出人与人之间都应有同等的要求和利益，以此防止上述竞争导致的剥削。③ 这就是说，平等不仅表现在对他人权力和利益的认可和尊重上，也表现在对他人行使自己权力和维护自己利益的自由上，因为无论个体还是群体都拥有从上帝而来的平等的权利，也同样拥有从上帝而来的行使该权利的自由。尼布尔把精神的自由看作人的本质规定，它赋予人类不断超越自然和社会限制的能力。当然这种能力可能是创造性的也可能是破坏性的，但只有这样人类才能够自由地、无拘无束地发挥他们本性中的基本潜力。由于整个人类社会本质上是竞争性的，只有在一个自由的社会里，人才能发挥自己最大的能

---

① Reinhold Niebuhr, *An Interpretation of Christian Ethics*, p. 90.
② 尼布尔：《人的本性与命运》下卷，第514页。
③ Reinhold Niebuhr, *An Interpretation of Christian Ethics*, p. 90.

力与人竞争,以寻求充分提高自己生命价值的机会。

平等是指权力自身以及使用的平等,即权力自身价值的平等,而不能将平等原则用于对权力使用产生的效果即利益之价值的判断和仲裁。这一点在尼布尔看来是毋庸置疑的,他举了相当多的例子,如性别差异、年龄差异、教育程度差异、国别差异、能力强弱等,这些因素都会造成同等的权力在自由行使后出现差异巨大的效果,如果为了追求和实现完全的平等而一开始就设定完全平等的起点,事后又设定完全平等的奖励措施,那是对自由之创造力的限制乃至扼杀,对社会的正义与和谐毫无益处。因此,过分强调平等,甚至把平等当作绝对的正义标准可能导致巨大的不平等。①

尼布尔后来逐渐放弃了对绝对平等的追求,开始承认某些不平等现象存在的必然性和必要性。② 由此,尼布尔又引出另一个正义的调节原则,即自由。作为正义原则的自由与人之精神自由并不属于同一个范畴,却密切相关。精神的自由要求正义的自由,以保障每个权力载体最大限度地发挥自己的创造能力,以充分实现自我,推动人类社会和历史的发展。

与平等原则一样,自由原则也是应该得到充分的实现,却又无法完全实现的。原因很简单,自由不仅具有创造性还具有破坏性,绝对的自由意味着绝对的创造性和破坏性,绝对的自由带来的必然是混乱的无政府状态。总之,若没有平等原则的制约,完全的自由只能滑向无政府状态;若没有自由的保障,人类社会发展的脚步会放慢乃至停滞,人类实现自我的梦想永远不会成真。尼布尔说:"没有纪律便不可能有个性的发挥,但理想的纪律只能靠自己形

---

① Reinhold Niebuhr, *Faith and History*, p. 191.
② Reinhold Niebuhr, *The Children of Light and the Children of Darkness*, pp. 47, 74; Reinhold Niebuhr, *An Interpretation of Christian Ethics*, p. 122.

成。"① 这就是说，自由必须受平等的调节，这样才能发挥其创造性的一面，同时制约其破坏性的一面，但是平等的原则不是从外部强加给人的，需要人自身对责任和义务有所认识，肯定他人的权力和利益。由此而言，正义便是：各个权力载体出于自由行使自身的权力、提出自己的利益要求，这必然会引发竞争，然而平等原则对之同等地肯定，并且作为调节性原则内在并超越整个竞争过程，最终达到一个尽管有冲突有竞争却和谐有序的状态。在尼布尔看来，这不能不说是俗世中爱之圣律的近似值。

本书认为，平等和自由这两项原则中，尼布尔显然更关注平等，并且长期只将平等作为正义的调节性原则，对自由的关注和提及是20世纪40年代之后的事情，那时其社会伦理思想已然成型，自由的原则只是补充性的原则，对其主要思想并没有实质性的推进。②哈兰（Gordon Harland）说尼布尔在1937年为"牛津会议"（Oxford Conference）提交的论文中首次把平等作为唯一的正义调节原则，③不过从观点成型的过程来看，尼布尔早在1931年的《道德的人与不道德的社会》中已经把平等作为正义的调节原则了，而且他相当强调通过强制的手段来达到平等的正义。④ 在《基督教伦理学诠释》中，尼布尔更是强调平等的重要性，并屡次使用"平等正义"这个词，将平等与正义直接关联起来，将它界定为历史中爱的近似值，而很少谈及自由与正义之间的关系。而且，尼布尔建立起爱与平等的直接对应关系，他说："由于爱的理想必须将自身与完

---

① Reinhold Niebuhr, *An Interpretation of Christian Ethics*, p. 90.
② 尼布尔在1963年的一篇文章中曾经给出一个扩展的"各种正义调控原则"的表，其中包括了平等、自由、秩序、安全，但平等始终占据首要和最重要的位置。See Robin Lovin, *Reinhold Niebuhr and Christian Realism*, p. 218.
③ Gordon Harland, *The Thought of Reinhold Niebuhr*, p. 55.
④ 参见尼布尔《道德的人与不道德的社会》，第69、77、137等页。

全实现它是不可能的这一世界性的问题相联系,因此,在人与人之间充满冲突的世界里,它最合乎情理的修正和应用应该是寻求平衡冲突的那种平等原则。"① 到了《人的本性与命运》,尼布尔才将自由列为与平等并列的正义的调节原则,但仅此而已,因为文本中他始终在强调平等,而且只用平等来说明什么是正义的调节原则。直到《信仰与历史》和《光明之子与黑暗之子》中,尼布尔才逐渐开始强调自由作为正义原则的重要性,并且淡化平等的极端性,努力将自由提到与平等一样重要的位置上,只是这种强调不是出于理论结构上的考虑,而是尼布尔晚年回归美国保守主义传统的体现。

尼布尔长期致力于批判自由主义文化、自由主义神学、新正统神学和社会福音运动,建立于这些思想文化上的社会伦理学的一个共同特征是对自由的极端重视和对平等的相对忽视,相比之下,平等在尼布尔的社会伦理思想中占据着极为关键的位置,它是爱与正义之间的桥梁,忽视平等的重要性就很容易得出爱与正义的断裂、个体伦理与群体伦理的断裂之类的结论,这种断裂在尼布尔的思想中实际上是不存在的,本书也一直致力于澄清这种误解。

学界长期以来认为尼布尔正义观的最大问题便是他没有对正义进行明确的定义。② 尼布尔的这个问题是非常明显的,而且出现在其他很多关键性的概念上。不过本书认为这并不影响我们对正义的理解,因为正义是一个动态的开放体系,它的原则和内容随着正义的过程发展而有所增减。在《道德的人与不道德的社会》所表达的思想中,尼布尔为正义选定的原则主要是,甚至只是平等,从《人的本性与命运》开始,又增添了自由的原则。有些研究者认为,尼

---

① Reinhold Niebuhr, *An Interpretation of Christian Ethics*, p. 91.
② Nicholas Wolterstoff, *Justice in Love*, p. 66.

布尔在《基督教伦理学诠释》中又将"秩序"确定为正义的新原则,本书认为秩序在尼布尔的社会伦理思想中更多地体现在权力的自组织和自平衡之中,它属于正义的构成性原则。秩序可能是稳固的,可能是动荡的,也可能是和谐的,正义是正义的调节性原则对秩序的持续规范过程。正义的原则从平等开始,加入了自由,再加入了秩序,恰好对应尼布尔思想回归基督教传统再转向现实主义的过程。这也充分印证了尼布尔对正义的理解,正义本来就是具有相对性的历史的存在物,"它的形成也是一个社会进程,也就是各种并不全面的观点被综合而形成一个更具包容性的观点,甚至这种包容性观点也染有时间和地点的局限性与偶然性"。[1]

基于现实主义的立场,尼布尔区分了两种正义的原则,一种是平等和自由,它们是正义的调节性原则,还有一种是诸如自然法、国际法等具体的正义规则。前者相对于后者具有超越性,后者是按照前者来定向的,"每个社会都需要有可行的正义原则,为其实在法和约束体系提供准则,这些原则中最为深刻的那些,实际上超越于理性,并植根于对存在意义之宗教性的感知当中";[2] "正义诸规则所共有的相对性和偶然性,否定了它们具有绝对性质的说法"。[3] 在尼布尔看来,历史中不可能有完全的正义出现,正义的完全实现意味着正义的消失和爱的出现。对于正义的定义,即使再清晰、再明确,也是具有相对性的,会随着历史的发展显露出局限性,此时如果一再坚持它,反而会造成新的不义。对于正义,必须加以批判的眼光,"必须对权益的每一历史上、传统上的调节不断地重新加以评估和检验。否则,存在于正义每一进步中的非正义成分将会逐

---

[1] 尼布尔:《人的本性与命运》下卷,第 512 页。
[2] Reinhold Niebuhr, *The Children of Light and the Children of Darkness*, p. 71.
[3] 尼布尔:《人的本性与命运》下卷,第 512 页。

渐增长和有恃无恐,这也会将昨天的正义变成今天的非正义"。① 对于这一点,刘时工的评论是很到位的:"尼布尔根本拒绝发展一套完整的正义理论,因为他认为任何正义理论某种程度上都将有损于对正义的追求。"②

第二节 爱与正义的关系

一 爱是正义的完成和否定

追本溯源,对尼布尔正义概念的批评是基于这样一种观点:如果人们使用正义这一概念以区别于爱,那么就有责任明确区分正义和爱的不同。③ 这种观点坚持这样一种逻辑:爱是个体的情感取向,正义是社会制度的问题,爱与正义针对的是个体和社会两个不同领域的内容。这种两分的逻辑很容易导致爱与正义的断裂,导致个体伦理和社会伦理各自向不同的方向发展。

自由主义正是这种断裂的代表:爱作为个体的情感退隐在私人领域,而在公共领域,爱不再是正义的基础,相反,人的自私本性甚至恶成了社会正义的基础,即使社会里的人都是十恶不赦的,同样也能组成一个正义的社会。后来的新正统主义和社会福音运动虽然都是对自由主义的反动,却分别走向了上述两个方向的极端,因此尼布尔经常评论说在社会伦理建设方面,新正统主义和社会福音

---

① Reinhold Niebuhr, *An Interpretation of Christian Ethics*, p. 100.
② 刘时工:《爱与正义:尼布尔基督教伦理思想研究》,第169页。
③ Emil Brunner, "Reinhold Niebuhr's Work as a Christian Thinker", in *Reinhold Niebuhr: His Religious, Social and Political Thought*, p. 84.

第六章　正义论：道德完善的现实途径

运动做得还不如自由主义好。① 这些内容前文累有论述，不再赘言。

这种逻辑一旦运用于基督教伦理学，必然导致爱被收束在私人的领域，正义被等同于现存的政治正义，这既意味着基督教的极端私人化，也意味着基督教过于认同现存的政治。尼布尔说："爱既不能置政治问题于不顾，也不能通过不成熟地追求个人的善意而超越政治问题。"② 以上结果意味着基督教先知精神的丧失，这是他毕生所反对的。

经过细致分析可以发现，从自由主义到新正统主义再到社会福音运动，无论它们的社会伦理主张有多不同，有一点却是共同的，即都将正义建立在恶的基础上；因为有恶，正义才成为必要。尼布尔试图开辟另外一条道路，他将正义建立在爱的基础之上，因为有爱，正义才成为可能；爱是人类的终极律法，但它在人间的普及和实现需要正义的维持和拓展；正义之存在的根本目的不是克服恶，而是实现爱。

尼布尔始终坚持整个人类社会是一个具有统一和连贯意义的体系，那么社会伦理必然能够由具有普遍性的规范原则进行统摄，这一原则毫无疑问是爱。然而爱是一种理想，一种不可能的可能性，社会伦理不能建立在可能性的基础上，它的原则必须现实有效，同时具有普遍性。由此，尼布尔引出正义的调节性原则：平等与自由。追本溯源，这两项原则来自对上帝的爱——因为爱才有对和谐统一的意识，因为这种意识才产生对破坏和谐统一的愧疚，因为愧疚才认识到自己对他人的责任与义务，因为责任与义务才能对他人与自己同等的权力和利益以及他人行使权力和维护利益的自由给予肯定和尊重。

---

① See Reinhold Niebuhr, *An Interpretation of Christian Ethics*, chapter 5, 6.
② Reinhold Niebuhr, *An Interpretation of Christian Ethics*, p. 111.

这样，尼布尔便成功地将伦理的规范原则从爱过渡到了正义。整个过程中，道德主体并没有发生改变，没有出现部分研究者所认为的从个体到群体的变化，因为尼布尔把道德主体界定为权力的载体，他们都由上帝创造，同是精神与自然的共同产物，共同接受上帝的启示。从爱到正义的伦理原则是一以贯之的，那些说尼布尔的思想中爱与正义中间存在断裂、无法过渡的观点没有看到平等在爱与正义之间所起的桥梁性作用，尼布尔的文本写得明明白白："平等是爱与正义之间的中转站（Equity stands in a medial position between love and justice）。"[1] 这些观点可能只关注了尼布尔最具代表性的几部著作，却忽视了他后来的一些虽然零散但同样重要的作品。

爱与正义固然是一种延续的关系，但更为显著和关键的是它们之间的辩证关系。爱与正义对应的是对罪孽的克服和人类道德的完善。尼布尔认为爱与正义在人堕落之前是统一的，体现为原初的完善，"堕落以前的完善是一种理想的可能性，人能够意识到它却无法实现它。因此说，这种完善是行动之前的完善"。[2] 然而在历史之中，罪的持续性导致爱与正义之间有着不可消除的张力，因为爱是对罪的完全克服，而正义是对不义的克服，前者要求"别人打你的左脸，把右脸也递过去"，而后者要求"以牙还牙，以眼还眼"。[3]

无论一个社会能做到多么正义，在历史中总是存在无数的可能性，因此这个社会所能做的只是无限地接近正义，而不能达至或成为爱的共同体。任何历史中的社会正义都是相对的：共同体的形成和组织总是根据具有一定普遍性的规则，它们可能会导致对个体不公正；共同体的秩序需要一个权威性的力量来维持，这就不可避免

---

[1] Reinhold Niebuhr, *Faith and History*, p. 189.

[2] Reinhold Niebuhr, *Beyond Tragedy*, p. 12.

[3] Reinhold Niebuhr, *Faith and History*, pp. 189–200.

第六章　正义论：道德完善的现实途径

会涉及强制，而强制作为力量的运用在历史中不可能不产生问题；共同体最多能够平等对待却无法消除个体、群体之间错综复杂的利益交织，力量的平衡因此总是暂时的和不稳定的。因此，除非罪能被某种超越历史的原则所解释和消除，否则历史中的任何社会都无法摆脱人类的基本困境，尼布尔说："爱在任何时候都是对正义的审判，同时也是诱惑，然而任何历史秩序都无法具体化为一个爱的社会，越是试图这样做，就越是体现出特殊权力和利益对社会其他权力和利益的压倒性优势。"[①] 从现实的角度来说，爱与正义在社会生活中，恰好表现为矛盾的统一体：如果一个社会完全建立在爱的基础上，那么正义便显得多余；反过来，如果在一个社会中，所有成员都不知道爱为何物，那么正义也无从谈起。人类需要正义，恰好表明，不是这个社会没有爱，而是爱如何在具体生活情境中实现是一个棘手的问题。[②]

由此可见，正义是一种关系性的概念，必须在爱的关系中它才能被理解，"爱既超越于正义之外又寓居于正义之中，就爱之能吸引相互的爱以改变人与人之间的关系来说，它是寓居于历史之中的，就爱一旦要求回报便立即失去无私的超脱性质而言，它是超越历史的"。[③] 对于爱与正义的这种辩证关系，哈兰最先做了准确而简练的概括，此后的研究者基本沿用了这一总结，本书试图在此基础上再进行全面的概括。[④]

第一，爱要求正义。爱的原则是不计利益的奉献，但尼布尔认为这只是一种美好的道德理想，是道德的极致状态。在现实中人与

[①] Reinhold Niebuhr, *Faith and History*, pp. 193 – 194.

[②] 张宪：《爱与正义——对构建和谐社会的两个因素及其关系的考察》，载卓新平、许志伟主编《基督宗教研究》第 10 辑，宗教文化出版社，2007，第 72 页。

[③] 尼布尔：《人的本性与命运》下卷，第 508 页。

[④] Gordon Harland, *The Thought of Reinhold Niebuhr*, pp. 23 – 24.

人之间无法达到完全的爱，人的行为也与这种极致状态相差甚远。现实中，无论是人与人之间的爱，还是群体与群体之间的爱都十分脆弱，往往随着关系的亲疏而发生变化。因此，爱的这一不稳定性就需要掺入正义的成分，用正义来坚固爱。相比于脆弱的爱，正义更加稳定，也更加非人格化，可以更公平地对待所有的人，正义的这种特性可以用来弥补爱的缺陷。从这个意义上讲，正义是爱的工具和仆从。① 再者，正义包含着历史性的因素，它关涉权力和利益的组织和平衡，也就是直接地包含有自私的因素，而爱作为社会伦理的终极理想超越了权力和利益，是超历史的，它的实现必须依靠和通过权力和利益的组织分配。离开了正义，爱要么退入私人的领域，成为道德完美主义者的自怨自艾，要么成为毫无等差，却又无所适从的感情用事。

第二，爱否定正义。在尼布尔看来，无论正义怎样完善，始终达不到完全的爱的高度，爱始终超越正义，始终超越人类的一切正义观念和正义制度。爱是人类最高的价值，它是对权力和利益之竞争的超越性否定。人性本私、人性本罪，正义总是表现为对罪的克服，但这种克服不是超越层面的，而是同在历史层面的，因此正义必须借助强制来实现自身，而爱在超越式地否定罪的同时，也否定了正义。正义的建立并不能促成人与人之间的亲密关系，作为制度的正义也不可能带给人最高的善，因为"社会善意与人类亲善的最高形式非任何政治制度所能保证"。② 正义是一定历史条件的产物，人不能脱离特定的历史立场和视角来审视历史，这就使得人们对历史的看法不可能像纯粹的自然科学研究那样客观和中立，相反总是掺杂着各种主观因素，于是正义就只能是具体历史中的相对真理，

---

① 尼布尔：《人的本性与命运》下卷，第508页。
② 尼布尔：《人的本性与命运》下卷，第507页。

而爱却是由上帝启示出来的永恒的普遍真理。没有一种正义能被视为最后的规范,爱这一更高的可能性总是高翔于一切正义体系之上。正义总是朝向爱的最终理想而不断地完善自身,在这一过程中,爱会满足他人的需要而不考虑自己的利益,正义所要解决的各种外在冲突和内在矛盾,都被爱所克服。①

第三,爱完成正义。正义从根本上来说是一种体现为和谐秩序的制度,它要与社会中的多种因素发生关系,这就注定了正义暗含着强制的因素。这种强制的因素孕育着危险,它可能被滥用,也可能被一部分人据为己有,用以维护私利,正义由此便可能退化、变质,成为某种非正义。② 因此必须用爱来补充和完善,打破其互惠互利的界限,使其永存生机、永葆活力。尼布尔指出:"权力的平衡离不开爱,实际上若没有爱平衡其中的摩擦和紧张,就会显得难以容忍。但若没有权力的平衡,最亲密的关系也可能变为不义,爱会成为不义的藏身处。"③ 爱是正义的目的,正义是爱的手段,然而正义永远不可能满足人的需要。纵然制度的完善、经济的发展、道德的进步,使得人拥有公正的社会、健全的法制、和谐的公共关系,人也依然处在某种未知的处境中,人始终无法摆脱与生俱来的自爱,人总是爱自己甚于爱他人,人与人之间的伤害终究无法消除,这就使得爱作为最高价值永远被人们需要。爱的标准使正义得到提高和升华,具有更广阔的前景,爱也因而超越了正义而具有永恒性。因此,"爱既是历史中正义的完成,又是对历史中正义的否定";"爱是一切道德体系的最终语汇,在其中,一切正义制度既得到实现又遭到否定"。④

---

① 尼布尔:《人的本性与命运》上卷,第 253 页;《人的本性与命运》下卷,第 507 页。
② 尼布尔:《道德的人与不道德的社会》,第 258 页。
③ Reinhold Niebuhr, *Christianity and Power Politics*, pp. 27, 52.
④ 尼布尔:《人的本性与命运》上卷,第 261 页;《人的本性与命运》下卷,第 507 页。

第四,爱支配正义。在尼布尔看来,虽然爱本身不可能完全实现,但它存在正义最简单最基本的原则之中,能够修正正义的原则,这才是爱最合乎情理,也最现实的应用。尼布尔指出:"理性的伦理追求正义,宗教的伦理将爱当作理想。理性的伦理力图平等地考虑他人的需要与自己的需要之间的关系。宗教的伦理则主张在没有精确算计的情况下去满足邻人的需要,因此,从伦理的角度来看,爱比理性所激发出来的正义更加纯粹。"①爱追求人与人之间的和谐而不满足于人的自然天性;它能使道德目标超越本性而又不沉湎于末世论之中。只有在爱的批判、指导和调节下,正义的原则才不至于僵化为死板的教条或沦落为纯粹利益算计的工具。以爱为基础,相对的正义原则在历史中具有了的绝对性,从而能够为人类社会的形成、维持乃至发展提供切实可行的原则规范。

二 正义内在于爱之中

上述四点概括是从爱的角度来看的,如果尝试从正义的角度并结合正义的完善过程来看,可以对爱与正义之间的关系有更深入的理解。

首先,正义来自爱。爱是正义的根据、渊源和基础。尼布尔明确地表达了这一点:"爱的圣律不只是作为正义的规范的源泉,而且爱为发现正义的局限性提供了视域,正义是爱的近似值";"爱是追求正义这面粉团中的酵母"。② 可见,正义没有独立的基础,本身并不是一个可以限定的整体。它来自爱,却又不是爱,它不过是爱在社会结构中的具体化和相对体现,即一种并不信任

---

① 尼布尔:《道德的人与不道德的社会》,第46页。
② Reinhold Niebuhr, *An Interpretation of Christian Ethics*, p. 85.

自身所持道德主张的爱之表达。尼布尔把爱比作盐，认为它可以起到防止正义变质的作用，再完美的正义也必须有爱的因素支撑，否则正义就会沦为僵硬的制度和规则，爱是正义运行中的最后完成因素。①

其次，正义的终极目标是爱，人类在历史中取得的每一个正义成就都是向这个终极目标的接近，只不过，正义是对爱的部分实现和不断接近，体现出爱在世界上的相对完善，它是世人在社会中可以争取、有可能达到的。尼布尔说："历史的所有正义方面的成就起初并不能被确定，后来在更完美的爱中得到实现，但每一次实现也包含着与完美的爱相冲突的因素。我们有义务实现正义，但是无论怎样实现我们都不能确信完美真的得到了实现。要达到更高的历史正义，我们就必须清楚地认识到，所有这些实现都包含有既与理想的爱相冲突，又与理想的爱相类似的情况。"②

如前所述，正义不断完善的关键在于人（无论个体还是群体）对自身责任和义务的不断认识和确定。正义的调节原则之所以关键和重要就是因为它能够加强人对他人的义务感，具体来说分为三个方面：第一，由明显需求产生的、直接感觉到的义务，扩展成为表现为固定的互爱原则的持久的义务；第二，由自我与某个"他者"的简单关系扩展为自我与"他人"之间的复杂关系；第三，由个人自己识别的义务发展为群体从更少偏见的视角来确定的更普遍更广泛的义务。正是通过强化人对责任与义务的认识，正义得以不断地在社会范围内更新和扩展，同时也不断地在历史中以不同的程度实现爱的理想。③

---

① *Reinhold Niebuhr on Politics*, eds., Harry Davis and Robert Good, New York: Charles Scribner's Sons, 1960, p.156.
② 尼布尔：《人的本性与命运》下卷，第507页。
③ Reinhold Niebuhr, *An Interpretation of Christian Ethics*, p.36.

再次，正义在部分实现和无限接近爱之理想的同时，却又不断地在违背着爱的精神。正义始终是牵涉权力和利益的，那么"所有的正义制度就必须仔细区分社会各个成员的权力和利益，其间的界限与藩篱就象征着正义精神"。① 因此，由于正义认定社会成员都倾向于相互利用或更关心私利，它在本质上就与爱的精神相矛盾。然而正义又是一个不断完善的过程，这种本质的矛盾总是既带来消极的后果，又引出积极的后果。例如互爱在家庭中体现得最为充分，但且不说整个社会，就是国家也要比家庭复杂得多，国家层面的正义很有可能是对家庭中的互爱的否定。同理，国际社会的正义就有可能要求国家放弃自己的一些主张和权益，这也是对国家层面正义的一种否定，但在国际社会的大环境中，却是一种正义的体现。② 因此尼布尔说："权力的平衡离不开爱，实际上若没有爱平衡其中的摩擦和紧张，就会显得难以容忍，但若没有权力的平衡，最亲密的关系也可能变为不义，爱会成为不义的藏身处。"③ 总之，正义的完善就是一个在横向的范围维度上和"纵向"的层次维度上不断地实现和接近爱，又不断地违背爱和被爱所否定的螺旋式的过程。

上段内容中的纵向被标记了引号，旨在表明本书对爱与正义的一种新思考，即不能将爱与正义视作不同维度上的内容。学界一般认为随着道德主体超越能力的递减和自然因素的递增，从爱到互爱再到正义形成一个逐渐下降的过程。④ 很多研究者据此认为尼布尔是在本体论的关系中讨论爱与正义的，即正义以爱为本，两者是本

---

① 尼布尔:《人的本性与命运》下卷，第511页。
② See Reinhold Niebuhr, *An Interpretation of Christian Ethics*, pp. 68 – 69, 77 – 79; Reinhold Niebuhr, *The Children of Light and the Children of Darkness*, p. 84.
③ Reinhold Niebuhr, *Christianity and Power Politics*, pp. 27, 52.
④ 参见刘时工《爱与正义：尼布尔基督教伦理思想研究》，第168页。

末之分。这种观点比较好地解释了爱与正义之间的超越和被超越的关系，也比较好地支持了这样的观点：爱属于私人的领域，体现着个体与上帝之间的关系，是个体伦理的原则，涉及的是人纵向的精神维度；正义属于公共的领域，体现着人与人、人与群体、群体与群体的关系，是社会伦理的原则，涉及的是人的横向的自然维度。

  本书的思考源于这样的疑惑：如果爱的理想能够对人类正义的过程提供批判，那它为什么不能提供给人类一个大致的社会伦理的框架呢？爱的理想对人类的所有正义成就和制度都进行了否定，难道仅此而已吗？如果我们深入正义的过程，就可以发现，爱对正义进行否定的同时，也在做出"更好"或者"更糟"的判断，难道爱在这种判断中没有提供给人类一个社会伦理的大致框架吗？正如沃尔特斯托夫（Nicholas Wolterstoff）所提出的疑问："尼布尔为何一边说耶稣的伦理能为审慎的社会伦理提供内在的洞见和批判原则，一边又说这种社会伦理无法从爱的理想中直接推出？"[①] 平等贯穿从爱到正义的全过程，正义基于对权力和利益的同等肯定，而爱中的平等就体现在每个人都同等地能够爱和接受爱，当正义过程中出现对平等原则的违背时，爱在说"不"。然而尼布尔没有直接点明的是，正义的过程中实现平等时，爱也在说"是"——这就说明实际上正义的过程就是爱的过程，尼布尔所说的"不可能的伦理理想的相关性"（the relevance of an impossible ethical ideal）就是指爱与社会伦理的相关性，就是爱的社会意义。[②]

  肯尼雷的观点比较具有启发性，他说："正如爱在历史的条件下就是互爱，那么在罪的条件下的互爱就是正义。"[③] 这似乎说明

[①] Nicholas Wolterstoff, *Justice in Love*, p. 70.

[②] Reinhold Niebuhr, *An Interpretation of Christian Ethics*, p. 62.

[③] Peter Kennealy, "History, Politics and the Sense of Sin: The Case of Reinhold Niebuhr", in *The Promise of History: Essays in Political Philosophy*, p. 154.

爱、互爱和正义实际上是一个东西，只是受限于条件，体现的方式会有所不同。同时，从爱到互爱再到正义，彼此之间实际上是有很强的延续性的，并不存在不可跨越的断裂。沃尔特斯托夫也认为研究者，尤其是有自由主义背景的研究者，倾向于认为尼布尔把爱和正义当作两个不同的领域，并且认为尼布尔把爱下降到正义以适用于社会伦理，这可以说是误读了尼布尔，也可以说是尼布尔的言辞误导了研究者。[1]

笔者的观点与之类似，认为学界可能误读了尼布尔对于"爱的超越性"的理解。本书在第五章第三节中讨论过，尼布尔认为爱是"不可能的可能性"，是超越于历史的。本章前文表明，正义也是不可能完全在历史中实现的，也是超越现实的，然而它却是历史性的存在，似乎是一种"可能的可能性"。那么，尼布尔多次使用"超越性"来说明爱与正义的关系问题，这个"超越性"该作何理解？

笔者认为，对爱"超越"于正义的理解必须建立在尼布尔一直强调的先知的批判精神上：爱始终在通过正义而得到实现，爱在正义的过程中认识自身、肯定自身、否定自身、扬弃自身。因此，爱和正义不是本末的关系，而是末世与历史的关系。尼布尔所理解的末世既不是历史的终结，也不是历史的反转，而是以可能性的形式始终存在于历史之中，永恒的意义只能在俗世里得到完全的实现。尼布尔把历史和末世的这种关系表述为："上帝之国已经来临，上帝之国即将来临。"[2] 不是说有冲突和竞争的地方才有正义，也不是说爱不会在冲突和竞争中出现，爱从来没有离开过历史，"正义就是爱的历史和社会的表达"，末世并不意味着正义被爱取代。[3] 在历

---

[1] Nicholas Wolterstoff, *Justice in Love*, pp. 70–71.
[2] 尼布尔：《人的本性与命运》下卷，第 326 页。
[3] Jon R. Stone, *On the Boundaries of American Evangelism*, Bloomberg: Haddon Craftsman, 2009, p. 198.

史中,当爱在冲突和竞争中出现时,它就是正义,爱持续地以正义的形式被实现,但同时被爱的理想否定;在末世里,一切冲突和竞争都消失了,这并不意味着正义的消失,而是意味着正义的完全实现,正义的完全实现就是爱,爱与正义是和谐统一的。在此意义上,正义就是不断通过爱而得到更新的过程。

由此可见,从爱到正义并不是一个逐渐下降的过程,而是爱的应用在不同条件下更加狭窄的过程。学界一般观点的错误就在于同时对爱与正义的适用范围做了绝对的限定,把爱当作个体伦理的典范,从而把爱从社会之中排除出去,转而将正义引入社会伦理,认为正义适用于没有爱或者爱无能为力的地方。沃尔特斯托夫评论说:"尼布尔既想要爱又想要正义,而不是把正义置于我们所在的这个充满罪和自私的世界以及同时把爱置于将要到来的完全和谐的未来。尼布尔认为需要有一种方法来让末世意义的爱一点一点地渗透(with a bit of seepage)进入历史的正义之中,以达至爱与正义不仅在末世的同时实现,也在历史中的同时拥有。那么我们就需要一种方法能够同时理解爱与正义,而不是将它们置于两极。更明确地说,我们要这样理解爱与正义,即爱吸收(incorporate)了正义。"①

以摩根索为代表的部分学者索性将尼布尔的爱与正义的概念分开来理解。摩根索对尼布尔推崇备至,认为尼布尔在新教传统中重新引入了"政治人"的概念,他把尼布尔的爱与正义做了一分为二的理解,可以用一个公式来表达,即"一个人不可能既是一位成功的政治家,又是一位好的基督徒"。② 尼布尔早期确实流露出这种观点,他说:"人类群体之构成的复杂性决定了在群体的诸种实际需

---

① Nicholas Wolterstoff, *Justice in Love*, p. 72.
② H. Morgenthau, "The Influence of Reinhold Niebuhr in the American Life and Thought", in *Reinhold Niebuhr: A Prophetic Voice in Our Time*, p. 102.

要和个人以及群体的良知之间存在着持续的、而且是不可弥合的裂痕。这个裂痕，基本可以界定为伦理和政治的矛盾。它来自于道德生活的两个焦点：一个是个人的内在生命，另一个是维持群体生活的各种必需措施和手段。"① 从群体的视角来看，其最高的道德理想是正义，群体必须想尽一切办法来达到正义，哪怕是通过自作主张、强制甚至压迫的方式，这些方法无疑都是不具有任何道德约束力的；从个人的视角来看，其最高的道德理想则是无私，必须通过自我奉献或者在更高层次的"大我"中实现。可见，摩根索的论断有一定道理，这固然体现了摩根索本人强烈的现实主义倾向，也在一定程度上说明尼布尔有时候确实强调在政治和伦理之间存在距离，以防止人们或者降低基督教伦理的崇高性，或者抬高人类政治的道德地位，为政治披上神圣的外衣。

尼布尔成熟时期的思想明显在弥合爱与正义的裂痕，将二者统一在一起，他说："在政治秩序中，用政治、经济以及社会的强制手段建立起来的正义制度无一是完美无瑕的，无一毋须用人与人之间那种自发的、非强制的善意来加以完善，这一完善不仅完全必要，而且也是完全可能的。"② 尼布尔显然是想表达，爱与正义不是分管个体与群体、伦理与政治两头，而是从整个人类社会的高度统一地看待个体和群体，然后把爱视为统摄原则，把正义视为最高规范，通过平等从爱过渡到正义，贯穿整个社会伦理之中。不过尼布尔似乎没有意识到，对于摩根索等象牙塔之外的人来说，相比于理解和讨论爱与正义的辩证关系，更为迫切的事情是将尼布尔的思想落实到他们的实践当中，因此，摩根索明确区分爱与正义所针对的实际上是"爱与正义"的理念在理论和实践之间的裂痕，尼布尔越出于

---

① 尼布尔：《道德的人与不道德的社会》，导论第9页。
② Reinhold Niebuhr, *An Interpretation of Christian Ethics*, p. 123.

弥合裂痕的考虑而强化爱与正义在理论上的统一性，就越把"爱与正义"作为一个统一的理念整体性地排除在实践的范围之外，这也是尼布尔晚期思想反而愈显理想化的原因。

第三节　社会正义与民主

一　社会正义与民主的观念基础

根据尼布尔的研究，社会正义就是通过权力的制衡而达成一个和谐而稳定的秩序；在这个秩序中，平等和自由的原则得到体现——正义的目的就是"在一种统一、稳定、和谐的氛围（秩序）中允许最大多数的个人（平等）最大限度地发挥自己的创造能力（自由）"。[1] 秩序是指权力经过分配、组织和制衡之后形成的状态，这一目标的实现不能指望个体伦理的提升，更不能建立在群体自义的基础之上，这两种途径都是理想主义的观点，"更好的社会秩序需要考虑的最重要一点是现实可能性，因为问题在于秩序，而不在于伦理道德的理想"。[2]

尼布尔由此指出："社会秩序中的正义只能通过政治手段来取得这一点无论是对最讲求奉献精神的基督教自由派还是那些拒绝接受共同社会标准的既得利益集团来说都是十分现实的。"[3] 任何社会的基本正义均取决于人们共同创建之正确的组织，取决于对社会权力的制衡，取决于调整各方利益，也取决于恰当地限制不可避免的

---

[1] Judith Vaughan, *Sociality, Ethics and Social Change*, Lanham: University Press of America, 1983, p. 190.

[2] Reinhold Niebuhr, *An Interpretation of Christian Ethics*, p. 95.

[3] Reinhold Niebuhr, *An Interpretation of Christian Ethics*, p. 105.

利益冲突——"社会有机构成的健全,有赖于社会结构的合理性"。不过,伦理的理想与正义的制度有着非常紧密的联系。一方面,"我们生活在经济机制自发地产生着不均衡的社会里。这一不均衡如此明显,它甚至能无视和逃脱对它进行平衡和限制的政治力量,同时,它也必定会腐蚀用来纠正它的道德力量";另一方面,"如果缺乏道德的刺激,社会便不会朝着有利于正义的方向改变,倘若道德的目的不想被破坏被腐蚀,它必须实实在在地将自己与恰当的社会机制结合在一起";总之,"必须清醒地认识到,超越强制正义要求的那种自愿的、善意的举动绝不能替代社会关系中的强制制度,而只能是对它的补充,因此,基本正义唯独通过社会制度方能得到保证"。①

正义是抽象的概念,不同的人对正义有不同的理解,这就涉及抽象的正义理念如何转化为现实政治的具体操作。尼布尔将社会正义与民主加以联系,认为民主是社会正义的具体载体,可以在最大的限度上实现人们爱人的理想。将民主与爱、正义直接相联系,说明尼布尔所理解的民主并不是具体的民主实践,而是一个抽象概念,其内涵是一种社会和政治的组织形式,它体现为一种理想的秩序,即"在自由的制约条件下寻求统一性,在秩序的框架内维护自由"。②

学界对现代民主的产生问题一直争论不休,其中一个重要议题是基督教与现代民主的关系。政治学界和基督教神学界是这一争论的主要两方。政治学界往往将基督教与现代民主对立起来,要么认为基督教对现代民主的产生没有贡献,要么认为基督教起的是"反面教材"的作用。③ 基督教内部的观点则分为两种:一种认为基督

---

① Reinhold Niebuhr, *An Interpretation of Christian Ethics*, p. 112.
② Reinhold Niebuhr, *The Children of Light and the Children of Darkness*, p. 3.
③ R. P. Krayanak, *Christian Faith and Modern Democracy*, Fremantle: University of Notre Dame Press, 2001, p. 45.

教与任何现实政治体制尤其现代世俗政体毫无关系，另一种认为基督教与现代民主联系紧密，例如代议（representation）、委托（delegation）、协商（counsel）和议会（council）等都可以在基督教中找到原型。[①] 不过，正如汤因比（Arnold Toynbee）所认为的，每一种新的文明都脱胎于旧文明的母体。这种观点也可以运用到思想观念的产生上：新的思想观念都从既有思想而出，又对既有思想进行了扬弃。

尼布尔对基督教与现代民主的关系持正面看法。他认为基督教对现代民主提供了独特而不可或缺的三个洞见。第一，基督教相信一切世俗权力都不具有终极评判的权威，这一权威只能来自上帝，因此，个人可以据此挑战与批评一切世俗权力。第二，基督教对人性的辩证观点。这点分为两个方面：一是原罪的观念使得现代民主认识到要限制个人权力的必要性；二是个性的观念认为每个人都是直接面对着上帝，他的自由来自上帝，是创造之源也是破坏之源。第三，基督教为现代民主贡献了宽容的精神，虽然基督教本身经常失去这种精神。当然，现代民主最直接的源头还是现代文明，民主产生于世俗文化对抗基督教的过程之中，是两者有机结合的产物。[②]

尼布尔结合权力的概念，以历史的眼光来看待现代民主产生和发展的过程。在古代和中世纪社会，政治力量是唯一的权力中心，尽管在中世纪有宗教力量与世俗的政治力量展开争夺，但是宗教力量仍然要借助政治力量来行使权力。这一现象直到近代才得到改变，尼布尔说："在近现代的工业社会里，财富的高度集中导致不义的产生，而政治权力的分散则有助于正义的形成。资本主义的民主社

[①] 参见 J. H. 伯恩斯《剑桥中世纪政治思想史》下册，郭正东、溥林等译，生活·读书·新知三联书店，2009，第741~775页。

[②] Reinhold Niebuhr, *Christian Realism and Political Problems*, pp. 95–96.

会在近代的历史,总的说来是取决于经济与政治两大力量的冲突和平衡。操纵经济的少数阶级往往试图让政治为其经济服务,但未能完全成功;反之,平民的政治力量是达到政治和经济公正的工具,但仍然不能完全消除经济中的不公正。这中间的冲突尚未解决,也许永远也不能彻底解决。"① 这说明经济力量的出现使得整个社会的权力分配出现了质的改变,权力的分散为社会正义奠定了基础。

技术的发展使中产阶级成为新的经济势力,使他们能够向封建势力发出挑战。技术的发展提高了经济行为中操纵者与所有者的实力的同时,也给予工人某种权利,包括罢工、劳资谈判等。在尼布尔看来,这种权利是以前的劳动者所不拥有的,它体现了人类对自身权力和利益有了一种精神化的理解,将它们视为自己的天赋权利,这种转变正是基督教的先知批判运作的结果,"在力量关系中发生的转变有着更为精神性质的本源,即由于先知宗教的发展,它以上帝权威的名义向政治权威挑战而不是支持之,从而对粉碎祭司武士的统治、建立民主社会起了推波助澜的作用。以这样一种方式,基督教里的先知因素促成了近代民主社会的兴起"。②

20世纪30年代,美国在世界性经济危机的冲击之下,陷入了前所未有的大萧条,种种人性的败坏也一再展现。③ 历史学家杜博夫斯基(Melvyn Dubofsky)回顾道:"经济萧条不仅使资本主义经济沦为废墟,还使西方自由民主制度陷入防御地位,并使人们对它将来是否能存在下去产生了怀疑。"④ 从尼布尔的思想历程来看,他很

---

① 尼布尔:《人的本性与命运》下卷,第519页。
② 尼布尔:《人的本性与命运》下卷,第520页。
③ 参见威廉·曼彻斯特《光荣与梦想:1932~1972年美国社会实录》,朱协译,海南出版社、三环出版社,2004,第15~25页。
④ Melvyn Dubofsky, *The United States in the Twentieth Century*, New York: Prentice Hall, 1978, p. 203.

明显也受到了这股怀疑主义浪潮的影响，开始在理论上批判美国的民主制度，行动上也积极投身于社会主义政治活动，支持工人运动。

30年代末，尼布尔对民主制度的态度开始转变。在思想上，尼布尔在纽约协和神学院接触了大量基督教经典后逐渐成熟，他的正义思想由此经历了一个转变。1935年的《基督教伦理学诠释》意味着尼布尔进入了思想的成熟期，此后一直到《人的本性与命运》，尼布尔都非常强调平等的原则，他最担心的问题是人类社会因为无限制的自由而进入无政府状态。然而从1944年的《光明之子与黑暗之子》到1949年的《信仰与历史》，尼布尔明显开始强调自由的原则，而不再强调平等的绝对核心地位，这表明尼布尔的首要关怀发生了转变，他担心人类社会因为追求共同体的秩序与和平而导致专制的出现。

笔者认为，此时平等在尼布尔的思想中逐渐退隐，即平等在充当了爱与正义之间的桥梁之后，在将社会伦理的规范从爱成功过渡到正义之后，尼布尔就不再对之做绝对的强调。这就好比牛顿所理解的上帝，在上足了宇宙这块手表的发条之后，就退隐起来，任世界自行发展。平等也是如此——此时的尼布尔不再强调绝对的平等，而是允许不平等的存在，人类社会所追求的目标因此体现为一种有差别的和谐秩序，在此秩序之下，人类的生命力得以自由地发挥。汤普森（Kenneth W. Thompson）认为这一转变标志着尼布尔的民主正义思想向更加稳健的方向发展；他吸收了伯克（Edmund Burke）关于"政治审慎"的概念，这一概念成为尼布尔"思想发展最后阶段的中心概念"。[①] 总之，平等在正义实践领域的退隐，意味着自由与秩序成了衡量正义的主要原则，然而平等的退隐并不意味着它的消失，它是人类共同的正义原则，体现着人与人之间的友爱秩序，

[①] 肯尼思·W. 汤普森：《国际思想大师》，第34页。

它仍然作为最为根本的正义调节原则和最终的正义目标审视、衡量和修正着人类的民主进程。从这个意义上讲，尼布尔为民主辩护，更多是出于维护秩序和自由的现实考虑。

尼布尔在1944年《光明之子与黑暗之子》初版的序言中说道："民主有着更为令人信服的，也更为正当的理由，因而需要对它进行更为切合实际的辩护，而在现代史上，与之相联系的自由主义文化并没有做到这一点。"原因在于，"在历史上，民主这一信条总是和对人性、人类历史的极端乐观的种种估计联系在一起，而这恰恰是导致民主社会所面临的严重威胁的源头之一；当代的经验则证明，民主也存在这样被殃及的危险，即由于这种极端乐观主义是错误的，民主这一理想也成了错误的"。① 在尼布尔看来，自由主义文化所一贯奉行的乐观主义，极大地妨碍了现代的民主社会，使其既无法准确地判断自由所面临的危险，也不能充分认识民主作为唯一替代非正义和压迫之途径的价值。在1959年该书再版的序言中，尼布尔没有再批评民主制度所体现的乐观态度，而是将矛头对准了美国社会的孤立主义情绪和对通过民主方式建立世界共同体的悲观看法，他说："盲目的悲观主义——政治上的道德感伤和道德上的悲观主义，都容易鼓励专制的产生，其原因在于，前者容易滋生这样一种看法，即认为没有必要制约政府的权力；后者则相信，只有绝对的政治权威才能够扼制相互冲突的、竞争性的利益所导致的无政府状态。"② 在他看来，对民主前途的不信任乃至悲观是不应该的，这只能说明对民主的真谛理解得不够透彻。

通过对民主的观念溯源和现状剖析，尼布尔认为现代民主危机的根源在于其理论预设，他的工作就是要重新为民主构筑根基，重

---

① Reinhold Niebuhr, *The Children of Light and the Children of Darkness*, p. xiii.
② Reinhold Niebuhr, *The Children of Light and the Children of Darkness*, pp. viii, ix.

新论证民主的正当性基础。

根据尼布尔的说法,现代民主的危机源于人类在乐观主义和悲观主义之间徘徊不定,其根源在于以自由主义为特征的现代文化对人性缺乏深刻洞察。现代民主的根基是个体本位,它把人理解为原子式的孤立个体,"未能正确对待人的社会生活的要求"。尼布尔批判性地指出,"现代人和现代国家没有能力、也不愿意去建立社会的群体,或者在技术文明造成的条件下,重建社会正义",这是民主危机的最直接的原因。① 在这种状况下,人类要么乐观地认为靠自身就能实现人生和历史的意义,实现社会的正义,而不需要任何政治组织和权威,并且视政治权威为恶;要么对人性充满悲观的看法,认为只有在强权的支配下,社会的正义才能够达成。前一种情况容易导致无政府主义,后一种容易导致专制主义。正如前文所言,尼布尔对民主的讨论深植于他对专制主义的恐惧,虽然他也厌恶无政府主义。相比之下,无政府主义虽然会给社会带来混乱,但至少体现了人类的绝对自由,而专制主义就算能够达成一定的秩序,但它不仅是对自由的压迫和摧毁,而且由于权力的集中,平等都会损失殆尽。

尼布尔试图将"民主"从现代意义上的民主中剥离出来。他说:"民主,与其他具有历史意义的每一种理想和制度一样,既包含着短暂的因素,也包含着某些始终具有有效性的因素。一方面,民主是资产阶级文明所特有的一个果实;另一方面,它是一种始终有价值的社会组织形式。在民主的状态下,自由与秩序可以相辅相成,而不是相互冲突。"② 这就是说,尼布尔所理解的民主与现代民主既有联系又有区别。联系在于,现代民主是随着资产阶级的出现

---

① 尼布尔:《神意与当代文明的混乱》,载刘小枫编《当代政治神学文选》,第3页。
② Reinhold Niebuhr, *The Children of Light and the Children of Darkness*, p. 1.

而出现的,它代表着资产阶级的意识形态,"它所隐含的假定,以及它所公开宣称的理想,在很大程度上,也是中产阶级生存方式结出的果实"——尼布尔并没有将民主的传统追溯到古希腊,意在强调民主在现代文明中所占据的重要地位;区别在于,"事实上,民主有着一个更为深刻的维度和更为深广的有效性,而不仅仅只具有中产阶级的品格,如若不然,我们则只能平静地接受其消亡的命运"。[①]可见,尼布尔把自己的工作定位为从资产阶级的暂时性的民主中区分和拯救出那些永久有效的民主秩序的因素,"对民主秩序进行去伪存真的鉴别,把暂时有效的元素和始终有效的元素区分开来"。[②]

本着这个目的,尼布尔说:"民主要求拥有一个更为切实的哲学和宗教基础,这不仅是为了预防和充分认识其所遭受的种种危险,也是为了对其进行更有说服力的辩护。"[③] 这一基础当然就是尼布尔对人性的深刻洞察,它能为民主提供一个与前人不同的、系统而扎实的正当性证明。

尼布尔认为,对于人性,既不宜过于悲观,也不宜过于乐观,只有在这样的文化、宗教和道德氛围之中,一个自由的社会才能够得到蓬勃的发展。这并不是说对人性要保持一种不偏不倚的态度,而是要在该乐观的地方乐观,在该悲观的地方悲观,现代人性论在这两点上完全没有落实在关键点上:乐观不是对人的自由和能力的盲目乐观,而是对人凭借它们在历史中达到正义的可能性的乐观;悲观也不是对人性中黑暗一面的悲观,而是要表达出这样一种悲观,即再完善的民主也会导致权力的集中,因权力集中而出现的权力中心必然会行不义之举。尼布尔对人性善恶二重性的辩证理解,在理

[①] Reinhold Niebuhr, *The Children of Light and the Children of Darkness*, p. 3.

[②] Reinhold Niebuhr, *The Children of Light and the Children of Darkness*, p. 5.

[③] Reinhold Niebuhr, *The Children of Light and the Children of Darkness*, p. xiii.

解与把握政治生活中的道德二重性、民主在人类历史中的适当位置等问题上，更接近真实而复杂的现实，在当时的美国学界引起很大反响。①

从其现实主义人性论出发，尼布尔明确地阐述了他对民主之观念基础的理解："一个自由的社会需要对人类的能力保持适度的信心，相信人类能够在各种相互竞争的利益之间找到可行的因而也可以容忍的调解手段，并就正义达成某些共同的、超越所有狭隘利益的观念。就人类对于正义的理性潜能而言，若在这一点上始终坚持悲观主义的态度，则必将导致专制主义的政治理论。但是，就人对他人实施正义的能力和倾向而言，如果在这个问题上始终过于乐观，则可能遮蔽可能造成混乱的种种危险，这些危险若得不到充分的认识，它们就会让一个自由的社会趋于瘫痪。"②

尼布尔将民主建立在对人性的辩证分析的基础之上，表现出理想主义与现实主义的有机结合，尼布尔的深刻洞见凝结为其广为人知的民主格言："人类趋向正义的能力，使民主成为可能；人类堕入非正义的倾向，使民主成为必需。"（Man's Capacity for justice makes democracy possible; but man's inclination to injustice makes democracy necessary）③ 反过来说，民主之所以"是一种能够永远有效的社会和政治组织形式，（就在于它）能够充分地认识人类生存的这两个维度：人的精神境界（spiritual stature）和人的历史性；能够充分认识生命的独特性和丰富多样性，也能够充分认识所有人的共同的必然性需求"。④

---

① Richard Wightman Fox, *Reinhold Niebuhr: A Biography*, p. 118.
② Reinhold Niebuhr, *The Children of Light and the Children of Darkness*, pp. xiii – xiv.
③ Reinhold Niebuhr, *The Children of Light and the Children of Darkness*, p. xiii.
④ Reinhold Niebuhr, *The Children of Light and the Children of Darkness*, p. 3.

显然，尼布尔的视域是整个人类社会，在这个意义上，他经常将社会秩序理解为统一性，将人类自由理解为多样性。因此，秩序不仅指共同体的秩序，也指整个人类社会的大秩序。相应地，自由不仅指共同体内每一个体的自由，也指共同体内每一群体的自由，更指人类社会中各个国家或者超国家的组织团体的自由。在尼布尔看来，民主是组织和协调群体与群体关系的有效途径。通过民主，共同体内群体与群体之间，人类社会诸共同体之间能达至多样性与统一性并重、自由与秩序共存的和谐局面。

人类社会处于多样性和统一性并存的动态张力之中，这是不争的事实。尼布尔认为，人类社会从最初的统一性走到今天的多样性，是不可阻挡的历史潮流。任何试图重新恢复统一性的行为都不可取，尼布尔喻之为"一个成年人为了逃避成熟的危险而返回儿童时代"，所谓成熟的行为是指"在面对自由的条件下达至集体的和谐"，也就是说，要在统一性中安置多样性。[1] 在尼布尔看来，民主是解决这一问题的必然选择，它既允许多样性表达自身，而又不破坏共同体的统一性和生命力。民主保证了秩序，也就保证了统一性，这种统一性是在充分尊重多样性的前提下，基于多样性的自愿而形成的统一性。在民主之中，统一性包容多样性，多样性促进统一性，两者全面协调，焕发社会中各从属的、民族的、经济的和宗教的群体之生命力，从而提升整个共同体之丰富性与和谐程度。

二 民主的理想与限度

在尼布尔那里，民主的出发点是人的自由，自由表现为旺盛的生命力，同时具备创造性和破坏性，对之要持既不乐观也不悲观的态度。因此，"社会的自由是必要的，这是由人类的生命力没有可

---

[1] Reinhold Niebuhr, *The Children of Light and the Children of Darkness*, pp. 122, 124.

以简单定义的界限这一事实决定的。所以人类社会对人的冲动和野心所施加一定的约束也是必要的，因为人的所有生命力都倾向于挑战任何规定出来的界限"。[1] 民主的落脚点是社会群体，群体也需要通过自由来表现自己的生命力，而这往往体现为实现统一秩序的倾向，同时，个体的自由只有在群体里才能得到发挥和实现，不受限制的个体自由对个体本身和群体都意味着失序。因此就有必要在个体与共同体、自由与秩序之间保持恰当的平衡，确保个体不受共同体的威胁，也确保共同体不受个体的威胁；为维护共同体的最低限度的和谐，必须规定个体不可以跨越的界限，以及为保护最低限度的个体的自由，必须规定共同体不可以跨越的界限。这些界限明显就是平等、自由、安全和秩序等正义原则，它们被统合在尼布尔所构想的民主之中。

尼布尔同时指出："即使是这些被设为界限的道德和社会原则，也必须受到经常的再考验。"[2] 这种再考验的动力源自基督教的先知性批判，批判原则来自基督教爱的理想。这在一方面说明，民主作为一种政治理念，需要在世俗与信仰之间保持紧张关系才能持久，世俗社会为民主提供施展的舞台，而信仰则为民主提供超验价值和批判力量，二者对民主之产生和维持都必不可少；在另一方面说明，再完美的民主制度所能实现的也只是一种相对正义，民主是为不可能解决的问题寻找一个近似的答案的方法。这里的不可能解决的问题，就是指历史中的社会正义。由此可见，尼布尔对民主的限度有着清醒的认识，民主视域下的社会正义就是"设法使各种社会力量处于一种最稳定最均衡的状态之中，通过让所有的人具有同等的发

---

[1] Reinhold Niebuhr, *The Children of Light and the Children of Darkness*, p. 78.
[2] Reinhold Niebuhr, *The Children of Light and the Children of Darkness*, p. 79.

展机会"。①

尼布尔指出,民主以社会正义为目标,实现社会正义可以通过两个步骤或者说两个任务:"第一个任务是减少混乱,创建秩序;第二个任务也是同样重要的,必须在开始就贯彻,它就是阻止带来最初统一性的权力蜕化变质为专制。"② 第一个任务在本书第四章已经做过说明,就是要通过中心组织和力量平衡这两项原则来达到一种初步的和谐秩序,这种初步的和谐秩序也被尼布尔理解为一种统一性。然而这种秩序未必是良好的,因此尼布尔说:"秩序虽然总是先于正义,但是唯有包含了正义的秩序才能实现稳定的和平。不正义的秩序很快就会招致怨恨和背叛,最终导向被废止。"③

本着一种先知性批判的精神,尼布尔并没有就如何通过制定民主的相关程序与规则来实现正义提出直接的操作意见,只是站在批判的立场上对民主应该达到的一些标准做出说明。换言之,尼布尔想表达的是民主应该是什么,不是民主应该怎么做。尼布尔对民主的构想可以结合实现社会正义的两个任务来理解。

第一,民主是人类自由的保障。尼布尔认为,现代民主最大的问题就是只关注了个体的自由以及建立其上的个体的复杂本性、特殊利益,却忽视了群体所具有的这些内容。事实上,不仅个体拥有和需要自由,群体也拥有和需要自由,这是因为群体也由上帝创造,因而具有上帝的形象,是自由精神与有限自然的共同产物,尼布尔说:"个体和群体都需要自由,为的是避免群体的或历史的约束条件抑制人的潜能,使之流产,而这种潜能内在于人的根本性自由之中,既会以集体的方式,也会以个体的方式表现其自身。诚然,个

---

① Reinhold Niebuhr, *An Interpretation of Christian Ethics*, p. 121.
② Reinhold Niebuhr, *The Children of Light and the Children of Darkness*, p. 112.
③ Reinhold Niebuhr, *The Children of Light and the Children of Darkness*, p. 114.

体通常是新的洞见的酝酿者,是新方法的提出者。然而,集体性的势力在社会中发挥着巨大作用,而且往往不是诸个体刻意追求和设计的结果。无论如何,群体与个体一样,都是自由的受益者。"① 在尼布尔看来,任何社会变革和新社会制度的确立从根本上讲是群体自由的直接后果,人类的发展不仅要依靠个体自由的充分发挥,更要仰仗群体自由的充分发挥;只有群体的自由得到发挥,社会才能内在地进行变革、确立新的制度和秩序,个体自由才能有充分发挥的可能和场所,这正是尼布尔所说个体必须在群体内实现自身的原因。

尼布尔据此评价现代民主说:"资产阶级的民主有其合理之处:它对自由的强调包含着合理的因素,因而超越了无节制的个体主义,然而它在颂扬个体价值的同时往往以牺牲共同体的价值为代价。它没有看到,共同体和个体同样都需要自由,而个体对于共同体的需要则超出了资产阶级思想的预期。"② 很明显,尼布尔认为民主保障的是作为"liberty"的自由,这是一种受到限制的自由,它不能超越共同体所能接受的范围,即不能损害共同体成员之间的基本平等和共同体的基本秩序,与之相对的是无限的"freedom","不可能把民主等同于自由(freedom)。一种理想的民主秩序,必定是在自由的制约条件下寻求统一性,在秩序的框架内维护自由"。③

第二,民主是健康良好的秩序的保证。秩序是人类自由充分发展的根本保证。在这个意义上,秩序是正义得到实现的根本保证,人类生存必须依靠秩序,才有可能提升至正义,这表明了尼布尔思想成熟后"更加现实乃至略显保守的倾向"。④ 尼布尔所理解的秩序具有以下两个特点:首先,它不是自然的过程和结果,而是在权力

---

① Reinhold Niebuhr, *The Children of Light and the Children of Darkness*, pp. 4 – 6.
② Reinhold Niebuhr, *The Children of Light and the Children of Darkness*, p. 3.
③ Reinhold Niebuhr, *The Children of Light and the Children of Darkness*, pp. 65 – 68.
④ See Robin W. Lovin, *Reinhold Niebuhr and Christian Realism*, pp. 168 – 169.

中心的组织和安排之下形成的；其次，它是一个健康的、运转良好的秩序，能够保证人类的基本平等和自由的充分发挥。这样，民主和权力中心的张力便显露出来。

尼布尔认为权力中心在一定程度上体现着上帝的神圣意志，因此要对它持有一定的尊重和敬畏。[①] 没有权力中心的管制，各种权力载体必然会处在一个争相表现、相互伤害的状态之中。因此，由权力中心出面进行相应的权力整合和安排是非常有必要的，而且是不可避免的。然而，权力中心的形成意味着权力的集中，这就隐含着权力中心有滥用权力的可能，不义便以潜在的形式存在。因此，让权力中心受到监管，是秩序能够健康维持和发展的关键。在尼布尔看来，民主就恰恰为人们提供了监管和限制权力以及更换权力中心的可能性。[②] 尼布尔在此将民众的这种权力视作改善手段，因此，民主便是实现正义的工具，"是正义，而不仅仅是秩序与和平，成为评判标准，而民主批判成为行使正义的工具"。[③]

第三，民主兼顾个体利益和群体利益。尼布尔认为，现代民主将关注点放在个体利益之上，却很少看到群体的利益诉求，甚至"视而不见"，因此经常出现为了维护个体利益而牺牲了共同体利益的情况。这一缺陷在以往并不是没有人注意到。例如亚当·斯密（Adam Smith）和托马斯·潘恩（Thomas Paine）就分别主张个体利益应当让步给公共利益，公共之善是个体之善的集中。在尼布尔看来，以上观点虚构出一个由个体利益集合而成的公共利益，然后将群体利益等同于这个公共利益，并且幻想由于个体利益与公共利益

[①] Reinhold Niebuhr, "Coercion, Self-Interest and Love", in Kenneth Boulding, *The Organizational Revolution*, Lansing: Quadrangle Books, 1968, p. 242.

[②] Reinhold Niebuhr, "Pacifism and Sanctions", in *Radical Religion*, Vol. 1, 1936, p. 28.

[③] 尼布尔：《人的本性与命运》下卷，第532页。

具有一致性,因此个体利益应该服从公共利益。这种观点没有认识到,群体具有自我意识,它能够拥有和认识自己独有的利益。[1] 实际中的群体利益,都不是个体利益的集合;它具有自己的独特性,它"否认自我利益之外的一切利益",群体利益实际上是与个体利益相对立的,处于既相互依存又相互冲突的"竞争"关系之中。

因此,民主应该兼顾个体利益和群体利益,同等地对待各种利益,既不把个体利益提升为群体利益,也不使群体利益屈从于个体利益,这就需要对自我利益在人类社会中的力量异常清醒,但不为之进行道德的辩护,而是通过引导、调停和控制个体或集体的自我利益,来达到实现共同体利益的目标;这并不是对个体利益的损害,而是在个体利益和群体利益之间进行组织和协调,以尽可能地同时满足两者。

第四,民主是同意和强制的结合。同意和强制是任何民主理论都无法避而不谈的内容。尼布尔说:"一个健康的社会必须努力达到尽可能大的权力平衡。这些权力是由同意与强制结合而成的。"[2] 尼布尔针对社会契约论指出,没有哪一种民主制度能够靠基于自愿的同意来维持,任何民主制度都必须借助强制的力量来维持其存在。在基于同意的民主制度中,强制往往是隐而不显的,只有在危机出现的时候,在个人意愿违背群体政策的时候,社会生活中的强制因素才会出现。[3] 尼布尔相当重视权力中心的强制力量,认为权力中心既有能力也有责任去利用强制来规整社会秩序,因此,尼布尔坚

---

[1] Reinhold Niebuhr, *The Children of Light and the Children of Darkness*, pp. 26–40. See Ronald H. Stone, *Professor Reinhold Niebuhr: A Mentor to the Twentieth Century*, p. 154.

[2] Reinhold Niebuhr, "Coercion, Self-Interest and Love", in Kenneth Boulding, *The Organizational Revolution*, p. 244.

[3] 尼布尔:《道德的人与不道德的社会》,第3页。

定地表示,"无强制,无秩序"。①

由于强制总是由权力中心实施进行的,因此其呈现出两面性:一方面,强制是维持社会秩序平稳和运转的动力,也是社会安全与进一步发展的保证;另一方面,权力中心对权力的运用会导致不义,这种不义很大程度上是以强制的形式出现的,因为它缺乏"同意"这一正义要素。尼布尔主张保证群体成员拥有监督、批评乃至更换权力中心的权力。民主,就是民众具备这种权力的根本保证,如果权力中心侵犯了应该遵循的相对正义的标准,那就必须对之加以抵抗。② 显然,对权力中心保持民主制约体现了权力中心来自被统治者的同意这一民主理念。尼布尔总结说:"它(民主)内在地包含着权力制衡的原则;正义包含着别人对我们的不同意。"③

第五,民主是义务与责任的统一。根据尼布尔的说法,个体和群体之间是一种既依赖又竞争的关系,不过总体来看,个体的自由依赖于群体,群体的自由依赖于整个人类社会,也就是说,较低存在者的自由有赖于较高存在者的保障。那么,保障人类自由、达至正义社会就既要求较高存在者对较低存在者担负责任,还要求较低存在者对较高存在者履行义务。

尼布尔主张,一个民主社会的成员必须具有一些基本的素质,"民主并不是一个仅仅在具有美德的人中间才有效的方法。这是一个阻止自私的人在追求他们的私利中走向危害共同体的方法"。④ 因此,必须依靠权力制衡的机制来对抗非正义因素的破坏,从反面来说,民主机制对破坏的承受能力也是有限和有条件的,"如果组成社会的个人对它的同胞没有责任感的话,这个社会是不可能健康发

---

① Reinhold Niebuhr, *The Children of Light and the Children of Darkness*, pp. 44, 67.
② Reinhold Niebuhr, *Christianity and Power Politics*, p. 15.
③ 尼布尔:《人的本性与命运》下卷,第 523~524 页。
④ Reinhold Niebuhr, *The Self and the Dramas of History*, p. 198.

展的"。① 民主要求社会成员做到对共同体忠诚、对其他成员友爱、对权威服从。这些责任履行的程度越高，这个民主社会就越能够保障内部自由、实现内部正义。

总体来看，尼布尔描述的是一种民主的"理想类型"，他试图把种种社会和政治理论的侧重点都吸纳到民主之中，但从思想根基上看，尼布尔的观点是美国清教传统和自由主义的混合体，例如路德和加尔文对"神之国"和"人之国"的区分以及对政治权威的肯定，自由主义对国家和社会的二元区分以及对自由和同意的强调，等等，这些理论都对他的观点产生了影响。尽管尼布尔也强调群体的自由和利益，但是这种强调始终是在个体本位的视域下发生的，这反映出尼布尔后期思想逐渐转向美国保守主义传统。②

在经历了20世纪上半叶人类社会的沧桑巨变后，尼布尔对民主的限度愈加清醒。尼布尔认为，人类所能达到的最高程度的统一性一般出现在国家层面。在超出国家的国际层面，"却是国际性的混乱，任何国际合作的形式对这种混乱状况的制约，都是微乎其微的"，因此，"如何克服这一混乱状况，把共同体休戚相关的原则推广到整个世界范围内，成为时代所面临的问题中最为紧迫的一个"。③ 虽然尼布尔肯定民主的价值和效果，但他对将民主推向整个人类社会抱谨慎的态度，认为民主的前景并不乐观，其发展道路充满艰难险阻。

尼布尔认为，世界共同体形成的前提是普适性力量的出现。人类历史中出现过两种普适性的力量，一种是普适的道德义务感，另

---

① Reinhold Niebuhr, "A Dark Light on Human Nature", in *Messenger*, Vol. 18, 1948, p. 7.
② 参见理查德·克隆纳《尼布尔思想的历史渊源》，任晓龙译，载许志伟主编《基督教思想评论》第12辑，上海人民出版社，2011，第230~241页；孙仲《尼布尔的现实主义政治理论》，中国社会科学出版社，2011，第85~87页。
③ Reinhold Niebuhr, *The Children of Light and the Children of Darkness*, pp. 153, 154.

一种是基于技术文明的全球性依赖（the global interdependence），它们都有使人类建立超出血缘关系范围的世界共同体的可能。普适的道德义务感只能在国家的层面最大限度地实现统一性，无法在更大范围内实现人对于其他人的责任与义务。技术文明给历史注入了新的、普适性力量。它极大地缩小了世界的时空维度，并导致所有共同体的相互依赖性极大增强。这一新的相互依赖性创造了一个潜在的世界共同体，因为它确立了复杂的相互关系，而要应对、组织这新确立的关系，使之井然有序，必须要有比现存共同体更为广大的共同体。尼布尔指出："道德和技术两股普适性力量的汇合，为世界共同体的建立，产生了推力、奠定了基础，这是历史逻辑的力量。"[1]

新的历史条件使全球化的世界秩序成为社会的热门议题，美国思想界格外关注这个议题，并基本形成两种路向。

一种是以威尔逊（Thomas Woodrow Wilson）总统为代表的国际理想主义。这种观点有强烈的和平主义色彩，相信在经过战火的洗礼之后，各国都将能做到克制私欲、互相尊重，世界将发展成一个由国家组成的有组织的整体，抛下过去狭隘的民族主义引起的战争之苦。尼布尔指出这种思路就是自由主义的"社会契约论"在世界共同体上的应用，他借用保罗的话"我有行善的意愿，却没有行善的能力"来批评国际理想主义，认为它根本没有注意到人类桀骜不驯的意志，没有发现道德的普适力量多么容易被人类的自私自利所利用。[2] 国际理想主义不仅没有看到人类群体所蕴含的骄傲、不可一世，更没有看到人类群体利用道德和技术的普适力量来达到群体私利的可能性。[3]

第二次世界大战后，国际理想主义吸取以往经验，认识到了国家

---

[1] Reinhold Niebuhr, "Plans for World Reorganization", in *Christianity and Crisis*, Vol. 2, 1942, p. 3.
[2] Reinhold Niebuhr, *The Children of Light and the Children of Darkness*, pp. 160–164, 170.
[3] 尼布尔：《道德的人与不道德的社会》，第39、64、71、73页。

第六章 正义论：道德完善的现实途径

主权与世界秩序之间的张力，主张创造一种国际权威，建立与之相呼应的国际法庭，并建立一支国际警察队伍，以便实施其决议，这显然是从战后到当今世界秩序的主要维持方式。尼布尔认为这种想法虽较以前更为切实，但仍然有其空想成分。围绕一个核心来达到秩序是正确的，但是反过来希望通过这个核心凭空打造出一个整体是错误的；任何核心都是经过历史的发展，通过共同的传统和经验，由各种权力凝聚成的；国际理想主义所设想的权力核心并不具备这些条件，没有整合势力、构建秩序的能力。尼布尔指出，由于不存在超越国家的权威，国家之间实际上处于彼此竞争的状态之中，如果无法达成共识和谅解，就很容易出现进一步的冲突，冲突本身也会更尖锐。总之，国际理想主义因为对人性的态度倾向乐观，主张通过协商和教化来达到世界共同体，被尼布尔认为"陷入了多愁善感的迷雾"。[①]

另一种是以摩根索为代表的国际现实主义。国际现实主义主张以权力为视角分析世界格局，认为人类社会不可能达到某种统一性，因此转而寻求构建尽可能好的机制，以期在世界范围内实现"均势"（equipoise），即将世界格局中所有组成元素放置在一种尽可能最为完美的均衡状态之中，以此来减弱人类社会的无政府状态。尼布尔认为这种观点自身带有一种错觉，这种所谓的均势是一种刻意经营（managed）出来的无政府状态。[②] 由于这种无政府状态实际上是由各个国家共同营造和维系的，并不存在对它施行管制的更高权威，因此，这种不以中心组织和权力平衡为原则的均势"作为潜在的无政府状态，长远地看，必将转化为现实的无政府状态"，国际现实主义的逻辑如果走到极端，就很容易形成纯粹的权力政治，将

[①] Reinhold Niebuhr, *The Children of Light and the Children of Darkness*, pp. 171–174.

[②] See Paul Ramsey, *Speak up for Just War or Pacifism*, pp. 194, 206.

政治变成抛弃伦理的利益博弈。[1]

结合对国际理想主义和国际现实主义的批判，尼布尔对世界共同体提出了自己的观点。尼布尔说："全球性的统一性，且不论它是什么样的统一性，其途径都是权力的合并和在大国之间培育并建立一个国际共同体的核心。"[2] 尼布尔主张将中心组织原则和权力平衡原则运用于世界共同体的构建。世界共同体必须建立在权力制衡的基础上，主权国家、国际机构、社会组织等内部成员必须形成均势，以避免关系恶化与冲突，远离国际社会的无政府状态。这种均势不是自然斗争的结果，而是以某个权威性的大国为中心，由它来出面组织和协调，通过一系列国际共同认可的原则来实现国际社会的正义与和谐，向全球性的世界共同体进发。[3]

尼布尔强调，国际共同认可的原则不是绝对的，它具有空间的普遍性，不具有时间的普遍性。这是尼布尔与那些讲"事实就是规范、强权就是真理"的国际现实主义者最大的区别，他不承认规范来自事实。[4] 尼布尔说："现实主义者懂得固定不变的具体规范无补于事，但是他们不理解必须用爱来替代这些不完善的规范作为终极性的规范。"[5] 规范的依据必须是信仰，"在正义和不正义之间保持中立不符合我们的福音"。[6] 所以，在世界共同体中，均势是正义指导下的均势，正义是均势支持下的正义；正义必须出自爱的规范，接受爱的调节和修正。均势不会自动出现，它需要对权力制衡的内

---

[1] Reinhold Niebuhr, *The Children of Light and the Children of Darkness*, pp. 173, 175.

[2] Reinhold Niebuhr, *The Children of Light and the Children of Darkness*, p. 171.

[3] 参见奥特弗利德·赫费《全球化时代的民主》，庞学铨、李张林、高靖生译，上海译文出版社，2007，第240~241页。

[4] *Reinhold Niebuhr: His Religious, Social and Political Thought*, p. 169.

[5] 尼布尔：《奥古斯丁的政治现实主义》，载尼布尔《光明之子与黑暗之子》，第184页。

[6] Reinhold Niebuhr, "Utilitarian Christianity and the World Crisis", in *Christianity and Crisis*, Vol. 10, 1950, p. 68.

在价值具有深刻共识。构建均势的原动力深嵌于道德框架之中,有这个框架的制约,均势才能作为基于谅解和尊重的统一来发挥长期作用。

不难看出,尼布尔想在国际理想主义和国际现实主义之间寻求一条"中道",他试图为国际理想主义引入中心组织的原则,为国际现实主义引入权力平衡的原则,然后为两者引入道德规范作为通行原则,在此基础上形成自己对世界共同体的构想。然而,他对权力的理解没有超出国际现实主义对权力的理解,国际社会的权力载体主要是国家,他对道德的理解也没有超出国际理想主义的理解,道德以基督教为底色,而且正如他自己说的,道德和权力之间存在难以克服的巨大张力。因此,倒不如说他的构想从国际理想主义那里吸取了道德的要素,从国际现实主义那里吸取了现实的要素,可想而知,他的构想包含着这两种路向的缺陷,这两条路向所面临的问题在他的构想中不仅仍然存在,而且会以更大的张力表现出来,在多元化的历史条件下,他的构想显然更具空想色彩。可以这么说,就世界共同体这个议题而言,尼布尔可能是一个合格的批判者,但他不善于构建。

尼布尔对之报以乐观态度的"民主",实际上是一个理念,一旦它进入历史,便被填充入不同的价值观念,再化为具体的民主制度时,无法避免种种问题。尼布尔虽然赞同民主并为民主辩护,但他反对长期以来盛行于美国社会的将民主宗教化的观点和做法,他说:"民主只是为不可解决的问题(即在历史中实现正义)寻找一个近似的答案的方法。"[①] 民主只是一种达到相对正义的手段,本身并不具有绝对价值,民主无法达到基督教所宣称的友爱(brotherhood),

---

① Reinhold Niebuhr, *The Children of Light and the Children of Darkness*, p. 118. See Reinhold Niebuhr, "Democracy as a Religion", in *Christian and Crisis*, Vol. 7, 1947, pp. 1 – 2.

也不能解决诸多棘手的社会和人性中的罪恶问题。同时,民主与人性的基本特点相吻合,民主即使难以达到完全的正义和保障人与人之间纯粹爱的理想,但民主在人是罪人的处境中,促使了人性正视其罪恶,努力达到相对的善。①

尼布尔承认民主的终极目标是世界共同体,但否认民主在任何历史阶段达到了这一目标,由于无论个体或群体抑或整个人类社会都处于一种本质的"罪性结构"之中,任何期望在世界上和历史中建立一种完全脱离罪性的民主的理想都是徒劳的,都是乌托邦的空想。"民主只是在人类罪性条件下,对于爱的共同体的一个接近的体现。"②将世界共同体设定为民主的终极目标,有助于人类形成谦卑、宽容的精神,能够防止和治疗世俗文化带来的社会弊端。如果贸然将民主等同于世界共同体,则是对民主的败坏。③ 在尼布尔那里,世界共同体是"人类的终极的需要,也是人类的终极的可能的选择",但它也是人类永远也无法实现和达到的目标,因为人永远都是悖谬的辩证统一体,"尽管享有越来越大的自由,却又是一个有限的造物,受制于时间和空间,人的任何文化或文明建构,其基础都只能放在一个具体的、时间特定的处所之上"。这就是说,世界共同体亦是一种"不可能的可能性";它"巍峨地矗立着,见证着人类终极的可能的与不可能的选择,在现实上成为一个永恒的问题,也将成为人类希望之无尽的满足"。④

---

① Reinhold Niebuhr, "What is at Stake?", in *Christianity and Crisis*, Vol. 1, 1941, p. 1.
② Reinhold Niebuhr, "Democracy as a Religion", in *Christian and Crisis*, Vol. 7, 1947, pp. 1 – 2.
③ Reinhold Niebuhr, "Protestants, Catholics and Secularists", in *Christianity and Crisis*, Vol. 13, 1948, p. 5.
④ Reinhold Niebuhr, *The Children of Light and the Children of Darkness*, pp. 187 – 188.

结语　尼布尔的社会伦理思想简评

尼布尔对社会伦理的思考散见于其著作之中，本书通过对这些内容的发掘、梳理和构建，使作为整体的尼布尔社会伦理思想呈现出来。尼布尔的社会伦理思想体系以神学为理论根据、以神学人类学的分析为方法；设人性论为理论出发点，以群体和权力为理论主干；规定爱为整个体系的统摄原则，爱通过平等的原则过渡到作为最高历史伦理规范的正义，正义的实现落实在民主上——从而构成一个完整的理论体系。

正如尼布尔所言，构建逻辑严密的理论体系既非其所长亦非其所好，而且尼布尔的思想历程漫长而复杂，行文艰涩且不乏矛盾之处，因此，对他的社会伦理思想一直不乏质疑和批评的声音，例如神学人类学作为方法论的有效性问题，群体的道德意识和道德能力问题，个体伦理与群体伦理的张力问题，等等。学界对这些问题的评论有助于推进和深化对于尼布尔的相关研究,对本书的研究大有裨益,本书对这些问题都有所涉及,也做了评述,但由于学力所限,不免有片面和不足之处,有待方家指教。

相比于上述学理问题,我们更应当对尼布尔思想的历史局限性有清醒的认识。

第一,尼布尔的社会伦理思想以基督教为基调和底色,他的表述借助了大量的神学语言,与此同时,尼布尔思想的形成和发展根植于他对西方社会现实的观察,因此,二者结合后所形成的特殊语境既使尼布尔的社会伦理思想具有鲜明的特色,又使尼布尔的社会伦理思想被限制在特定的时空范围之内。尼布尔一方面主张正本清源,试图恢复真正的基督教精神,另一方面主张调和宗教伦理和世俗伦理之间的张力,试图论证宗教伦理为世俗伦理的规范基础并以此指导现实生活,虽然他表现出对多元文化和多元价值的认可,但他的理论从思想发端、概念术语、逻辑结构以及思维方式等方面体现出明显的基督教中心主义色彩。同时,尼布尔预见到全球化是未来的时代特征,他的社会伦理思想着眼于世界,因此,他强调基督教伦理对国际秩序的引领和批判作用,主张一种以道德和权力、忠诚和责任、正义和秩序为核心内容的国际政治伦理,为西方世界对国际秩序的主导地位进行了伦理辩护,这充分反映出尼布尔思想的保守性质和对西方价值体系的维护,从而体现出明显的西方中心主义色彩。

第二,尼布尔固然被认为是社会和时代的先知,但他的背景、经历和视角决定了他的生活圈子以及他的读者群体主要是美国和西欧(主要是英国),也就是白人清教徒中的精英阶层,他的理论更像是在为这些人指点迷津,并因此体现出一定的精英主义色彩。[1]

---

[1] *Reinhold Niebuhr: Theologian of Public Life*, pp. 33, 40; Roger Shinn, *The New Humanism*, Philadelphia: The Westminster Press, 1968, p. 165.

尼布尔对这些人，以及他们所持有的基于权力的意识形态进行了尖锐的批判，然而对被这个圈子所边缘化了的世界，包括妇女、少数族裔、劳工、中下层白人乃至西方之外的国家，至少尼布尔的理论没有体现出很深刻的理解。[1] 客观地说，尼布尔的理论固然植根于生活世界，但他过于关注在制度规范层面向那些社会精英提出解决方案，与此同时却将他的方案能否在生活世界里落地生根的问题遗忘了。归根结底，虽然尼布尔对贫富差距、道德沦丧、族群对立等社会问题有切身体会，但他把这些社会问题归为人们将基督教排除出公共生活的结果，未能触及这些社会问题产生的根本原因在于资本主义的基本矛盾，因而无法道出人类社会痛苦的真正根源，无法指明压迫和奴役的真正缘由，也就无法提出切实有效的解决方案。如果不能彻底改变资本主义的所有制结构并调整其内部生产关系，那么这些社会问题就只会被掩盖或者缓和，得不到真正的解决。因此，尼布尔试图通过重振宗教信仰为被经济理性和权力欲望支配的社会注入道德力量，这种方案是对自由主义伦理范式的内部推进，但在根本上依然受制于自由主义的基本思路，只是这种方案比尼布尔所一贯批判的温情脉脉的道德理想主义更加坚韧。

第三，尼布尔的社会伦理思想迎合了美国在社会转型时期对新思想的诉求，它以冷静的心态分析现实社会中哪些是需要改变的东西，哪些是应该坚持的东西，哪些是有待观察的东西，从而接受不变者，改变应变者，审视不定者，力求保持动态的平衡。因此，如果说有的思想家是大全式的，比如奥古斯丁、托马斯、马丁·路德等人，那么尼布尔则是因为在特定时期对特定领域产生了深远影响才显

---

[1] See G. M. Marsden, *Reforming Fundamentalism*, Grand Rapids: William B. Eerdmans Publishing Company, 1988, p. 186; Judith Vaughn, *Sociality, Ethics, and Social Change*, p. 54.

得重要。同时，我们不应该视尼布尔的首要身份为神学家，而应该视其为像汤因比、阿诺德（Matthew Arnold）和艾略特（T. S. Eliot）等那样的思想家，因为尼布尔和他们一样都在思考基督教与西方文明的关系，只不过尼布尔是从社会伦理的角度看待这个问题的，即在公共生活长期呈现世俗化和实用主义倾向的环境下，如何理解基督教对社会的伦理失范和秩序重构的作用。[1] 然而客观地说，尼布尔并不是一个建设性或者实践性意见的提供者，而是扮演着批判者的角色，对他的实际定位应该是西方主流思想的批判者，是一种先知式的"反讽的声音"。[2] 当尼布尔的理论变为思想主流时，反而容易丧失其批判性，成为完全意义上的实用主义，使尼布尔自身成为一种反讽的对象，这一点已经在新保守主义对尼布尔思想的误读上体现了出来。[3] 因此，对尼布尔的思想也必须批判地看待，这完全符合尼布尔本人的意愿——"对于任何有关正义的体系和方案都有一种态度，一方面对它们持批判的态度，怀疑它们能否促进具体情境中的正义；另一方面又持一种负责的态度，不因它们伴有道德模糊性而选择放弃"。[4]

总体而言，尼布尔在思想史上留下了浓墨重彩的一笔，他的社会伦理思想的理论价值体现在以下几个方面。

第一，尼布尔将基督教思想与西方现代社会所面临的各种现实问题紧密结合起来，发展出以社会伦理学为核心的基督教现实主义。

---

[1] See Mark Douglas, "Reinhold Niebuhr's Two Pragmatisms", in *American Journal of Theology & Philosophy*, Sep. 2001, pp. 222 – 240.

[2] See Martin Marty, "Reinhold Niebuhr and the Irony of American History: A Retrospective", in *The History Teacher*, 1993, 26(2), pp. 161 – 174.

[3] See Ruth L. Smith, "Morals and Their Ironies", in *The Journal of Religious Ethics*, 1998, 26 (2), pp. 37 – 38.

[4] Reinhold Niebuhr, "Theology and Political Thought in the Western World", in *Faith and Politics*, p. 56.

这一学说继承了美国社会福音运动,并将其发展到一个新的高度;它主张以社会评判为神学思想的基本关怀,是神学基本理论(系统神学或基本神学)的一次重要转向。这在一定程度上扭转了当时基督教强烈的私人化倾向,因为这种倾向的实质是冷漠和麻木不仁。① 由此,尼布尔将基督教信仰重新引入公共领域之中。他觉察到政治领域的独立性,也意识到政治生活所具有的道德两难处境,所以没有将道德标准完全加于政治领域之上,而是提倡以责任伦理和信念伦理的结合来面对政治生活,从而在政治领域和信仰伦理之间建立了一种内在的紧张关系,避免了以神学救赎抹杀政治领域的独立性,又避免了以政治的算计吞噬神学理论的思考,使20世纪美国社会伦理思想有了新的发展。

第二,尼布尔对当代人类学做出了重要贡献。尼布尔主张兼顾理性与非理性,用辩证的神话—象征方式来理解《圣经》。这是一种新的神学方法论。这种方法是在保留基督教传统教义的基础上所进行的一番非神学的重新诠释。尼布尔融会了存在主义、生命哲学与基督教传统,既保存了基督教对福音的强调,又回应了世俗生活对责任的强调。尼布尔在"普遍怀疑和虚无主义"的时代背景下,从分析人之本性出发,揭示了人类本质的生存境遇,寻找到一条既与基督教信仰相一致,又符合现代人思想观念的伦理道路。神学人类学用非信仰的语言表达了信仰的观点,使得尼布尔的思想能够与不同背景的人进行对话,在一定程度上促进了文明的交流和互鉴。

第三,通过对人之本性的神学人类学分析,尼布尔重新树立了基督教"人本罪人"的观念,由此确立了其社会伦理思想的出发点,从而矫正了现代道德主义和自由派神学的盲目乐观风气,开了

---

① J. B. 默茨:《历史与社会中的信仰》,朱雁冰译,生活·读书·新知三联书店,1996,第84页。

美国现实主义相关思想的先河。尼布尔对"罪"的探讨是他最具创新色彩的部分,对原罪的重新解释是他对基督教伦理思想的最大贡献。尼布尔对罪的不可避免性的论述深入、透彻地揭示了人性中顽固的罪性,从而对现实中潜藏的危机具有敏锐的洞察力。尼布尔的罪论采纳了某些使之更加适应当代人类生存的特征,他对基督教人性论传统中被几乎完全遗忘和忽略的因素的重新发现给现代人以深刻的印象,表明了基督教传统教义与人类的现代困境的相关性。[①]尼布尔思想的一个特征是时时处处都有"悖谬",当我们看到尼布尔谴责人类的罪的时候,也不能忘记他对人类在焦虑和诱惑的作用下所产生的创造性,正是这种自由的创造性,才使得人类能从自身的累累罪行中存活下来,维持生命,发展文明。

第四,尼布尔对个体道德与群体道德的相关论述对正确认识共同体的行动具有指导意义。尼布尔已经认识到,时代的问题更多的是社会罪恶的问题,它远比个体的道德问题复杂;个体的道德问题与群体的道德问题实际上彼此混杂,因此无论是个体的道德问题还是群体的道德问题都不能通过简单地提升个体的道德水平的方法来解决,而必须通过适宜的社会制度的建设来更可靠、更有效地加以解决。尼布尔实际上已经提出了社群主义的基本构想:任何个体都不是孤立的个体,他总是生活在特定的共同体内,他的意识和行动受到共同体的影响。"人要在怎样的社会结构中才得以成为合宜的人"成为伦理学的重要论题。这样,共同体在道德生活中的地位便凸显了出来,伦理的问题因此由个体伦理转向群体伦理,群体的道德问题因此成为社会伦理的首要问题而得到更多的关注。这种对群体的重视和强调,为现代思想文化传统中的个体主义与虚无主义倾

[①] Emil Brunner, "Some Remarks on Reinhold Niebuhr's Work as a Christian Thinker", in *Reinhold Niebuhr: His Religious, Social and Political Thought*, p. 28.

向提供了理论参照。

  当今时代面临错综复杂的局势，很多国家不同程度地面对诸如社会阶层的固化、族群的对立和矛盾、个体主义和虚无主义的盛行、贫富差距的极化、道德滑坡乃至沦丧等问题。尼布尔对人性的深刻洞见，对人类道德状况的清醒认识，对个体与共同体关系的准确把握，对文明和历史发展的独到见解，对权力和利益的务实态度以及对责任与正义的坚守等，相信这些思想资源对认识现代化进程中和社会转型时的伦理失范和伦理重构，对建立一个人与人、人与自然和谐相处的社会，以及对理解错综复杂的国际形势会有与众不同的启发。

参考文献

一 尼布尔著作

（一）英文原著

1. Niebuhr, Reinhold, *Does Civilization Need Religion*, New York: The MacMillan Company, 1928.

2. Niebuhr, Reinhold, *Leaves from the Notebook of a Tamed Cynic*, Louisville: Westminster/John Knox Press, 1980.

3. Niebuhr, Reinhold, *Moral Man and Immoral Society*, New York: Charles Scribner's Sons, 1934.

4. Niebuhr, Reinhold, *Reflections on the End of an Era*, New York: Charles Scribner's Sons, 1936.

5. Niebuhr, Reinhold, *An Interpretation of Christian Ethics*, San Francisco: Harper & Row, 1963.

6. Niebuhr, Reinhold, *Beyond Tragedy: Essays on the Christian Interpretation of History*, New York: Charles Scribner's Sons, 1965.

7. Niebuhr, Reinhold, *The Nature and Destiny of Man*, 2 Volumes in 1, Beijing: China Social Sciences Publishing House, 1999.

8. Niebuhr, Reinhold, *Christianity and Power Politics*, New York: Charles Scribner's Sons, 1940.

9. Niebuhr, Reinhold, *The Children of Light and the Children of Darkness*, New York: Charles Scribner's Sons, 1972.

10. Niebuhr, Reinhold, *Discerning the Sighs of the Times*, New York: Charles Scribner's Sons, 1946.

11. Niebuhr, Reinhold, *Faith and History*, New York: Macmillan Publishing Company, 1987.

12. Niebuhr, Reinhold, *The Irony of American History*, New York: Charles Scribner's Sons, 1952.

13. Niebuhr, Reinhold, *Christian Realism and Political Problems*, New York: Charles Scribner's Sons, 1953.

14. Niebuhr, Reinhold, *Pious and Secular America*, New York: Charles Scribner's Sons, 1957.

15. Niebuhr, Reinhold, *World Crisis and American Responsibility*, Westport: Greenwood Press, 1974.

16. Niebuhr, Reinhold, *The Structure of Nations and Empires*, New York: Charles Scribner's Sons, 1959.

17. Niebuhr, Reinhold, *A Nation so Conceived*, London: Faber and Faber, 1963.

18. Niebuhr, Reinhold, *Man's Nature and His Community*, Lanham: University Press of America, 1988.

(二) 英文文集

1. Brown, R. M. (ed.), *The Essential Reinhold Niebuhr*, New Haven: Yale University Press, 1986.

2. Niebuhr, Ursula. (ed.), *Justice and Mercy*, New York: Harper & Row, 1974.

3. Niebuhr, Ursula. (ed.), *Remembering Reinhold Niebuhr: Letters of Reinhold and Ursula M. Niebuhr*, San Francisco: Harper & Row, 1991.

4. Rasmussen, Larry. (ed.), *Reinhold Niebuhr: Theologian of Public Life*, Minneapolis: Fortress Press, 1991.

5. Roberson, D. B. (ed.), *Essays in Applied Christianity*, New York: Meridian Books, 1959.

6. Roberson, D. B. (ed.), *Love and Justice*, Louisville: Westminster John Knox Press, 1992.

7. Stone, R. (ed.), *Faith and Politics*, New York: George Braziller, 1968.

（三）中译本

1. 尼布尔：《人的本性与命运》，谢秉德译，基督教文艺出版社，1989。

2. 尼布尔：《基督教伦理学诠释》，关胜渝、徐文博译，桂冠图书，1992。

3. 尼布尔：《人的本性与命运》，成穷、王作虹译，贵州人民出版社，2006。

4. 尼布尔：《光明之子与黑暗之子》，孙仲译，道风书社，2007。

5. 尼布尔：《道德的人与不道德的社会》，蒋庆等译，贵州人民出版社，2009。

6. 尼布尔：《光明之子与黑暗之子》，赵秀福译，北京大学出版社，2011。

二 研究著作

（一）英文著作

1. Beckley, Harlan, *Passion for Justice: Retrieving the Legacies of Walter*

Rauschenbusch, John A. Ryan, and Reinhold Niebuhr, Louisville: Westminster John Knox Press, 1992.

2. Bingham, June, *Courage to Change*, New York: Charles Scribner's Sons, 1961.

3. Brown, Charles C. , *Niebuhr and His Age: Reinhold Niebuhr's Prophetic Role for Today*, Philadelphia: Trinity Press International, 2002.

4. Dibble, Ernest F. , *Young Prophet Niebuhr: Reinhold Niebuhr's Early Search for Social Justice,* Washington: University Press of America, 1983.

5. Diggins, John P. , *Why Niebuhr Now*, Chicago: University of Chicago Press, 2011.

6. Fackre, Habriel J. , *The Promise of Reinhold Niebuhr*, Lanham: University Press of America, 1994.

7. Fox, Richard Wightman, *Reinhold Niebuhr: A Biography*, San Francisco: Harper & Row, 1987.

8. Gilkey, Langdon, *On Niebuhr: A Theological Study*, Chicago: University of Chicago Press, 2002.

9. Harland, Gordon, *The Thought of Reinhold Niebuhr*, New York: Oxford University Press, 1966.

10. Harries, Richard, *Reinhold Niebuhr and Contemporary Politics: God and Power*, Oxford: Oxford Press, 2010.

11. Harries, Richard (ed.) , *Reinhold Niebuhr and the Issues of Our Time*, Grand Rapids: William B. Eerdmans, 1986.

12. Hofmann, Hans, *The Theology of Reinhold Niebuhr*, New York: Charles Scribner's Sons, 1955.

13. Kegley, Charles W. (ed.) , *Politics, Religion, and Modern Man; Essays on Reinhold Niebuhr, Paul Tillich, and Rudolf Bultmann*, Quezon City: University of the Philippines Press, 1969.

14. Kegley, Charles W. (ed.), *Reinhold Niebuhr: His Religious, Social, and Political Thought*, New York: Pilgrim Press, 1984.

15. Landon, H. R. (ed.), *Reinhold Niebuhr: A Prophetic Voice in Our Time*, Greenwich: The Seabury Press, 1962.

16. Lemert, Charles, *Why Niebuhr Matters*, New Haven: Yale University Press, 2011.

17. Link, Michael, *Social Philosophy of Reinhold Niebuhr: An Historical Introduction*, Chicago: Adams Press, 1975.

18. Lovin, Robin W., *Reinhold Niebuhr and Christian Realism*, Cambridge: Cambridge University Press, 1995.

19. Mckcogh, Cohn, *The Political Realism of Reinhold Niebuhr*, London: MacMillan Press Ltd., 1997.

20. Merkley, Paul, *Reinhold Niebuhr: A Political Account*, Montreal: McGill Queens University Press, 1975.

21. Minnema, Theodore, *The Social Ethics of Reinhold Niebuhr*, New York: William B. Eerdmans, 1954.

22. Naveh, Eyal, *Reinhold Niebuhr and Non - Utopian Liberalism, Beyond Illusion and Despair*, Brighton, Portland: Sussex Academic Press, 2002.

23. Patterson, Bob, *Reinhold Niebuhr*, Peabody: Hendrickson Publishers, 1977.

24. Reinitz, Richard, *Irony and Consciousness: American Historiography and Reinhold Niebuhr's Vision*, Lewisburg: Bucknell University Press, 1980.

25. Rice, Daniel F., *Reinhold Niebuhr and John Dewey: An American Odyssey*, Albany: State University of New York Press, 1993.

26. Scott, Nathan, (ed.), *The Legacy of Reinhold Niebuhr*, Chicago: University of Chicago Press, 1975.

27. Scott, Nathan, *Reinhold Niebuhr*, Minneapolis: University of

Minnesota Press, 1963.

28. Stone, Ronald H. , *Professor Reinhold Niebuhr: A Mentor to the Twentieth Century*, Louisville: Westminster / John Knox Press, 1992.

29. Stone, Ronald H. , *Reinhold Niebuhr: Prophet to Politicians*, Washington: University Press of America, Inc. , 1981.

（二）中文著作

1. 黄昭弘:《尼布尔的政治思想——论基督教伦理与政治》,使者出版社,1988。

2. 刘时工:《爱与正义:尼布尔基督教伦理思想研究》,中国社会科学出版社,2004。

3. 孙仲:《尼布尔的现实主义政治理论》,中国社会科学出版社,2011。

4. 王崇尧:《雷茵霍·尼布尔》,永望文化事业有限公司,1993。

5. 卓新平:《尼布尔》,(台北)东大图书股份有限公司,1992。

三 其他相关著作

（一）英文著作

1. Boulding, Kenneth, *The Organizational Revolution*, Lansing: Quadrangle Books, 1968.

2. Bradstock, Andrew & Rowland, Christopher (eds. ,) , *Radical Christian Writings*, Malden: Blackwell, 2002.

3. Cathey, Robert Andrew, *God in Post Liberal Perspective: Between Realism and Non-realism*, Farnham: Ashgate, 2009.

4. Charles, J. Daryl, *Between Pacifism and Jihad: Just War and Christian Tradition*, Downers Grove: Inter Varsity Press, 2005.

5. Clinton, W. David, *The Realist Tradition and Contemporary International Relations*, Louisiana: Louisiana State University Press, 2007.

6. Dorien, Gary, *The Making of American Liberal Theology: Idealism, Realism and Modernity*, Lousiville: Westminister/John Knox Press, 2003.

7. Halliwell, Martin, *American Thought and Culture in the 21st Century*, Edinburgh: Edinburgh University Press, 2008.

8. Hauerwas, Stanley, *The Peaceable Kingdom*, University of Notre Dame Press, 1983.

9. Hauerwas, Stanley, *Wilderness Wanderings*, Boulder: Westview, 1997.

10. Hauerwas, Stanley, *With the Grain of the Universe: The Church's Witness and Natural Theology*, Ada: Brazos Press, 2001.

11. Hauerwas, Stanley, *Christians among the Virtues—theological Conversations with Ancient and Modern Ethics*, Fremantle: University of Notre Dame Press, 1997.

12. Hughes, P. E. (ed.), *Creative Minds in Contemporary Theology*, Michigan: Grand Rapids, 1966.

13. Krayanak, R. P., *Christian Faith and Modern Democracy*, Fremantle: University of Notre Dame Press, 2001.

14. Lebacqz, Karen, *Six Theories of Justice*, Minneapolis: Augsburg Publishing House, 1986.

15. Ledewitz, Bruce, *American Religious Democracy*, New York: Greenwood, 2007.

16. Livingston, James, *The Modern Christian Thought*, New York: Macmillan, 1971.

17. Lotz, Davis W., *Altered Landscape — Christianity in America, 1935 – 1985*, Grand Rapids: William B. Eerdmans Publishing Company, 1989.

18. Lovin, Robin, *Christian Realism and the New Realities*, Cambridge: Cambridge University Press, 2008.

19. Markham, Ian S. (ed.), *The Blackwell Companion to the Theologians*,

West Sussex: Wiley – Blackwell, 2009.

20. Marsden, G. M., *Reforming Fundamentalism*, Grand Rapids: William B. Eerdmans Publishing Company, 1988.

21. McCann, Dennis, *Christian Realism and Liberation Theology*, New York: Orbis Books, 1981.

22. McDaniel, Charles, *God & Money: The Moral Challenge of Capitalism*, Lanham: Rowman & Littlefield Publishers, 2007.

23. Moulakis, Athanasios (ed.), *The Promise of History: Essays in Political Philosophy*, Berlin: Walter de Gruyter, 1986.

24. O' Keefe, Mark, *What Are They Saying about Social Sin*, New York: Paulist Press, 1990.

25. Patterson, Eric, *Christianity and Power Politics Today: Christian Realism and Contemporary Political Dilemmas*, New York: Palgrave Macmillan, 2008.

26. Porterfield, Amanda, *Religion in American History*, New York: Wiley – Blackwell, 2009.

27. Pinckaers, Servais, *The Source of Christian Ethics*, Washington: The Catholic University of America Press, 1985.

28. Prothero, Stephen, *American Jesus: How the Son of God Became a National Icon*, New York: Farrar, Straus, and Giroux, 2003.

29. Ramm, Bernard, *Offense to Reason*, San Francisco: Harper & Row, 1985.

30. Ramsey, Paul, *Speak up for Just War or Pacifism*, State College: The Pennsylvania State University Press, 1988.

31. Rauschenbusch, Walter, *Christianity and the Social Gospel*, New York: Macmillan, 1969.

32. Rauschenbusch, Walter, *The Theology for the Social Gospel*, Nash-

ville: Abington, 1945.

33. Ross, Ralph Gilbert, *Makers of American Thought: An Introduction to Seven American Writers*, Minneapolis: University of Minnesota Press, 1974.

34. Rudman, Stanley, *Concepts of Person and Christian Ethics*, Cambridge: Cambridge University Press, 1997.

35. Smith, David, *With Willful Intent: A Theology of Sin*, Eugene: Wipf & Stock Pub, 2003.

36. Smith, M. J. , *Realist Thought from Weber to Kissinger*, New Orleans: Louisiana State University Press, 1986.

37. Stevens, Jason W. , *God-Fearing and Free*, Cambridge: Harvard University Press, 2010.

38. Stevenson, William R. , *Christian Love and Just War: Moral Paradox and Political Life in St. Augustine and His Modern Interpreters*, Atlanta: Mercer University Press, 1987.

39. Stone, Jon R. , *On the Boundaries of American Evangelism*, Bloomberg: Haddon Craftsman, 2009.

40. Wainwright, William J. , *Religion and Morality,* Aldershot: Ashgate, 2007.

41. Wolterstoff, Nicholas, *Justice in Love*, Grand Rapids: William B. Eerdmans, 2011.

（二）中文著作

1. 奥特弗利德·赫费：《全球化时代的民主》，庞学铨、李张林、高靖生译，上海译文出版社，2007。

2. 巴特：《教会教义学精选》，何亚将、朱雁冰译，生活·读书·新知三联书店，1998。

3. 白舍客：《基督宗教伦理学》，静也、常宏等译，华东师范大学出版社，2010。

4. 布莱恩·巴利:《社会正义论》,曹海军译,江苏人民出版社,2007。

5. 柏格森:《道德与宗教的两个来源》,王作虹、成穷译,贵州人民出版社,2000。

6. 蒂利希:《基督教思想史——从其犹太和希腊发端到存在主义》,尹大贻译,东方出版社,2008。

7. 董小川:《20世纪美国宗教与政治》,人民出版社,2002。

8. 坎默:《基督教伦理学》,王苏平译,中国社会科学出版社,1993。

9. 克尔凯郭尔:《恐惧与颤栗》,一谌等译,华夏出版社,1999。

10. 克莱·G. 瑞恩:《道德自负的美国:民主的危机与霸权的图谋》,程农译,上海人民出版社,2008。

11. 肯尼思·W. 汤普森:《国际思想大师》,耿协峰译,北京大学出版社,2003。

12. 刘小枫编《当代政治神学文选》,蒋庆等译,吉林人民出版社,2011。

13. 刘小枫编《20世纪西方宗教哲学文选》,上海三联书店,1991。

14. 刘宗坤:《原罪与正义》,华东师范大学出版社,2006。

15. 罗伯特·威斯布鲁克:《杜威与美国民主》,王红欣译,北京大学出版社,2010。

16. 马斯登:《认识美国基要派与福音派》,宋继杰译,中央编译出版社,2004。

17. 默茨:《历史与社会中的信仰》,朱雁冰译,生活·读书·新知三联书店,1996。

18. 托克维尔:《论美国的民主》,董果良译,商务印书馆,1997。

19. 王辑思等编《冷战后的美国外交》,时事出版社,2008。

20. 王晓朝、杨熙楠主编《信仰与社会》,广西师范大学出版社,2006。

21. 汪建达:《在叙事中成就德性:哈弗罗斯思想导论》,宗教文化出版社,2006。

22. 威廉·曼彻斯特:《光荣与梦想:1932~1972年美国社会实录》,朱协译,海南出版社,2004。

23. 沃伦·科恩:《剑桥美国对外关系史》,王琛译,新华出版社,2004。

24. 谢志斌:《公共神学与全球化:斯塔克豪思的基督教伦理研究》,宗教文化出版社,2008。

25. 许纪霖主编《世俗时代与超越精神》,江苏人民出版社,2008。

26. 许志伟主编《基督教思想评论》,第1、7、8、10、11、12、13、14辑,上海人民出版社,2004,2007,2008,2008,2009,2010,2011,2012。

27. 许志伟:《基督教神学思想导论》,中国社会科学出版社,2001。

28. 杨明:《宗教与伦理》,译林出版社,2010。

29. 约翰·麦奎利:《二十世纪宗教思潮》,何菠莎译,基督教文艺出版社,1997。

30. 约翰·邓恩:《民主的历程》,林猛等译,吉林人民出版社,2011。

31. 詹姆斯·C.利文斯顿:《现代基督教思想》,何光沪译,四川人民出版社,1999。

32. 张志刚:《宗教哲学研究》,中国人民大学出版社,2009。

33. 赵敦华:《基督教哲学1500年》,人民出版社,2007。

34. 赵林、杨熙楠主编《历史的启示与转向》,广西师范大学出版社,2008。

35. 卓新平:《当代西方新教神学》,上海三联书店,1998。

36. 卓新平:《基督宗教论》,社会科学文献出版社,2000。

37. 卓新平、南傲伯主编《基督宗教社会学说及社会责任》,宗教文化出版社,2009。

38. 卓新平、许志伟主编《基督宗教研究》,第4、10、11、12辑,宗教文化出版社,2001,2007,2008,2009。

图书在版编目(CIP)数据

尼布尔的社会伦理思想/冯小茫著 . -- 北京：社会科学文献出版社，2024.12. -- ISBN 978 - 7 - 5228 - 4027 - 7

Ⅰ.B824

中国国家版本馆 CIP 数据核字第 2024NJ9160 号

尼布尔的社会伦理思想

著　　者／冯小茫

出 版 人／冀祥德
责任编辑／罗卫平
责任印制／王京美

出　　版／社会科学文献出版社（010）59367215
　　　　　　地址：北京市北三环中路甲29号院华龙大厦　邮编：100029
　　　　　　网址：http://www.ssap.com.cn
发　　行／社会科学文献出版社（010）59367028
印　　装／三河市东方印刷有限公司

规　　格／开　本：889mm×1194mm　1/32
　　　　　　印　张：10.375　字　数：269千字
版　　次／2024年12月第1版　2024年12月第1次印刷
书　　号／ISBN 978 - 7 - 5228 - 4027 - 7
定　　价／128.00元

读者服务电话：4008918866

▲ 版权所有 翻印必究